HEYNE <

W0345663

SUSANNE THIELE

ZU RISIKEN UND NEBENWIRKUNGEN FRAGEN SIE IHRE TÜRKLINKE

Wie Mikroben unseren Alltag bestimmen – Neues und Erstaunliches über unsere vielseitigen Mitbewohner

Illustrationen im Innenteil von Isabel Klett

WILHELM HEYNE VERLAG
MÜNCHEN

Sollte diese Publikation Links auf Webseiten Dritter enthalten,
so übernehmen wir für deren Inhalte keine Haftung,
da wir uns diese nicht zu eigen machen, sondern lediglich auf deren Stand
zum Zeitpunkt der Erstveröffentlichung verweisen.

MIX
Papier aus verantwortungsvollen Quellen
FSC® C083411

Verlagsgruppe Random House FSC® N001967

Originalausgabe 2/2019

Neumarkter Straße 28, 81673 München
Redaktion: Dr. Michael Schmidt
Umschlaggestaltung: Martina Eisele, Eisele Grafik Design
unter Verwendung eines Motives von:
Bigstock/Hvostik; Shutterstock/Ivan_Nikulin
Satz: Satzwerk Huber, Germering
Druck: CPI books GmbH, Leck
Printed in the Czech Republic
ISBN: 978-3-453-60487-2

www.heyne.de

INHALT

»We shape our homes and
then our homes shape us.«
(Wir formen unsere Häuser und
danach formen unsere Häuser uns.)

Winston Churchill[1]

»We are a touch generation.
We are sharing more surfaces
than people ever have in history.«
(Wir sind eine Touch-Generation.
Wir teilen uns mehr Oberflächen,
als es die Menschen je getan haben.)

Charles Gerba, Mikrobiologe[2]

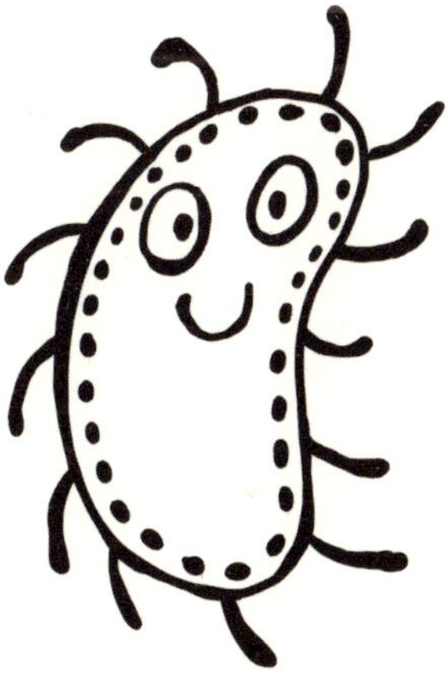

EIN PAAR WORTE VORWEG

Mögen Sie Mikroben? Oder lässt Sie allein schon der Gedanke an solche winzigen Lebensformen zur Desinfektionsflasche greifen? Bakterien, Pilze, Viren & Co. – diese ganze Mikrobenschar hat ein furchtbar schlechtes Image. Tägliche Nachrichten über Epidemien und abscheuliche Krankheiten machen Mikroben zu unseren Angstgegnern. Jedes Kind wächst mit den Geschichten von den zerstörerischen Zahntrollen Karius und Baktus auf. Ganze Heerscharen von Mikrobenjägern sind zum Kampf gegen die Bakterien angetreten. Koch, Pasteur oder Virchow konnten wichtige Etappensiege im Wettrennen mit den Erregern erzielen. Trotzdem sitzt unsere Angst vor Keimen immer noch so tief, auch wenn Pest und Cholera Europa schon lange nicht mehr heimsuchen.

Die meisten von uns sind heute sehr gut über krank machende Erreger informiert. Hygiene wird großgeschrieben. Selbst Privathaushalte rüsten zur Schlacht gegen Mikroben auf, und manche sind sogar keimärmer als ein OP-Saal! Moderne Waffen wie Desinfektions- und Badewannenspray töten alles, was da kreucht und fleucht – frei nach dem Motto »Nur eine tote Mikrobe ist eine gute Mikrobe«. »Antibakteriell« klingt für die meisten Menschen positiv. Gern greifen sie nach den so beworbenen Seifen, Hautlotionen und Reinigungsmitteln. Haben die meisten Haushalte nicht eher ein Problem mit Mehlmotten als mit Keimen?

Mikroben haben wunderbare Eigenschaften. Sie sind die kleinste und erfolgreichste Lebensform auf der Erde und besiedeln die unwirtlichsten Lebensräume. Sie sorgen für eine ordentliche Verdauung in unserem Darm und räumen die Umwelt auf, indem sie organische Substanzen verwerten und Abwasser reinigen. Viele Bakterien und Pilze machen Lebensmittel erst schmackhaft und haltbar. Joghurt, Käse oder Bier gäbe es nicht ohne unsere mikrobiellen Helfer. Sind Sie aber trotzdem der Meinung, Badezimmer, Küche, Kühlschrank und Spüle sollten immer völlig keimfrei sein?

Erst in den letzten zehn Jahren hat sich unsere Einstellung zu Mikroben gewandelt. Seit Wissenschaftler das menschliche Mikrobiom, vor allem im Darm, erforschen, rückt die positive Beziehung zwischen uns und unseren winzigen Mitbewohnern immer mehr in den Vordergrund. Und das Interesse an den Mensch-Mikroben-Wechselwirkungen steigt. Seit 2014 gibt es den ersten Mikrobenzoo »Micropia« in Amsterdam, wo sich große und kleine Besucher den faszinierenden Mikrokosmos näher anschauen können – vor Jahrzehnten noch unvorstellbar. Im Mai 2017 hatte ich Gelegenheit, »Micropia« mit meiner Familie zu erkunden – sozusagen auf Recherche vor Ort. Eine der Inspirationen für dieses Buch fand ich in einer mannshohen meterlangen Leuchtwand, die über und über mit Petrischalen in den unterschiedlichsten Farben bedeckt war – bewachsen mit Mikroorganismen aus unserem täglichen Leben: mit Bakterien, die auf unseren Zahnbürsten sitzen, von Türklinken grüßen oder in unserem Staubsauger hausen, mit Schimmelpilzen, die mit uns duschen oder abends mit uns ins Bett schlüpfen. Die bunte Artenvielfalt unserer alltäglichen Begleiter ist unglaublich. Die Forscher kennen bisher nur einen Bruchteil der um uns herum lebenden Mikroorganismen und wissen oft auch nicht genau, wie diese winzigen Lebewesen in ihrem Ökosystem funktionieren.

Mikroorganismen also sind allgegenwärtig in unserem Leben. Absolute Keimfreiheit gibt es unter normalen Umständen nicht. Sie ist auch gar nicht nötig. Ich kann Sie jetzt schon beruhigen: Nur die allerwenigsten im Haushalt vorkommenden Keime führen zu Infektionen. Natürlich gibt es ein paar schwarze Schafe. Es sind aber nur 0,1 Prozent der mikrobiellen Arten auf der Erde, die überhaupt Infektionen beim Menschen verursachen können. Die Mehrheit der unzähligen Mikroben in unserer Umwelt schadet uns nicht. Die Winzlinge bereichern sogar Ihr Leben.

Werfen Sie in diesem Buch gemeinsam mit mir einen mikroskopischen Blick auf einen unsichtbaren Mikrokosmos in Ihrem Zuhause! Im ersten Teil mache ich Sie mit der Mikrobenwelt bekannt – sie ist voller wogender Flagellen, blubbernder Gase und einiger rekordverdächtiger Mikroorganismen. Wir gehen unserer historisch begründeten Angst vor Keimen auf den Grund und klären, warum Mikroben so lebenswichtig für uns sind. Sie erfahren, wer im Laufe der Geschichte mit uns in unsere Häuser eingezogen ist und sich prächtig mit uns weiterentwickelt.

Mit diesem Rüstzeug gehen wir im zweiten Teil auf eine Expedition durch den heimischen Mikrobenzoo: Wir beginnen im Flur, durchwandern Küche, Bad, Wohn- und Schlafzimmer und enden im Kinderzimmer. Auch unsere tierischen Familienmitglieder – Hund und Katze inklusive ihrer mikrobiellen Gäste werden Thema sein. Bei der Tour durch Ihr Heim lernen Sie Ihre kleinen Mitbewohner besser kennen und werden viel Neues darüber erfahren, wie Sie gesund mit ihnen leben können.

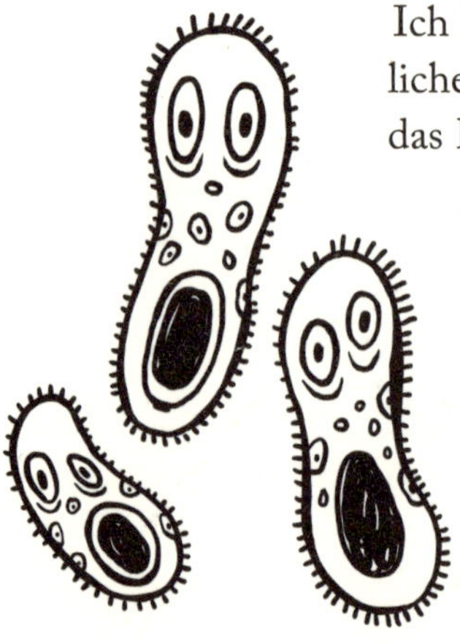

Ich lade Sie herzlich ein zu einer abenteuerlichen Reise durch Ihr Zuhause und durch das Reich der kleinsten und doch so mächtigen Kreaturen. Treten Sie ein in diese unsichtbare Welt, und erleben Sie fantastische Geschichten mit einzelligen Helden in den Hauptrollen. Erwarten Sie interessante Anekdoten und Überraschungen. Starten wir direkt von Ihrem Sofa aus!

Erster Teil

UNSICHTBARE WELTEN

1 EIN PLANET DER MIKROBEN

Wir leben in einer Welt der Mikroben. Sie sind uns fremd, weil wir sie nicht sehen können und sie sich damit unserer Vorstellung entziehen. Wir können sie aber riechen und schmecken – und sie wohnen in uns und in unserer Umgebung. Fast alles auf diesem Planeten dreht sich um diese Winzlinge. Denn sie waren schon lange vor uns da, und sie beeinflussen fast jeden Vorgang auf der Erde.

Bevor ich Ihnen ein paar Geschichten über Mikroben in Ihrem Zuhause erzähle, möchte ich Sie noch ein wenig auf die Expedition in diesen Mikrokosmos in einem kleinen Schnellkurs »Was Sie schon immer über Mikroben wissen wollten« vorbereiten. Und das ist viel spannender, als Sie vielleicht glauben.

Was sind Mikroben?

Und schon geht es mit einer Begriffsdefinition los: Was ist überhaupt eine Mikrobe? Wissenschaftlich gesehen ist das ein unscharfer Begriff, denn wir verwenden ihn für jedes kleine Lebewesen, das wir mit bloßem Auge nicht sehen können. Das schließt viele ganz verschiedenartige Lebewesen ein: die Bakterien (die Gruppe, an die wir meist zuerst denken, wenn wir das Wort »Krankheitskeime« hören), die Archaeen (die oberflächlich den Bakterien ähneln, aber eigentlich ganz anders sind), niedere Pilze (wie die Hefen) und Protisten (primitive Algen, Amöben, Schleimpilze und Protozoen). Auch Viren werden oft zu den Mikroben gezählt.

Mikroben sind einzellige Lebewesen – anders als Menschen oder auch Flöhe, die aus verschiedenen Zelltypen aufgebaut sind, die zusammenarbeiten und zum Überleben aufeinander angewiesen sind: Vereinzelte Gehirnzellen, Leberzellen oder Herzzellen sind allein zu nichts zu gebrauchen. Eine einzelne Mikrobenzelle dagegen ist ein eigenständiges Lebewesen, das ohne die Hilfe anderer Zellen überleben und sich fortpflanzen kann.[3] Weil der Begriff »Mikroorganismen«, den Sie bestimmt auch schon gehört haben, im engeren Sinne nur die Bakterien bezeichnet, verwende ich überwiegend den Sammelbegriff Mikrobe, ob wir nun von Bakterien, Viren oder Pilzen sprechen.

Manche Bakterien sind unheimlich faul und rühren sich nicht von der Stelle, andere bewegen sich mithilfe eines kleinen eingebauten »Bakterien-Motors« aus fadenförmigen Geißeln und Flagellen mit traumhafter Geschwindigkeit durch Gewässer oder

Nährlösungen. Und es gibt Bakterien natürlich in allen Formen: kugelförmig, als Stäbchen oder Spirale oder manchmal sogar quadratisch wie das halophile (salzliebende) Bakterium *Haloquadratum walsbyi*. Es misst 40 Mikrometer, ist platt wie eine Briefmarke und kann sich dank eingebauter Gasbläschen auf einer Salzlake gemütlich treiben lassen.

Für viele Aktivitäten müssen Bakterien und andere Mikroben auch miteinander kommunizieren – natürlich anders als wir. Sie produzieren winzige Signalmoleküle, die ihre Nachbarn in der Umgebung wahrnehmen können. Abgeleitet vom römischen »Quorum« (bestimmte Anzahl, die zur Abstimmung nötig ist), wird diese Art der Bakteriensprache als »Quorum sensing« bezeichnet: In Versammlungen ist somit eine bestimmte Anzahl von mikrobischen Teilnehmern für eine Entscheidung erforderlich. Dank dieser Kommunikation sind Bakterien sogar zu Handlungen in Gruppen fähig, um zum Beispiel Biofilme zu bilden. Überraschenderweise gibt es viele »Sprachen« in der Bakterienwelt, sogar »Esperanto-Moleküle«, die viele Bakterien verstehen. Entdeckt wurde der Quorum-sensing-Prozess beim Tintenfisch, der ein Leuchtorgan hat, das mit symbiotischen *Vibrio-fischeri*-Bakterien angefüllt ist. Nur wenn genug Bakterien vorhanden sind, entsteht ein Signal unter den Mikroben, und das Organ beginnt zu leuchten – wie eine Taschenlampe.

Small, small World – ein unsichtbarer Mikrokosmos

Die meisten Mikroben sind für unser Auge unsichtbar. Während tierische oder menschliche Zellen eine Größe von bis zu 30 Mikrometern haben, sind Bakterienzellen um ein Vielfaches kleiner. Millionen von ihnen haben sogar auf einer Nadelspitze Platz. Die einzige Bakterienart, die mit bloßem Auge sichtbar ist, ist die Schwefelperle *Thiomargerita namibiensis*, die in den 1990er-Jahren in Namibia entdeckt wurde. Sie kann bis zu einem halben Millimeter groß werden. Eine durchschnittliche Zelle des Darmkeims *Escherichia coli* (*E. coli*) ist nur etwa zwei Mikrometer lang – erst rund 50000 Zellen ergeben hintereinandergelegt eine Kette um Ihren kleinen Finger.[4] Schon in einem Milliliter Darminhalt können daher mehr Bakterien vorkommen, als es Menschen auf der Erde gibt.

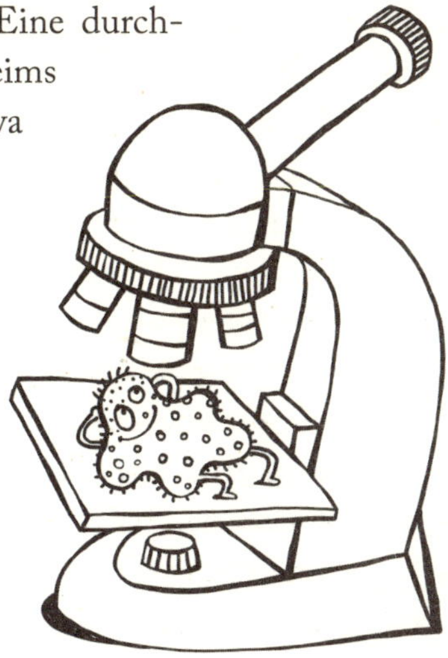

Dass wir von der Welt des Kleinen und Kleinsten überhaupt wissen, haben wir der Erfindung des Mikroskops zu verdanken und einem sehr klugen Mann – Anthoni van Leeuwenhoek. Bis 1676 hatten es die Bakterien geschafft, unentdeckt zu bleiben. Aber dann schaute van Leeuwenhoek in jeder freien Minute in seinen selbst gebauten Vergrößerungsapparat und stöberte sie auf. Er war eigentlich kein Biologe, sondern städtischer Beamter und Tuchhändler. Als Autodidakt hatte er sich eine Linsenkonstruktion gebastelt, um die Qualität seiner Stoffe besser beurteilen zu können. Aus Interesse schaute er sich auch andere Dinge an: Wasser aus dem Teich oder seinen Zahnbelag. Die beste Linse, die er schliff, schaffte eine 500-fache Vergrößerung. So entdeckte er die »Animalcules« – ein Gewimmel von tierischen und pflanzlichen Einzellern, aber auch großen Bakterien.

So also wurde eine neue, bisher unsichtbare Welt entdeckt. Die meisten Bakterien haben einen Durchmesser von etwa 0,6 bis 1,0 Mikrometer (µm) und sind noch mit einem normalen Lichtmikroskop zu sehen. Noch um eine weitere Zehner-Potenz kleiner sind die Viren. In einen hohlen Stecknadelkopf passen bis zu

500 Schnupfenviren, die nur noch unter dem Elektronenmikroskop zu erkennen sind. Die Viren müssen aber sowieso immer eine Extrawurst haben. Sie werden meist gar nicht zu den Lebewesen gezählt, da ihnen jegliche Form der Selbstorganisation und Ernährung fehlt – sie haben gar keinen Stoffwechsel. Viren sind auch viel einfacher gebaut als Bakterien. Eigentlich sind sie nur winzige Kapseln mit etwas Erbinformation drin. Unstrittig ist aber, dass sie unglaublich effizient darin sind, eine Zelle für ihre Vermehrung wie ein Pirat zu kapern und deren komplette Maschinerie umzukrempeln, damit sie letztendlich nur noch kleine Viren produziert. Sie sind eben sehr clevere Kerlchen.

Mikroorganismen sind zwar unfassbar klein, aber dafür unglaublich zahlreich. Allein die Anzahl der Bakterien auf unserer Erde beträgt geschätzt eine Nonillion, eine 10 gefolgt von 30 Nullen – mehr, als es Sterne in der Galaxis gibt. Die Anzahl der Viren ist sogar noch zwei Größenordnungen größer. Ein unglaublicher Fakt ist außerdem, dass alle diese unsichtbaren Mikroorganismen das sichtbare Leben auf der Erde um den Faktor 100 Millionen überwiegen. Zusammen sind sie schwerer als alle Pflanzen und Tiere, die wir sehen können. Allein in den Meeren lebt eine unvorstellbare Anzahl an Arten: Hochrechnungen zufolge kommen Forscher auf 10 hoch 30 Mikrobenzellen. Um das Gewicht der Mikroorganismen allein in den Weltmeeren aufzuwiegen, müssten 240 afrikanische Elefanten auf einer Waage stehen.[5]

Latein für Keime

Es gibt allein mehr als 12000 bislang bekannte Arten von Bakterien. Darüber hinaus werden täglich neue Mikroorganismen entdeckt. Sie haben sich bestimmt schon gewundert über die komischen Namen, die die Mikrobiologen den Bakterien, Pilzen oder Viren gegeben haben. In der Biologie sprechen die

Wissenschaftler meist Lateinisch – eine universelle Möglichkeit, die Arten auseinanderzuhalten. So heißt der Apfel *Malus domestica*, der Hund *Canis familiaris* oder der Mensch *Homo sapiens*. Auch jedes neu entdeckte Bakterium bekommt einen lateinischen Namen. Meist bezieht er sich auf eine Eigenschaft im Stoffwechsel oder bezeichnet einen Ort, an dem sich die Mikrobe aufhält. So verwandelt zum Beispiel das Stäbchenbakterium *Lactobacillus* den Milchzucker, die Laktose, in Milchsäure, das Laktat. Zuweilen wird im Namen der Entdecker gewürdigt – wie beim Darmkeim *Escherichia coli*, der von Theodor Escherich zuerst beschrieben wurde. Manchmal geht es bei der Namensgebung auch etwas märchenhaft, ja, bizarr zu. So stand Rumpelstilzchen Pate für den Bakteriophagen *Mycobacterium phage Rumpelstiltskin*, ein Virus, das Bakterien den Garaus machen kann. Und *Curvibacter delicatus* ist keineswegs die Pamela Anderson unter den Bakterien – nein, nur ein schwach gekrümmtes Stäbchenbakterium aus Japan.

Haben Bakterien Sex?

Was tut so eine Mikrobe den ganzen Tag? Sie ist vor allem damit beschäftigt, genügend Energie und Materie zu sammeln, um sich immer wieder durch Teilung zu verdoppeln. Fortpflanzung ist das Lieblingsthema der Winzlinge: Mikroorganismen sind unglaublich vermehrungsfreudig, und das bringt ihnen große Vorteile bei der Eroberung neuer Lebensräume. Aus einer *E. coli*-Zelle können unter Idealbedingungen innerhalb von 20 Minuten zwei Zellen werden. Die Rekordhalter unter den Mikroben bringen in

knapp zehn Minuten eine neue Generation von Nachkommen hervor. Dazu gehört auch *Clostridium perfringens*, der unangenehme Erreger des Wundbrandes, der sich in neun Minuten verdoppeln kann. Bei ausreichender Nährstoffzufuhr ist eine Bakterienzelle in der Lage, an einem einzigen Tag 280 Milliarden Nachkommen zu produzieren, sagt der belgische Biochemiker und Nobelpreisträger Christian de Duve.[6] Eine menschliche Zelle ist dagegen langsam wie eine Schnecke – sie schafft in der gleichen Zeit gerade mal eine Zellteilung.

Niemand ist perfekt, auch nicht Bakterien, und so passiert bei einer von einer Million Zellteilungen natürlich auch mal eine »Fehlproduktion« – eine sogenannte Mutante. Oft hat diese Zelle einfach Pech gehabt – Experimente gehen nicht immer gut aus. Aber manchmal, wenn die Bakterien mit einem nützlichen Vorzug ausgestattet sind, beispielsweise einen neuen Nährstoff verwerten können, geschieht etwas anderes, was ihnen in der Evolution einen unglaublichen Vorteil verschafft: Die Bakterien können diese Informationen und Fähigkeiten untereinander austauschen, von Zelle zu Zelle, und sogar über Artgrenzen hinweg werden diese Stückchen genetischer Information übertragen.

Dass Bakterien auf diese Art auch Sex haben können, ist seit etwa 70 Jahren bekannt – wenn wir dafür den Begriff »Sex« weit genug fassen. 2001 haben amerikanische Forscher Bakterienzellen mit Hamsterzellen in flagranti erwischt: Die Bakterien hatten Teile ihres Erbguts auf die Tierzellen übertragen, indem sie Eigenschaften über den sogenannten »horizontalen Gentransfer« austauschten.

Viele Bakterien enthalten neben ihrem herkömmlichen ringförmigen Chromosom noch weitere kleine DNA-Ringe, sogenannte Plasmide. Darauf befinden sich häufig Anlagen für Fähigkeiten, die unter besonderen Umweltbedingungen Vorteile bieten – zum Beispiel für Antibiotika-Resistenzen. Um diese Eigenschaften weitergeben zu können, haben Bakterien eine besondere Technik entwickelt: Beim Kontakt mit einer anderen Bakterienzelle können sie das Plasmid verdoppeln, einen schlauchartigen Fortsatz – die »Sex-Pili« – bilden und darüber die Plasmid-DNA übertragen. Dieser »rohrpostartige« Vorgang heißt auch ganz unromantisch »Konjugation«.

So können Bakterien Daten austauschen und schwimmen damit sozusagen in einer Art gemeinsamem Genpool. Jeder Anpassungsvorteil, der gerade sinnvoll erscheint, kann sich überallhin ausbreiten. Stellen Sie sich das einfach so vor: Sie stehen vor einem großen Fluss und bräuchten ein paar Flügel, um ihn zu überqueren. Dann fragen Sie schnell mal bei der entfernten Verwandtschaft an, und zack! könnten Sie fliegen oder grün leuchten oder Fotosynthese betreiben. Damit sind die Bakterien aus genetischer Sicht ein kommunizierender Riesenorganismus – winzig klein, sehr schnell und damit unbesiegbar.

Inzwischen also sind Sie schon richtig fit in der Mikrobenkunde, und wir können uns an ein kleines Experiment wagen. Begleiten Sie mich auf eine Zeitreise zu den Anfängen der Erdentwicklung – ohne die Mikroben wäre dieser Planet nicht unsere Erde geworden, und wir Menschen wären gar nicht entstanden.

Happy Birthday, Leben!

Vor unvorstellbar langer Zeit, vor 3,85 Milliarden Jahren – unser Planet war gerade etwas abgekühlt und hatte eine feste Kruste bekommen –, entstand das erste Leben auf der Erde, und schon da mischten die Mikroben kräftig mit. Es ist bis heute noch eine der großen unbeantworteten Fragen der Biologie, wie das genau funktionierte, dass sich ein paar umherschwirrende Chemikalien zusammenlagerten und plötzlich Proteine – die Bausteine des Lebens – daraus entstanden.

Stellen Sie sich vor, wir könnten gemeinsam mit einer Zeitmaschine reisen, um diesen Moment der Geburt unseres Lebens mitzuerleben. Sie würden unsere heutige Erde nicht wiedererkennen – sie war ein eher ungemütlicher Planet, auf dem von der Sonne nicht viel zu sehen war, wohl eher eine fremdartige Landschaft mit Feuer speienden Vulkanen, einem roten Himmel und einem kupferroten Meer. Ihnen würde auch die Luft knapp, denn Sauerstoff gab es fast noch nicht.

Als Charles Darwin, der Vater der Evolutionslehre, über die Entstehung des Lebens sinnierte, stellte er sich einen warmen

Gezeitentümpel am Meeresstrand unter der gleißenden Sonne vor. In dieser »Ursuppe« wurden seiner Meinung nach alle Bausteine des Lebens wie ein Cocktail gut verrührt und geschüttelt, und es bildete sich neues Leben.

Heute glauben die Forscher zu wissen, dass sich die Anfänge des Lebens in einem brodelnden Inferno abspielten – unter ständigem Meteoriten-Bombardement, extremen Temperaturen, intensiver UV-Strahlung und einer dünnen, mit Methan, Ammoniak und anderen für uns giftigen Gasen angereicherten Atmosphäre. Als die heißesten Kandidaten für den Ursprungsort des Lebens gelten brodelnde Schlote auf dem Meeresboden. In diesen Geysiren, den sogenannten »Schwarzen Rauchern« (»Black Smoker«) im Mittelozeanischen Rücken, waren die organischen Strukturen und neuen Zellen vor der tödlichen ionisierenden Strahlung der Sonne geschützt. Diese Quellen wimmeln auch noch heute vor Leben. Besiedelt sind sie insbesondere von sehr ursprünglichen einzelligen Lebensformen wie den Archaebakterien, wie die Urbakterien genannt werden, die dort die Basis der Nahrungskette bilden.

Happy Birthday! Sie waren gerade live als Geburtshelfer beim Schöpfungsmoment des Lebens dabei, und ich darf Ihnen Ihren Urahnen vorstellen: LUCA. Der Name hat nichts zu tun mit dem bekannten Song von Suzanne Vega, sondern ist die Abkürzung für »last universal common ancestor« – den ersten gemeinsamen Verwandten und Vorfahren aller Lebewesen auf der Erde. Nun seien Sie bitte nicht enttäuscht, dass er nicht so unheimlich spektakulär gebaut ist: ein kleiner Beutel Leben, ein Gebilde aus Membranen und Proteinen, das sich ernähren konnte, sich weiterentwickelte und Nachkommen hervorbrachte. LUCA enthält nicht mehr als etwas RNA (Ribonukleinsäure) als Erbinformation, zusammengehalten durch Zytoplasma, die flüssige Grundsubstanz der Zelle, und bestenfalls eine dünne Membran. Einen Zellkern konnte er sich auch noch nicht leisten. Deshalb werden diese frühen Urbakterien auch als »Prokaryonten« bezeichnet – abgeleitet von der griechischen Bezeichnung für »bevor« und »Kern«. Alle anderen Lebewesen, auch wir Menschen, haben Zellen mit Zellkernen und gehören zu den Eukaryonten (griechisch für »echt« und »Zellkern«). Doch wir höheren Lebewesen kommen erst viel später ins Spiel!

Die einfachen Urbakterien hatten überhaupt kein Problem damit, jede nur mögliche Nische zu besiedeln. Erst dann liefen sie richtig zur Hochform auf und werden deshalb auch als »extremophil« bezeichnet. Die ersten Bewohner der Erde leben und überleben bis heute an den kältesten und heißesten Orten unserer Erde, an Land und auf See. Die Archaebakterien unter ihnen gehören zu den noch »extremeren« Typen. Sie können sogar in Säure überleben, lieben ätzende Gase oder siedendes Wasser und fühlen sich auf Vulkanen oder am Grund von Sümpfen wohl. Die frühesten Spuren des Lebens fanden Forscher in den ältesten Gesteinen, dem 3,8 Milliarden alten Isua-Serpentinit aus Grönland.

Wer heute anschaulich erleben möchte, unter welchen extremen Bedingungen unser Leben entstanden ist, muss von Deutschland aus etwas reisen. Der Yellowstone Nationalpark oder die isländischen und neuseeländischen Geysir-Landschaften sind die bekanntesten Orte. Aber auch schon in Italien bei Sasso Pisano in der Toskana oder am Solfatara bei Neapel können Sie sie an heißen und nach faulenden Eiern stinkenden Schlamm- und Schwefelquellen finden, die bunten Krusten in Gelb, Rostrot und Giftgrün – schleimige, von Mikroorganismen gebildete Ablagerungen. Der Mikrobiologe Thomas D. Brock von der Indiana University in Bloomington isolierte daraus 1969 ein »thermophiles« (hitzeliebendes) Bakterium, »*Thermus aquaticus*«. Diese Bakterien leben übrigens auch in unseren Heimen, in Geschirrspülmaschinen, Heißwasserbereitern und Waschmaschinen.

Überall Bakterien – vom Anfang bis zum Ende

Würden wir uns die Erdgeschichte bildlich als 24-Stunden-Tag vorstellen, so wären die Urbakterien die absoluten Frühaufsteher. Schon um 4:30 Uhr ist mit ihnen das erste Leben auf der Erde entstanden. Doch so richtig spannend und vielfältig war es zu dieser Zeit auf der Erde noch nicht. Die ersten einzelligen Mikrotierchen und Algen tauchten erst am Nachmittag gegen 16 Uhr auf. Ab 21 Uhr waren auf der Erdkugel auch einfache Tiere zu finden. Als unsere frühen Vorfahren, die Affen, entstanden, waren es gerade noch etwa 90 Minuten bis Mitternacht. Und wir selbst, die Angehörigen der Gattung *Homo sapiens*, entwickelten uns gerade mal zwei Sekunden vor zwölf.

Wir Menschen haben also bisher nur einen sehr winzigen Teil der Erdgeschichte miterlebt. Es ist kaum zu glauben, aber zwei Milliarden Jahre lang waren die unsichtbaren Mikroorganismen die alleinigen Eigentümer der Erde, und das haben sie auch ordentlich für sich ausgenutzt. Sie schufen unsere Biosphäre und die gesamten wichtigen Kreisläufe von Kohlenstoff, Sauerstoff, Schwefel und Phosphor. Sie bildeten den Boden und den Humus. Und last, but not least schufen sie so ganz nebenbei auch die Basis für die Entwicklung des mehrzelligen Lebens – der Pflanzen und Tiere und von uns.

Irgendwann lernten einzellige Cyanobakterien, umgangssprachlich auch Blaualgen genannt, eine reichliche Ressource auf der Erde anzuzapfen – den Wasserstoff, der im Wasser in ungeheuren Mengen vorkommt –, und gaben den Sauerstoff als Abfallprodukt frei. Die Fotosynthese war zweifellos die wichtigste biochemische Neuerung, und sie wurde nicht von den Pflanzen erfunden, sondern von Bakterien. Der größte Teil des Luftsauerstoffs auf der Erde stammt von Mikroorganismen, unter ihnen die heutigen Formen der Cyanobakterien. Algen und Kleinstlebewesen aus dem Meer blasen jedes Jahr rund 150 Milliarden Kilo davon in die Luft.

Zuerst sammelte sich der neue Sauerstoff noch nicht in der Atmosphäre, sondern verband sich mit Eisen zu Eisenoxid, das auf den Boden der urzeitlichen Meere sank. Mehrere Millionen Jahre rostete unsere Erde buchstäblich vor sich hin.

Nicht für alle damals lebenden Organismen war der Sauerstoff toll – für einige eher eine richtige Katastrophe: Sie waren nicht an ihn angepasst. In einer anaeroben (also sauerstofffreien) Welt wirkte er regelrecht giftig. Die neuen Lebewesen, die den Sauerstoff nutzen konnten, hatten zwei große Vorteile auf ihrer Seite. Er ermöglichte ihnen eine schnellere Energieproduktion und zerstörte gleichzeitig konkurrierende andere Organismen. Auf der Erde gab es nun aerobe Organismen, die Sauerstoff vertrugen, und anaerobe, die Sauerstoff wie der Teufel das Weihwasser mieden. Dazu zogen sie sich in den Schlamm der tiefsten Tümpel zurück, oder sehr viel später auch in unsere Organe wie z.B. Darmbakterien in den Darm. Unzählige Arten schafften die Anpassung nicht und gingen zugrunde.

Rund 40 Prozent der Erdgeschichte mussten vergehen, damit die Atmosphäre der Erde in etwa ihren heutigen Sauerstoffgehalt hatte. Dann entstand aber sehr plötzlich ein neuer Typ von Zellen mit einem Zellkern und anderen kleinen Körperchen, die wir als Organellen bezeichnen (griechisch für kleine Werkzeuge) – die Eukaryonten waren geboren.

Die Organellen wie Mitochondrien und Chloroplasten sind nach heutiger Ansicht übrigens dadurch entstanden, dass ein abenteuerlustiges Bakterium in ein anderes einwanderte oder einfach aufgenommen wurde. Diese Wohngemeinschaft stellte sich später als sehr clever heraus, und beide hatten Vorteile davon. Nach dieser »Endosymbionten-Theorie« entwickelten sich die eingefangenen Bakterien zu Mitochondrien in tierischen Zellen zur Energiegewinnung und bei Pflanzenzellen zu Chloroplasten. Ohne diesen raffinierten Kunstgriff der Evolution wäre das Leben auf der Erde beim Schleim aus einfachen Mikroorganismen geblieben.

Schließlich lernten die Eukaryonten noch ein weiteres großes Kunststück – nämlich sich zu komplizierten, vielzelligen Lebewesen zusammenzulagern. Erst durch diese Neuerung wurden große und komplex gebaute, mit bloßem Auge sichtbare Organismen wie Sie und ich überhaupt möglich.

Der Mensch – nur ein Klecks in einer mikrobiellen Welt

Nach aktuellen Schätzungen gibt es auf der Erde etwa eine Trillion Arten von Mikroben, und davon sind 99,999 Prozent noch gar nicht entdeckt. Bis zum Beginn der Raumfahrt spielten die Mikroorganismen in den Schulbüchern überhaupt keine Rolle. Das Leben auf der Erde wurde hübsch eingeteilt in zwei Kategorien – Pflanzen und Tiere. Sehr lange ordneten die Biologen die Mikroorganismen den Pflanzen zu, obwohl jeder wusste, dass sie dort nicht hingehörten. Was war der Grund?

Viele Mikroben wachsen einfach nicht im Labor in Petrischalen. Sie vermehren sich nicht, und die Forscher können nichts über sie lernen. Daher haben viele Mikroorganismen bisher keinen Namen, und wir kennen ihre Funktionen und Aufgaben nicht.

Das wurde um 1980 anders, dank einer revolutionären Erfindung von Carl Woese, einem US-amerikanischen Mikrobiologen und Evolutionsbiologen. Er glaubte, dass in den Genen der Bakterien die Verwandtschaftsverhältnisse versteckt liegen. Also entwickelte er mit Kollegen eine elegante molekulargenetische Methode, bei der er die Bakterienarten mithilfe des Gens für die sogenannte 16S-ribosomale RNA auseinanderhalten konnte. Das ist ein wichtiger Baustein in den Proteinfabriken der Zellen, der Ribosomen. Mit diesen Molekülen können die Forscher genauso wie mit der DNA problemlos auch in der sauerstoffhaltigen Umgebung eines Labors arbeiten. Jede Mikrobenart besitzt eine individuelle Version dieses Gens als unverwechselbares Merkmal, und es ist möglich, ganze Stammbäume damit aufzubauen – weit besser als mit jeder mikroskopischen Analyse.

Carl Woese stellte fest, dass die Archaebakterien, die bisher ganz normal den Bakterien zugeordnet wurden, eigentlich in ein eigenes Reich gehören. Sie ähneln zwar den Bakterien, unterscheiden sich aber in wichtigen molekularbiologischen Details. Die Unterschiede beziehen sich auf Eigenschaften, von denen Sie noch nie gehört haben und die Sie jetzt bestimmt auch nicht zu blanken Begeisterungsstürmen ausbrechen lassen. Da fehlen irgendwelche kleinen Lipide und eine Verbindung namens Peptidoglucan. In der Praxis hat das aber unglaubliche Konsequenzen – zwischen den Gruppen der Bakterien und den Archaebakterien liegen plötzlich Welten: Sie unterscheiden sich voneinander stärker als Sie und ich von einer Spinne oder einem Krebs.

Diese Erkenntnis veränderte den evolutionären Stammbaum. Große Aufregung in der Wissenschaft! Alles musste umgeschrieben werden – 100 Jahre mikrobiologische Systematik. Und das Ergebnis gefiel nicht allen. Da, wo wir in den 1990er-Jahren noch fünf Organismenreiche im Stammbaum kannten: Tiere, Pflanzen, Protisten (Einzeller), Pilze und Bakterien, gab es auf einmal 23 Hauptäste. Woese teilte den neuen Stammbaum in nur drei Domänen ein: Bakterien, Archaebakterien und Eukaryonten, zu denen auch die Tiere, die Pflanzen und wir gehören. Diese Domänen sind radikal unterschiedlich, genetisch weiter voneinander getrennt als Menschen von einem Tintenfisch oder von einem Pinienbaum.

So sah der Stammbaum des Lebens natürlich sehr ungewöhnlich aus. Er besteht fast nur noch aus Bakterien und Urbakterien. Der überwiegende Teil der Vorfahren im Baum unseres Lebens sind die Mikroben. Die Artenvielfalt auf unserer Erde liegt also nicht bei den Insekten oder Pflanzen, wie Sie vermuten könnten, sondern im mikroskopisch Kleinsten! Wir sind umgeben von einer dunklen geheimnisvollen Macht der Mikroben.

Für uns Menschen blieb gerade mal ein mickriger kleiner Seitenast im dritten Bereich der Eukaryonten. Während zwischen dem Darmkeim *E. coli* und dem Bakterium *Clostridium* plötzlich Welten liegen, ist ein Weizenkorn fast ein enger Verwandter von uns! Das war wirklich schwer zu verstehen. »Die Menschheit macht nur einen winzigen Klecks aus in der massiv bakteriellen Welt«, sagte der New Yorker Mikrobiologe Martin J. Blaser. »Das ist eine Tatsache, an die wir uns erst noch gewöhnen müssen!«[7]

Der 2012 im Alter von 84 Jahren verstorbene Carl Woese ging jedenfalls in die Geschichte ein als der »Mann, der den Stammbaum des Lebens umschrieb« – das ist in etwa so bedeutend wie die Erkenntnisse von Albert Einstein für die Physik.

Rekordverdächtige Mikroben

Mikroben sind einfach überall! Es ist wirklich unterhaltsam, sich einmal anzuschauen, wo sich diese Winzlinge überall ansiedeln. Sie sind Eroberer, Pioniere und richtige Stoffwechselkünstler. Es gibt viele Höchstleistungen in diesem Mikrokosmos.

Mikroben wurden auch in den tiefsten Minen der Welt gefunden. Sie können Gold fördern wie Liliput-Minenarbeiter. Hin und wieder ist Gold an bestimmte Mineralien gebunden. Die Mikroben unterwerfen die Mineralien dann ein paar Oxidationsvorgängen, verwandeln sie in lösliche Ionen und legen ganz nebenbei das Gold frei – ohne einen Hammer zu schwingen oder schwere Maschinen zu nutzen. *Pseudomonas stutzeri* kann beispielsweise im Wasser schwimmende Gold-Ionen oxidieren und in festes Gold umwandeln. Reich werden wie Dagobert Duck können Sie damit aber nicht – die Goldmengen sind nur winzig klein.

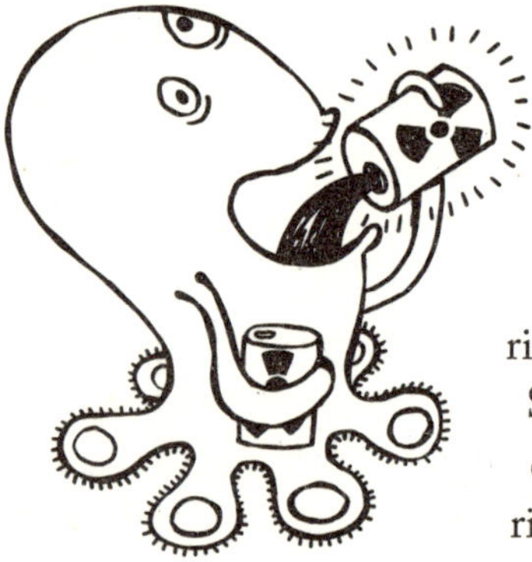

Mikroorganismen können auch Retter in der Not sein. Nach Umweltkatastrophen sind Bakterien oft die ersten, die mithelfen, den Schaden wieder zu beheben. Nachdem die Bohrinsel »Deepwater Horizon« im April 2010 explodierte und damit die schwerste Ölpest der US-Geschichte auslöste, tauchte dort eine bislang unbekannte Mikroben-Art auf (verwandt mit *Oleispirea antarctica*), die extrem gut an diese Umweltbedingungen in 1100 Meter Wassertiefe im Golf von Mexiko angepasst war und die Ölwolke mit rasender Geschwindigkeit wieder verspeiste.

Es gibt sogar Bakterien, die sich unseres Plastikproblems in den Meeren annehmen. Mehr als acht Millionen Tonnen Plastikmüll werden jedes Jahr in den Ozean geschüttet. Jedes Stück Plastik braucht bis zu 450 Jahre, um zu zerbröseln. Viele Landzungen quellen daher über von Bergen von Polyethylen-Terephthalat, dem Kunststoff, aus dem die meisten Plastikflaschen hergestellt werden. Das Bakterium, das diesen Kunststoff besonders mag und verwertet, heißt *Ideonella sakiensis* – dazu benötigt es aber etwa 70 Jahre.

Auch die Leibspeisen anderer Bakterien sind sehr ungewöhnlich. Das säureliebende Bakterium *Thiobacillus concretivorans* favorisiert zum Beispiel eine Schwefelsäurekonzentration, die uns Löcher in die Hose frisst und Metalle zersetzt. *Micrococcus radiophilus* lebt vorzugsweise in Abwassertanks von Kernreaktoren und ernährt sich von Plutonium und anderen Metallen. Auch radioaktives Uran ist begehrt. Es wird verschmaust vom winzigen Stäbchenbakterium *Geobacter metallireducens.* Es baut Uran so um, dass hinterher eine ungefährliche unlösliche Uranform entsteht, die einfach mit den Bakterien zusammen eingesammelt werden kann. Selbst der Himmel und die Luft sind vor Mikroben nicht sicher. Einige Keime können sogar in bis zu 60 Kilometer Höhe leben und helfen dabei mit, Wolken oder Schnee und auch den Regen zu bilden.

Ja, auch im Weltraum können Mikroben überleben. Sie reiten auf Space Shuttles mit und bevölkern die internationalen Raumstationen. Wissenschaftler setzten Bakterien von der Erde dem Weltraum aus, und diese überlebten das Experiment 553 Tage ganz ohne Raumanzug. Einige Bakterien sind sogar fast unzerstörbar, wie *Deinococcus radiodurans* – auch bekannt als »Conan das Bakterium«. Es ist fast immun gegen Radioaktivität. Wird seine DNA mit Strahlung bombardiert, lagern sich die Stücke sofort wieder zusammen und reparieren sich selbst, wie die beweglichen Gliedmaßen eines Untoten.

Die bisher erstaunlichste Überlebensleistung haben aber Bakterien der Gattung *Streptococcus* vollbracht. Die bakterielle Reisegesellschaft aus etwa 100 irdischen Ausflüglern wurde aus einer luftdicht abgeschlossenen Kamera isoliert, die mehr als zwei Jahre lang auf dem Mond gestanden hatte. Den Himmelskörper hatten die Einzeller offenbar 1967 als blinde Passagiere erreicht: in einem Kameragehäuse an Bord der US-Sonde Surveyor 3. Vielleicht hatte ein Techniker kurz gehustet, als er die Kamera zusammenbaute. *Streptococcus* kommt auch in unserer Mundhöhle vor. Zur Verblüffung der Wissenschaftler hatten die Winzlinge Vakuum, harte kosmische Strahlung, Temperaturen um minus 250 Grad Celsius und vollständigen Nahrungsmangel offensichtlich unbeschadet überstanden. Seit jener Entdeckung treibt die Wissenschaftler die

Frage um, ob auch andere Bakterien unter Weltraumbedingungen überleben können – und wenn ja, wie lange.

Kooperation ist alles

Genau wie unsere Erde ihr eigenes Mikrobiom hat – überall im Boden, in der Luft, im Wasser, in Wäldern, Industrieanlagen oder in unseren Haushalten –, haben auch Tiere, wir selbst oder unsere Kinder ein eigenes Mikrobiom. Es ist einzigartig und individuell wie ein Fingerabdruck. Wir erhalten es bei der Geburt von unseren Müttern, und es begleitet uns unser ganzes Leben lang. So hat sich jede Kreatur auf der Erde mit einer eigenen Kollektion von nützlichen Keimen entwickelt.

Baby-Komodowarane teilen ihr Haut- und Mundmikrobiom mit ihrer Umgebung. Oktopusse werden schon Stunden nach ihrer Befruchtung von freundlichen Bakterien besiedelt. Termiten können Holz nur verdauen, weil sie spezielle Bakterien im Magen haben, die die sonst unverdauliche Zellulose aufschließen. Kühe ziehen ihre Nährstoffe aus dem Gras, weil sie dafür Mikroben haben, die in ihren vier Mägen leben.

An diesen Beispielen erkennen wir ganz leicht, wie wichtig Kooperation in der Natur statt feindlicher Abgrenzung ist. Es ist viel einfacher für so große vielzellige Organismen, wie wir es sind, sich mit Bakterien zusammenzutun, die ganz spezielle Eigenschaften haben, als diese mühsam selbst zu entwickeln.

Auch wir Menschen haben unser Mikrobiom mit mehreren Tausend Arten von Mikroorganismen. Würden wir mit einem Mikroskop unsere Körper untersuchen, dann tut sich eine faszinierende Welt der Mikroben auf. Wir führen täglich einen ganzen Zoo mit uns zur Arbeit oder in die Schule – eine bunte Mischung aus Bakterien, Viren, Würmern, Pilzen und Milben. Nach aktuellen Schätzungen haben wir 39 Billionen Bakterienzellen auf

30 Billionen menschlicher Zellen in unserem Körper. Das entspricht einem Verhältnis von 1,3 Mikroben auf eine menschliche Zelle. Individuelle Unterschiede wie die Körpergröße oder unser Gewicht können das Verhältnis etwas verändern. Aber Sie bekommen nun eine Ahnung davon, dass wir ein riesiger Superorganismus sind! In uns und auf uns leben 10000 mikrobielle Arten, die zusammen etwa zwei bis drei Kilo wiegen – etwa so viel wie unser Gehirn.

Die Mikroben erfüllen bei uns vielfältige Aufgaben. Sie siedeln sich in ganz verschiedenen Milieus unseres Körpers an – im Ohr, in der Nase, unter den Achseln oder auch im Darm in den verschiedenen Abschnitten – und haben ganz auf diese Regionen abgestimmte Funktionen. Am Forschungsinstitut INRA in Paris wurde vor Jahren die Landkarte des Darmuniversums in seiner ganzen Vielfalt entwickelt. Die Forscher konnten nachweisen, dass normalerweise nur ungefähr tausend Bakterienarten in großer Menge im menschlichen Darm zu finden sind, wobei jeder Mensch mindestens 170 Arten davon in sich trägt. Die meisten Arten sind bei allen Menschen gleich.[8] Hier haben sie verschiedene Aufgaben: vom Verdauen von Kohlehydraten in unserer Nahrung bis zur Produktion von Vitaminen in unserem Darm. Unser Mikrobiom kooperiert von hier aus intensiv mit unserem Immunsystem. Manche Mikroben übermitteln Signale, andere tragen zur Energieversorgung bei, wieder andere schulen das Immunsystem und machen es toleranter.

Ohne unser Mikrobiom könnten wir nicht mal unser Frühstücksmüsli oder -brötchen verdauen. Wir würden krank werden oder sterben, weil wir gar nicht in der Lage wären, lebenswichtige Vitamine zu erzeugen. Nehmen wir mal an, die Bibel hätte recht, dass Gott den Menschen erschaffen hat, so hätte er, bevor er Adam erschaffen hat, auf alle Fälle noch die Bakterie erschaffen müssen. Denn ohne eine gut funktionierende Darmflora hätten weder Adam noch Eva den Apfel verdauen können.

Die meisten von uns neigen in ihrer Wahrnehmung dazu, die Mikroben etwas an den Rand des Daseins zu drängen. Schließlich können wir, groß und klug, wie wir sind, Städte, Medikamente wie Antibiotika und vernetzte Informationstechnologien entwickeln. Das können Bakterien, Viren und Co. nicht. Sie verfügen nicht über unsere kommunikativen Fähigkeiten. Sie erscheinen uns auf den ersten Blick primitiver als wir. Aber das ist ihr großer Vorteil: Sie werden noch da sein, wenn die Sonne explodiert. Dies ist eigentlich ihr Planet, und uns gibt es nur, weil sie es uns gestatten. Sie leben seit Milliarden Jahren auf diesem Planeten sehr gut ohne uns.

Neben dem Sauerstoff auf der Erde liefern uns die Mikroorganismen auch noch Stickstoff, den sie der Luft entziehen. Pflanzen könnten den gasförmigen Stickstoff aus der Luft sonst gar nicht nutzen. Das ist eine großartige Leistung, mit der die Mikroben den Stickstoff der Luft für uns und andere Lebewesen in verwertbare nützliche Nukleotide und Aminosäuren umwandeln. Für dieselben Prozesse werden in der Industrie in der Düngemittelproduktion hohe Temperaturen (um 500 Grad) und Drücke (das 200-fache des Luftdrucks) aufgewendet. Bakterien schaffen das spielend und zu unserem Glück. Denn kein Lebewesen auf unserem Planeten könnte ohne den von ihnen verarbeiteten Stickstoff existieren.

Und wir sollten auch nicht vergessen, dass die Mikroben eine sehr wichtige Aufräumaufgabe auf unserem Planeten übernehmen. Ohne sie würde nichts verfallen oder verwesen – Berge von Müll würden sich auf unserem Planeten türmen. Und sie fressen auch uns letztendlich, wenn wir sterben, so wie auch alle Tiere und Pflanzen im Kreislauf des Lebens. Und das ist auch gut so!

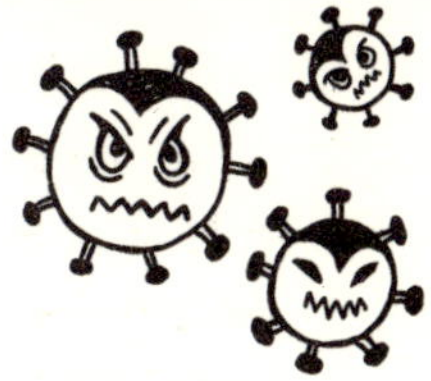

2 GUTE MIKROBEN, BÖSE MIKROBEN

Wenn wir an Bakterien denken, fallen uns meist zuerst die unangenehmen Krankheitserreger ein: Viren, die uns Husten und Schnupfen bescheren, oder Bakterien wie Salmonellen, die uns womöglich ein Bauchgrummeln hinterlassen, wenn wir sie mit einem Eis gegessen haben.

Dabei spielen alle Mikroben, die in uns, auf uns oder um uns herum leben, immer mindestens eine von drei komplexen Rollen für unsere Gesundheit. Sie sind Freunde, können manchmal Feinde sein oder einfach neutrale »Kommensalen«, ein aus dem Lateinischen abgeleiteter Begriff für »Tischgenosse«, und produzieren keinen weiteren Ärger.

Unsere freundlichen Mikroben bilden mit uns eine sogenannte »Symbiose« – eine Wechselbeziehung zum beiderseitigen Vorteil. Viele dieser kleinen »Symbionten« arbeiten für uns ganz selbstverständlich mit unserem Körper zusammen: im Immunsystem, in unserer Verdauung oder sogar mit unserer Psyche. Dabei haben es sich die freundlichen Mikroorganismen keineswegs zur Lebensaufgabe gemacht, unsere Existenz und unser Wohlbefinden zu verbessern. Sie haben sich einfach über die Jahrmillionen des menschlichen Lebens an uns angepasst und wir uns an sie.

Im Gegensatz zum ungeheuer schlechten Image der Krankheitserreger – der sogenannten »Pathogene« – sind nur sehr wenige Mikroben wirklich unsere Feinde. Weniger als 0,1 Prozent der mikrobiellen Arten auf der Erde können überhaupt Infektionen beim Menschen auslösen. Sie machen uns auch nicht immer und aus Prinzip krank. Aber sie sind in der Lage, größere Probleme zu verursachen, wenn sie zur richtigen Zeit am richtigen Ort sind.

Die am weitesten verbreiteten Mikroben sind die Kommensalen – die harmlosen »Tischgenossen« oder »Zuschauer«. Sie leben in unserer Umwelt und gelangen über unser Essen oder die Luft in unseren Körper und den Darm. Meist sind sie auf unserer Haut, den Schleimhäuten oder auch in den Atemwegen anzutreffen und besetzen wahrscheinlich einfach die besten Plätze, an denen sich sonst womöglich ein Krankheitserreger niederlassen würde. Daran wird noch viel geforscht.

Diese Bakterien sind unsere treuesten Begleiter. Nicht *Homo sapiens*, sondern »*Homo sapiens* plus Mikrobe« ist die Einheit der Evolution. Erst in den letzten 10 bis 15 Jahren haben die Wissenschaftler erkannt, welches komplexe Ökosystem der menschliche Körper eigentlich darstellt. Er ist ein Lebensraum, ein »Holobiont«, ein »soziales Netzwerk« mit Billionen von Bakterien und anderen Mikroorganismen. Unser Mikrobiom, diese vielfältige Gemeinschaft von Mikroorganismen mit all ihren Genen, leistet wichtige Hilfestellungen bei der Gesunderhaltung unserer Körpervorgänge, von der Verdauung bis zur Immunabwehr. Die Forscher entdecken erst allmählich die vielen positiven Auswirkungen dieser Organismen. Mit unserer Autarkie, der angeblichen Unabhängigkeit des Menschen, ist es also nicht weit her!

Jeder Mensch beherbergt in seinem Körper dieses komplexe Mikrobiom – wenn auch nicht gleich von Anfang an. Wir erwerben unsere ganz persönlichen Kommensalen aus der Umwelt. Da die gesunde Gebärmutter fast keimfrei ist, startet der Fötus noch in ein steriles Dasein als Einzelwesen. Keine Zeit ist dabei so wichtig wie unsere frühe Kindheit. Wir erhalten unser Mikrobiom bei einer natürlichen Geburt von unseren Müttern und später durch das Stillen. Das hat die Natur so eingerichtet, um die Babys mit dem passenden Mix für die erste Lebenszeit auszurüsten. Durch den Kontakt zu Eltern, Geschwistern, Großeltern und

Freunden und sogar zu Alltagsgegenständen wie Bettlaken, Decken oder zu Haustieren siedelt sich mit der Zeit ein immer breiteres Spektrum an Mikroben an.

Von der Geburt bis zu einem Alter von drei Jahren verändert sich das Kinder-Mikrobiom besonders im Darm noch sehr stark. Es fängt täglich all die Mikroben ein, die es bekommen kann. Bei kleinen Kindern reagiert deshalb das Gleichgewicht des mikrobiellen Systems noch sehr empfindlich, und störende Einflüsse können sich schnell negativ auswirken, wie z.B. Hygieneartikel, Kosmetikprodukte oder Medikamente – all dies greift massiv in die mikrobielle Besiedelung ein.

Im Alter von drei Jahren erreicht das Kleinkindmikrobiom einen den Erwachsenen ähnlichen Status. Es ist stabiler und balanciert Veränderungen besser aus. Alle mikrobiellen Player sind vorhanden und haben die Herrschaft in den feuchten und trockenen Nischen des Kinderkörpers übernommen. Gegen Ende der Kindheit unterhält unser Körper eines der komplexesten mikrobiellen Ökosysteme der Erde.

Auch im Erwachsenenalter reagiert unser Mikrobiom noch auf äußere Einflüsse. Die Nahrung, die wir essen, begünstigt gewisse Bakterien, die sich in unserem Darm vermehren. Vegetarier weisen mit der Zeit eine andere Darmflora auf als Leute, die Fleisch essen. Das Gegenteil funktioniert aber auch. Unsere Bakterien übermitteln uns über Botenstoffe an die Nervenzelle, worauf sie gerade Lust hätten, was im Gehirn als Heißhunger oder Appetit auf bestimmte Speisen wahrgenommen wird.

Unser Mikrobiom ist das Genom, das wir jeden Tag ändern können, während das menschliche Genom fest fixiert ist für unser ganzes Leben. Die Gene unseres Mikrobioms verändern sich als Antwort auf unsere Nahrung, unsere Hygiene, die Medikamente, die wir einnehmen – und damit verändert sich logischerweise auch unsere Gesundheit. Wir und unsere Mikroben verhalten uns wie kommunizierende Gefäße.

Wie in jedem anderen Ökosystem der Erde ist eine Umgebung nur gesund, wenn darin mehr freundliche Arten als Feinde vertreten sind. Je mehr freundliche Symbionten wir also in unserem Umfeld haben, desto besser für unsere Gesundheit. Steigt die Anzahl der Krankheitserreger, dann droht Ärger. Wie meist in der Biologie ist auch hier nicht alles schlicht schwarz oder weiß, gut oder böse.

Denn auch unsere Freunde können manchmal zu Feinden werden, denn sie verfolgen immer ihre ganz eigene Strategie. Normal sind sie glücklich mit uns und ganz pflegeleichte Untermieter – aber in schwierigen Zeiten werden sie etwas widerspenstiger und können sogar mehr Probleme verursachen als unsere natürlichen Feinde. Daher ist es die beste Option, nicht zu viele Freunde zu haben, sondern eher eine gesunde Population von friedlichen Kommensalen. Sie tun uns nichts Gutes, aber sie machen auch wenigstens kein Theater! Sie besetzen einfach Plätze, an denen sich sonst Mikroben niederlassen würden, die für uns vielleicht nicht so angenehm unproblematisch wären.

Mikrobenjäger – unsere Angst vor Keimen

Wir Deutschen, so scheint es, haben einen Putzfimmel: Wir schrubben, putzen und wienern, bis der Arzt kommt. Wir gelten als Perfektionisten – und das bezieht sich auch auf die Hygiene und Sauberkeit in den privaten Haushalten. In Deutschland werden pro Jahr rund 1,3 Millionen Tonnen Wasch- und Reinigungsmittel verkauft, wie Daten des Bayerischen Landesamtes für Umwelt zeigen.

Die Angst vor Keimen sitzt tief. Bis vor wenigen Jahren sahen selbst Ärzte und Biologen in den Winzlingen angriffslustige Feinde: mikrometergroße Killer, die Zwei-Meter-Männer ins Jenseits befördern können. Woher rührt eigentlich unsere Angst vor Bakterien und Viren und damit dieser Hygienewahn? Ein Blick in die

Vergangenheit macht das etwas verständlicher: Unsere Bakterienphobie ist historisch begründet.

Das alte Europa war im 19. und 20. Jahrhundert ein Europa der Slums. Die Menschen lebten zwischen Müll und Dreck, wie wir es heute nur noch aus Asien, Lateinamerika und Afrika kennen. Die Kindersterblichkeit war sehr hoch: Nur drei von fünf Kindern erlebten überhaupt das Schulalter.[9] Meist hausten Menschen und Tiere eng beieinander unter einem Dach, und der Mist wurde einfach auf der Straße entsorgt. Plumpsklo und Nachttopf waren die einzigen sanitären Anlagen, und die stinkenden Abwässer flossen ungehindert auf die Straßen.

Massenquartiere von Arbeitern und Tagelöhnern in den Industrievierteln trugen zur Verbreitung von Krankheiten bei. Durchfälle und Typhus waren an der Tagesordnung. Krankheiten wie Lungenentzündung, Tuberkulose und Cholera-Epidemien schwappten von Indien in Wellen über Europa und Asien. Nur wer ein gutes Immunsystem hatte, überlebte die ungebetenen Gäste. Vor dieser Kulisse entwickelte sich erst langsam das Verständnis für die Entstehung von Krankheiten.

Die ersten Forscher, die die Krankheiten überhaupt auf Keime zurückführten, waren der Franzose Louis Pasteur, der selbst paranoide Ängste vor Mikroben hatte, und der Deutsche Robert Koch.[10] Der preußische Landarzt begeisterte sich zwar mehr für sein Mikroskop als für seine Patienten. Trotzdem verdanken wir seiner Faszination für die Mikroskopie und die Fotografie die Entdeckung des Milzbrand-Erregers – einer Seuche, an der Schafe, Rinder, aber auch Menschen starben. Koch legte den Grundstein der modernen Bakteriologie, als er den Nachweis erbrachte, dass Keime als Erreger Krankheiten auf Lebewesen übertrugen. Erstmals wurden Keime offiziell für schuldig befunden! Koch wurde damit zum Superstar der deutschen Wissenschaft, und die »Keimtheorie« war geboren – eine der größten Entdeckungen auf dem Gebiet der Mikroorganismen.

Den »Pionieren der Hygiene« – Max von Pettenkofer aus München und Rudolf Virchow aus Berlin – verdanken wir breit angelegte hygienischen Maßnahmen und Innovationen, wie zentrale Schlachthöfe, eine neue Kanalisation und die besser organisierte Abfallbeseitigung. Durch Pettenkofer verlor München den einstigen Ruf als »Peststadt Europas«. Virchow war dagegen ein engagierter Sozialmediziner am Mikroskop, der die Lebensumstände der Menschen erstmals mit ihren Krankheiten in Zusammenhang brachte.

Als Robert Koch 1882 den Erreger der Tuberkulose isolierte, wurde er schlagartig zum berühmtesten deutschen Forscher. Seine Entdeckung war Grund genug für die oberen Gesellschaftsschichten, von nun an einen sauberen Lebensstil zu pflegen, um sich vor Krankheiten zu schützen. Hygiene wurde en vogue! Virchow, Pettenkofer und andere frühe Hygieniker sahen aber schon damals die Grundannahme skeptisch, dass ein gesunder Organismus völlig frei von Keimen sei. Nicht jedes Tuberkelbakterium verursacht eine Tuberkulose – denn nur ein Bruchteil der Infizierten erkrankt wirklich.

Trotzdem ist das ganze 20. Jahrhundert vom Trauma der Mikrobenjäger wie Koch und Pasteur beherrscht, die der Idee folgten, dass gefährliche Bazillen nichts anderes im Sinn hätten, als uns zu befallen und krank zu machen, und dass wir uns zum Gegenangriff rüsten müssten. So begann eine Generalmobilmachung, ein Kampf gegen den bösen Feind – die Mikroben. Der Siegeszug der Hygiene hält bis heute an und hat schrittweise unseren Kontakt mit Keimen enorm reduziert: durch die Chlorierung von Trinkwasser oder die Pasteurisierung von Milch. Durch Kanalisation und Wasserleitungen wurden Pest und Cholera eingedämmt. Die Tuberkulose verschwand mit einem besseren Standard in unseren Wohnungen.

In der Medizin – die es eigentlich am besten wissen müsste – dauerte es am längsten, bis Keime nicht mehr übertragen wurden. Bis in die erste Hälfte des 19. Jahrhunderts herrschten in den Krankenhäusern schlimmste Zustände. Chirurgen in schmutzigen Kitteln arbeiteten mit blutigen Tupfern und Schwämmen, die nicht gewechselt wurden. Händewaschen war unüblich – höchstens mal vor dem Mittagessen.

Für einen Umbruch sorgte erst der ungarische Mediziner Ignaz Semmelweis, der in den 1840er-Jahren Assistenzarzt in der Klinik für Geburtshilfe in Wien war.[11] Er beobachtete mehr Todesfälle durch Kindbettfieber in den Abteilungen, wo Medizinstudenten arbeiteten, die auch Leichen sezierten, als in der Abteilung von Hebammenschülerinnen. Die Keime wurden über unsaubere Skalpelle übertragen, die Blutvergiftungen und Kindbettfieber verursachten. Semmelweis konnte die Sterberate durch eine Desinfektion der Hände nach der Obduktion der Leichen erheblich senken.

Im Vergleich zum 19. Jahrhundert leben wir heute in einer klinisch reinen Welt. Impfungen, Hygieneregeln und viele Arzneimittel schützen uns vor Viren und bakteriellen Erkrankungen. Mit der Entdeckung der Antibiotika begann der gefühlte Siegeszug gegen die Infektionskrankheiten. Endlich gab es eine Wunderwaffe, die die Bakterien im Körper zerstört, ohne den

Organismus zu vergiften. Antibiotika töten aber nicht nur gefährliche Bakterien, sondern auch nützliche. Die Erfolge in Medizin und Hygiene haben also leider auch eine Schattenseite.

Lernende Immunzellen

Ständig umzingeln uns Billionen von Mikroben. Warum machen uns diese Bakterien, Pilze und Viren nicht krank oder bringen uns gleich um? Irgendwie hat unser Körper einen Weg gefunden, um mit Tausenden unterschiedlicher Spezies von Mikroorganismen zu leben. Das Geheimnis ist unsere Immuntoleranz – ein Wunderwerk der Natur. In den letzten rund 200000 Jahren hat sich zwischen Mikrobiom und Immunzellen eine fein abgestimmte Balance entwickelt.

Was würde passieren, wenn wir ohne ein funktionierendes Immunsystem leben würden? Dieses Schicksal erlitt David Vetter, der 1971 in Texas mit genau dieser seltenen genetischen Störung geboren wurde.[12] Seine Mutter hatte ein defektes Gen auf einem ihrer X-Chromosomen und schon ein Kind verloren. Jeder Kontakt mit der normalen Welt voller Mikroorganismen hätte Davids Tod nach sich gezogen. Deshalb wurde er per Kaiserschnitt entbunden und sofort in ein steriles Plastikzelt gebracht. In dieser Plastikblase wuchs er im Krankenhaus auf, was ihm den Namen »Bubble Boy« einbrachte. David wurde oft mit Antibiotika behandelt, um jedwede Infektionen zu verhindern. Da ihm auch die Darmbakterien mit ihren nützlichen Funktionen fehlten, bekam er eine spezielle Diät mit den essenziellen Vitaminen K und B, die sie normalerweise produzieren.

Letztendlich starb David im Alter von 12 Jahren, wenige Monate nachdem sich die Ärzte und die Eltern dazu entschlossen hatten, bei ihm eine Knochenmarkstransplantation von seiner Schwester durchzuführen. Mit der Spende erhielt er leider auch ein Hepatitis–Virus, das bei ihm die tödliche Infektion auslöste. Davids traurige Geschichte zeigt, dass es unmöglich ist, ohne ein schützendes Immunsystem in einer Welt voller Mikroben zu leben, und ist zugleich auch ein Beweis für unsere Abhängigkeit von den Stoffen, die sie für uns produzieren.

Die Entscheidung, ob die Mikroorganismen in unserer Umgebung akzeptiert oder abgelehnt werden, liegt bei einem gut trainierten Immunsystem. Wenn ein fremdes Bakterium, ein Virus, ein Pilz oder eine andere mikrobielle Spezies auftaucht, beurteilt das Immunsystem schnell, ob es sich um einen Freund, einen Feind oder einen harmlosen Zuschauer handelt. Wird der Eindringling als bedrohlich erkannt, steht zum gleichen Zeitpunkt schon die Abwehrgarde bereit, um den Feind gleich hinter der ersten Barriere abzufangen und zu vernichten. Wurde aber ein harmloser Kommensale oder ein Freund erspäht, erlauben die Immunzellen den weiteren Durchzug. Das mutet beinahe an wie die Verteidigung eines Staates. Nur ist das Kampfgebiet, der menschliche Körper, kleiner und um Potenzen unübersichtlicher, komplexer, unverständlicher, als es irgendein militärischer Kriegsschauplatz jemals sein kann.

Unseren Schutz verdanken wir der angeborenen und der adaptiven, lernenden Immunität. Angeboren sind uns physikalische Barrieren wie die Haut und die Schleimhäute in der Lunge. In Nase, Lunge oder Darm warten Fresszellen auf Eindringlinge. Im Blut lagern Plasmaproteine, die aktiviert Abwehrzellen an die Infektionsorte dirigieren und fremde Zellen selbst attackieren können.

Unser erster filigraner Schutzschild aus Antikörpern ist schon bei der Geburt vorhanden, aber noch sehr durchlässig für Eindringlinge. Diese Antikörper gehen bereits in der Plazenta aus dem mütterlichen in den kindlichen Blutkreislauf über. Nach der Geburt gelangen weitere über die Muttermilch in den Körper des Säuglings.

Erst nach der Geburt werden die Zellen des sich anpassenden, lernenden Immunsystems gebildet – im Zusammenspiel mit der

Umwelt. Bakterien sind also wichtige Trainingspartner unserer Immunabwehr. Die Immunzellen, die B- und T-Lymphozyten, müssen sich erst einmal ordentlich mit Erregern auseinandersetzen und Informationen untereinander austauschen. Sogenannte Gedächtniszellen bilden bei einer erneuten Infektion schnell Antikörper oder aktivieren Killerzellen. Den vollen Schutz gegen Infektionskrankheiten entwickelt das Abwehrsystem in der späten Kindheit oder im frühen Erwachsenenalter. Im Alter verliert es an Kraft, die Reaktionen auf Angriffe werden allmählich träger, und der Körper wird anfälliger für Infektionen.

Die gesunde Abwehrtruppe unseres Körpers hat es in sich. Die Immunzellen patrouillieren ständig durch Blut- und Lymphbahnen und besitzen eine einzigartige Fähigkeit: Sie können aus den Gefäßen in das Gewebe einwandern und es später wieder verlassen. Durch einen einzelnen Lymphknoten fließen in einer Sekunde geschätzt 14000 Zellen auf der Suche nach Eindringlingen. Melden bestimmte Botenstoffe im Körper Verletzungen oder Infektionen, ballen sich sofort Immunzellen an den Angriffsorten. Fühlen wir uns gut, arbeitet das Immunsystem friedlich in unserem Körper vor sich hin. Sobald es eine »Feindeswarnung« gibt, fokussiert es sich aber darauf, Abhilfe zu schaffen und alles zu tun, um uns gesund zu erhalten.

Eine wichtige Rolle übernimmt dabei das Zusammenspiel der T-Zellen: Sie erkennen und bekämpfen mikrobielle Eindringlinge. Dann verursachen sie die typischen Schwellungen, Rötung oder Erwärmung, die bei einer Entzündungsreaktion gegen einen Krankheitserreger auftreten. Doch kaum hat der Körper einerseits die entzündungsfördernden T-Zellen hochgefahren, bringt er auch schon die regulatorischen T-Zellen ins Spiel, die den ersten entgegenwirken – eine besonders wichtige Funktion.

Gefährlich kann es für die Gesundheit sogar ohne Angreifer werden. Da unser Immunsystem nicht immer ganz vertrauenswürdig ist und manchmal auch seine Truppen in einen unkontrollierten

Amoklauf gegen vermeintliche Feinde oder sogar gegen eigene Körperzellen schickt, könnte es damit im schlimmsten Fall sogar lebenswichtige Organe wie Leber oder Pankreas schädigen.

Glücklicherweise bilden die regulatorischen T-Zellen ein Protein, welches den Eifer der kampfbereiten T-Zellen etwas zügelt. Dieses Protein dämpft die Entzündungsreaktion und verhindert, dass unser Immunsystem unser eigenes Gewebe angreift. Die regulatorischen Zellen beruhigen den Verteidigungskampf und suchen sich danach eine neue Baustelle im Körper. Solange ein ausgewogenes Verhältnis zwischen den aggressiven und den mäßigenden T-Zellen besteht, bleibt auch der Organismus gesund.

Besonders wichtig bei den regulatorischen Zellen ist ihre Fähigkeit zur Erinnerung. Ist ein Freund einmal erkannt, wird diese Information unser Leben lang gespeichert. Im Lauf der Zeit nimmt die Anzahl der vom Immunsystem tolerierten mikrobiellen Besucher ganz natürlich zu. Die Immunzellen gewöhnen sich einfach an diese Nachbarn. Das heißt aber nicht, dass dies das ganze Leben lang so bleibt und sich diese Situation nicht ändern kann. Um die Prüfung zu bestehen, müssen die Mikroorganismen gut erkennbar sein. Mikroben wandeln sich aber bekanntermaßen – sie können sowohl ihre Erscheinung als auch ihre Aktivität verändern. Dann geht unsere Toleranz für sie verloren, und Freunde oder Kommensalen werden wieder geprüft oder sogar vernichtet.

Ein gut trainiertes Immunsystem und damit eine gute Toleranz erreichen wir nur, wenn wir regelmäßig Kontakt zu einer sehr großen Mikrobenvielfalt haben. Nur so ist unser Immunsystem auf alle möglichen Situationen gut vorbereitet. Fehlen uns diese mikrobiellen Sparringspartner, schlägt das Immunsystem wild um sich und attackiert harmlose Stoffe oder den eigenen Körper. Diese Balance hat sich feinjustiert in der menschlichen Evolution herausgebildet.

Verlorene Freunde – wie unsere Mikrobiome verarmen

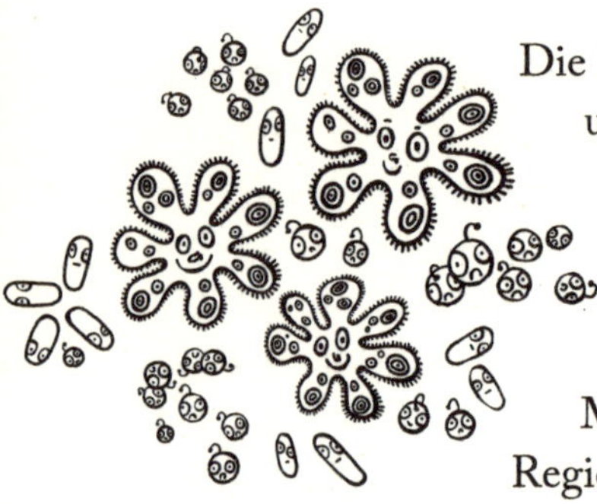

Die Mikroben auf und in uns haben sich als unsere engsten Partner gemeinsam mit uns entwickelt. Als Jäger und Sammler zogen unsere Vorfahren wie Nomaden von Ort zu Ort mit wenig Hab und Gut. Gegessen wurde von den frühen Menschen, was immer es saisonal in der Region gab: Fleisch, Wurzeln, Knollen und Früchte. Dieser Lifestyle hielt sich über 2,5 Millionen Jahre bis irgendwann zum Ende der letzten Eiszeit.[13]

Erst als wir lernten, das Feuer zu beherrschen und unser Essen zu kochen, wurde es für uns viel sicherer. Das Erhitzen über dem Feuer tötete Krankheitserreger, die in sich zersetzendem Fleisch vorkommen. Zudem war die Nahrung viel einfacher zu verdauen und reicher an Energie. Diese Veränderungen im Lifestyle und der Ernährung blieben nicht ohne Folgen: Unser Darm verkürzte sich, und unsere Gehirngröße nahm zu. Sehr wahrscheinlich hatten auch Mikroben einen Anteil am plötzlichen Gehirnwachstum nach unserem heutigen Wissensstand zur engen Verbindung zwischen Mikroben und Hirnentwicklung. Dies verbesserte unsere Fähigkeiten, zu jagen und miteinander zu kommunizieren. Mit anderen Worten: Das Kochen und die Mikroben machten uns smarter und menschlicher. Die »Weltrevolution in der Menschheitsgeschichte« gab es dann vor etwa 11000 Jahren: Der Mensch wurde sesshaft und lernte Getreide zu züchten. Erst dadurch konnten sich aus kleinen Stämmen Dörfer und später Städte und viele Merkmale der Zivilisation wie Handel, Schriftsprache oder Mathematik herausbilden. Die Landwirtschaft war ein Erfolgsmodell: Bauern lösten bald die Jäger und Sammler ab, und damit veränderte sich die Ernährung und mit ihr die Besiedlung des

Darms dauerhaft. Dank regelmäßiger Getreideernten wurde unsere Ernährung weniger vielfältig und die uns besiedelnden Mikroorganismen weniger divers.

Fast Food, saubere Toiletten und Geschirr sowie häufiges Händewaschen – das Alltagsleben eines heutigen US-Amerikaners oder Europäers unterscheidet sich grundsätzlich von dem der Ureinwohner. Unser Lebensstil hat die Zusammensetzung unseres Mikrobioms offensichtlich schon verändert. Unsere heutige Mikroben-WG ist sogar vergleichsweise klein im Verhältnis zu unseren Vorfahren, wie ein Blick in das Mikrobiom von seit Jahrtausenden isoliert lebenden Indianern belegt. In einer Studie fanden US-amerikanische und venezolanische Wissenschaftler im Fachmagazin *Science Advances* im Mikrobiom isoliert lebender Yanomami-Indianer die größte bakterielle Vielfalt, die je bei Menschen dokumentiert wurde.[14] Das Dorf wurde erst 2008 entdeckt. Zuvor gab es keinen Kontakt zur Außenwelt in der Abgeschiedenheit des Regenwaldes von Venezuela. Die Yanomami lebten seit Jahrtausenden als halbnomadische Jäger und Sammler.

Die Studie enthüllte, dass US-Amerikaner heute bis zu 40 Prozent weniger Bakterienarten beherbergen, und für uns Deutsche sieht das sicher nicht anders aus. Im Gegensatz zu den Indianern, bei denen keine dominierende Bakteriengruppe auszumachen war, fanden sich bei den US-Amerikanern überdurchschnittlich viele Hautbakterien – *Stapyhlokokken* und *Propionibakterien.*

Wir verlieren also langsam unsere wichtigen »alten Freunde«, und mit dem Verlust der Bakterien schwindet auch ihr potenzieller gesundheitlicher Nutzen. Es gibt offensichtlich einerseits einen Zusammenhang zwischen einer geringeren bakteriellen Artenvielfalt, industrieller Ernährung und modernen Antibiotika. Andererseits stehen genau diese Faktoren der westlichen Lebensweise in Zusammenhang mit der Zunahme immunologischer und metabolischer Erkrankungen, wie Adipositas, Allergien und Diabetes, wie die Autorin Dominguez-Bello in ihrer Studie erläutert.[15] Irgendetwas müsse diese Krankheiten in den letzten Jahren begünstigt haben – anscheinend das veränderte Mikrobiom, wie Forscher glauben.

Bis heute ist nicht geklärt, auf welche Weise sich die Mikrobengemeinschaft durch den westlichen hygienischen Lebensstil und unsere Ernährungsweise verändert hat, und vor allem, welche Konsequenzen dies hat. Welche Rolle spielte die große Artenvielfalt in den Mikrobiomen unserer Vorfahren für die Gesundheit des Menschen?

Die Untersuchung dieser komplexen Zusammenhänge und der Rolle der Bakterien in unserem Mikrobiom ist knifflig. Besonders dramatisch ist das Beispiel des Magenkeims *Helicobacter*. Er gehört zu den wenigen Mikroben, die im sauren Milieu des Magens überhaupt überleben können. In den 1980er-Jahren wurde er von den australischen Ärzten Barry Marshall und Robin Warren als eine wichtige Ursache von Magengeschwüren ausgemacht. Daraufhin begannen die Ärzte die Erkrankung routinemäßig mit Antibiotika zu behandeln, was erfreulicherweise die Häufigkeit der durch *Helicobacter* hervorgerufenen Magengeschwüre halbierte.

Nicht im Klaren waren sich die Forscher aber zu diesem Zeitpunkt über die komplexen Aufgaben, die *Helicobacter* in unserem Mikrobiom hat. Dies aufzudecken gelang erst Martin Blaser, Professor für innere Medizin und Mikrobiologie an der New York University.[16] In seiner 25-jährigen Forschungstätigkeit erkannte er, dass es sich bei *Helicobacter* nicht um einen Krankheitserreger, sondern um eine ganz harmlose kommensale Bakterie handelt. Sie hilft uns Menschen, den Säuregrad im Magen zu regulieren, und schafft sich dabei ganz eigennützig auch eine Umgebung, die ihr selbst und dem Wirt gleichermaßen zugutekommt. Wird zu viel Säure produziert, bilden die Bakterien das Protein *cagA*, damit der Magen die Säureproduktion herunterfährt. Bei anfälligen Menschen kann dieses Protein aber einen unerfreulichen Nebeneffekt haben und die bekannten Magengeschwüre verursachen. Jahrzehnte später erkannte

Blaser auch noch die wichtige Funktion von *Helicobacter* bei der Steuerung unseres Appetits. Ist die Bakterie vorhanden, geht das hungeranzeigende Hormon Ghrelin im Verdauungstrakt nach dem Essen ganz normal zurück. Wir hören einfach auf zu essen, weil der Appetit schwindet. Wird *Helicobacter* aber mit Antibiotika ausgemerzt, bleibt dieser regulierende Effekt aus. Die Folge ist Übergewicht, weil die Menschen länger hungrig sind und einfach zu viel essen.

Vor zwei bis drei Generationen hatten noch mehr als 80 Prozent der US-Bürger diesen Keim. Heute fällt der Test bei weniger als sechs Prozent der amerikanischen Kinder positiv aus. Eine ganze Generation wächst also ohne *Helicobacter* auf, mit der Gefahr, übergewichtig zu werden. Laut einer Studie aus dem Jahr 1992, die die New Yorker Forscher an 11000 Kindern durchführten, hatten Kinder, die im ersten halben Jahr Antibiotika bekamen, eine um 20 Prozent höhere Wahrscheinlichkeit, mit drei Jahren übergewichtig zu sein.[17] Auch in Deutschland wird der Nachwuchs oft mit Antibiotika behandelt. Laut einer Studie der Bertelsmann Stiftung bekam 2009 jedes zweite Kind bei den Drei- bis Sechsjährigen solche Medikamente.[18] Damit könnte das rasche Verschwinden von *Helicobacter pylori* und anderer Bakterienarten aus dem menschlichen Mikrobiom zusammen mit immer ausreichend verfügbaren energiehaltigen Nahrungsmitteln und abnehmender körperlicher Arbeit möglicherweise eine weltweite Epidemie der Fettleibigkeit auslösen. Blaser meint dazu: »Wir wissen immer noch nicht, inwieweit sich Adipositas auf die Veränderung der mikrobiellen Gemeinschaft zurückführen lässt. Ich bin mir aber sicher, dass ihr Anteil nicht vernachlässigbar ist.«[19]

Antibiotikabehandlungen sind aber nicht die einzige Ursache für die derzeit sich vollziehenden beispiellosen Umwälzungen in unserem Mikrobiom. Denken Sie nur an den aktuellen Trend, Kinder per Kaiserschnitt zu entbinden. Dadurch wird verhindert, dass wichtige bakterielle Kommensalen bei der Passage des

Geburtskanals weitergegeben werden – etwa Laktobakterien aus der mütterlichen Vagina, die dem Säugling helfen, die Muttermilch zu verdauen. In den USA wie auch in Deutschland kommen 30 Prozent der Kinder inzwischen per Schnittentbindung auf die Welt. Im Gegensatz zur natürlichen Besiedelung durch die mütterlichen Bakterien bei der Entbindung werden die Babys zufällig besiedelt mit Mikroben aus der Luft im Kreißsaal. Sogar Jahre später weisen Kaiserschnittkinder eine abweichende Mikroflora auf – mit Folgen: Sie sind im Kindes- und Teenageralter häufiger fettleibig.[20]

In vielen Gegenden gehen außerdem die Kinderzahlen zurück. Hat der Nachwuchs also auch noch weniger oder keine Geschwister, fallen wichtige Quellen für besiedelnde Mikroorganismen weg. Selbst unser sauberes Wasser, welches jedes Jahr Millionen von Menschen vor dem Tod durch Infektionen bewahrt, reduziert auf der anderen Seite auch die Vielfalt der nützlichen Bakterien, denen wir ausgesetzt sind. Insgesamt wachsen immer mehr Menschen in einer mikrobiell verarmten Umwelt auf. Und dafür bezahlen wir die Rechnung.

Generation Keimfrei – die Erfindung der Allergie

Schauen wir uns unseren Alltag genauer an. Für die meisten ist antimikrobielles Putzen ganz selbstverständlich! Passend dazu werden wir von der Werbung für desinfizierende Putzmittel, antibakterielle Seifen oder Mülltüten überschwemmt. Wir sind moderne Mikrobenjäger – immer auf der Suche nach dem nächsten klebrigen Biofilm, den es mit der Sprühpistole zu bekämpfen gilt.

Während die historisch ersten hygienischen Maßnahmen unstreitbar wichtige Erfolge bei der Eindämmung von Seuchen und Epidemien erzielten, hat sich die Hygieneindustrie mittlerweile zu einem Milliardengeschäft entwickelt. Wer nicht genug entkeimt, hat beinahe Schuldgefühle!

Nur langsam reift die Erkenntnis, dass zu viel Hygiene dem Menschen schaden kann. Ausgangspunkt dieser Überlegungen ist die sogenannte »Hygiene-Hypothese« und die in den vergangenen 50 Jahren zu beobachtende Zunahme an Allergien – also die überschießenden Abwehrreaktionen des Immunsystems gegen bestimmte, normalerweise ganz harmlose Umweltstoffe wie etwa Blütenpollen. Vereinfacht ausgedrückt: Da dem Abwehrsystem die gefährlichen bakteriellen Gegner von einst fehlen, schlägt es nun bei harmlosen Pollen oder Lebensmitteln Alarm.

Asthma, Heuschnupfen und Lebensmittelallergien sind typische Krankheiten unserer Zeit. Tränende Augen, laufende Nasen und Reizhusten – die Allergieanfälligkeit hat dieser populären Hypothese nach deshalb zugenommen, weil das Immunsystem unserer Kinder in den entscheidenden ersten Jahren durch übertriebene Hygiene und Sauberkeit nicht mehr ausreichend trainiert wird. 40 Prozent der Menschen in den Industrieländern gelten heute als Allergiker – bei 300 Millionen hat sich die Allergie in den Luftwegen mittlerweile zu einem besonders belastenden Asthma ausgeweitet.

Aufgestellt wurde die Hygiene-Hypothese im Jahr 1989 von dem jungen Londoner Epidemiologen David Strachnan an der London School of Hygiene. Er veröffentlichte im *British Medical Journal* eine Untersuchung von mehr als 17000 Kindern, die alle in der gleichen Märzwoche 1958 geboren waren.[21] In seiner berühmt gewordenen Arbeit kam er zu dem Resultat, dass nicht Infekte, sondern eher der Mangel an Infekten die Entstehung von Allergien begünstige. Strachnan ermittelte alle möglichen Daten aus dem Lebensumfeld der Kinder: Einkommen, Bildung, Geschwisterzahl, Familienstand, Wohnsitz auf dem Land oder in der Stadt und viele mehr. Sein überraschendes Ergebnis: Je mehr Geschwister die Teilnehmer der Studie hatten, desto geringer war die Wahrscheinlichkeit, dass sie an Heuschnupfen oder Neurodermitis litten.

Laut Strachnan spielen hier zwei wichtige Faktoren eine entscheidende Rolle: zum einen die Anzahl der Kinder in der Familie, wobei Einzelkinder ein mehr als doppelt so hohes Risiko hatten, an einer Allergie zu erkranken, als Kinder mit drei oder mehr Geschwistern, und zum anderen die Position in der Geburtsreihenfolge. Je mehr ältere Geschwister ein Kind hatte, desto geringer war sein Allergierisiko. Je mehr Möglichkeiten Kinder also hatten, sich bei anderen anzustecken, je mehr Mikroben die älteren Geschwister aus dem Kindergarten oder der Schule mit nach Hause schleppten, desto besser war dies offensichtlich für Reifung und Stabilität des Immunsystems. Fehlen Infekte, beginnt sich das Immunsystem zu langweilen und attackiert aus Jux und Tollerei harmlose Passanten.

Doch allein die Konzentration auf die Infekte konnte das Phänomen der Allergien nicht erklären. Lange tappten die Forscher im Dunkeln, denn eine genetische Veranlagung in den Familien spielt ja ebenfalls eine Rolle. Bei ihrer Detektivarbeit konzentrierten sich die Forscher immer mehr auf die Analyse des Lebensstils. In diesem Zusammenhang sehr bekannt wurden die »Bauernhofstudien« der Ärztin Erika von Mutius, die durch den zufälligen Tipp eines Schularztes auf die richtige Spur gesetzt wurde: Er hatte noch nie ein Bauernkind mit Asthma gesehen.[22]

Die Suche verlagerte sich nun von den Risikofaktoren auf das viel Wesentlichere – die Schutzfaktoren, die wir verloren haben. Auf einmal gab es höchst eindrucksvolle Erkenntnisse. Hatten Kinder im ersten Jahr Kontakt mit Kühen und bekamen naturbelassene Rohmilch zu trinken, führte das zu einer 75-prozentigen Reduktion der Asthma- und Allergierate. Waren die schwangeren Mütter zudem täglich im Stall anwesend, führte das sogar noch zu einer weiteren Reduktion. Das Immunsystem der dann geborenen Kinder war schon ganz anders ausgerüstet. Dabei machte auch die Dosis einen Unterschied. Kinder auf »Vollzeit-Bauernhöfen« waren besser geschützt als in Nebenerwerbsbetrieben. Nicht pasteurisierte Milch frisch aus dem Stall funktionierte anscheinend am besten beim Mikrobentransport. Je traditioneller die Höfe auch in Europa geführt wurden, desto stärker konnten die Forscher auch den Schutzeffekt nachweisen. Doch welche Mikroben genau für diesen Schutzeffekt zuständig waren, ließ sich noch nicht klären. Dahinter stecke wohl ein Gemisch von Faktoren und nicht ein einzelnes Bakterium – ein Cocktail von guten, schützenden Substanzen.[23] Einig sind sich die Forscher darin, dass es dabei nicht um ein »Je mehr, desto besser« geht. Wichtig sind wohl Diversität und Vielzahl der Expositionen: je diverser das mikrobielle Umfeld, desto geringer das Risiko für Asthma und Allergien.

Durch Versuche an Mäusen an der Universität Marburg konnte sogar nachgewiesen werden, dass der Schutzeffekt des Stallstaubs mit Mikroben sogar über Generationen weitergegeben wurde.[24] Die Stall-Bakterien machten das Immunsystem der Mäuse toleranter und weniger aggressiv. Das heißt, diese Bakterien sind für das Immunsystem alte Freunde, die für seine gesunde Entwicklung notwendig sind. Wir brauchen diese Freunde aus der Natur. Unsere wichtigsten Fragen lauten daher: Welche Freunde sind das, und welche sind die besten Freunde?

Forscher finden immer mehr Hinweise darauf, dass unser gesundes reifes Immunsystem auf die ständige Mitarbeit nützlicher Bakterien angewiesen ist. Die Vorstellung, Bakterien könnten die Funktion unserer Immunabwehr optimieren, widerspricht noch dem herrschenden Dogma. Doch es kristallisiert sich immer mehr heraus, dass auch die harmlosen Kommensalen wesentliche Funktionen unseres Immunsystems mitbestimmen.

Im Jahr 2012 gelang es, die zellulären Hintergründe der Hygiene-Hypothese im Tierversuch aufzuklären. Forscher von der Harvard Medical School in Boston und der Ludwig-Maximilians-Universität in München wiesen nach, dass Darmkeime, die Mäuse in den ersten Lebenswochen aus der Umwelt aufnehmen, mit Immunzellen interagieren und so Autoimmunkrankheiten entgegenwirken.[25] Keimfrei aufgezogene Mäuse entwickeln im Gegenzug dazu häufiger Asthma und Colitis (Dickdarmentzündung). Obwohl es keine keimfrei lebenden Menschen gibt, gehen die Forscher davon aus, dass diese Daten aus Tierversuchen ernst zu nehmen sind.

Das Bakterium *Bacteroides fragilis*, welches etwa 70 bis 80 Prozent aller Menschen bewohnt, hilft unserem Immunsystem ebenfalls die Balance zu wahren, indem es dessen antientzündliche Mechanismen stärkt.[26] Dieser Effekt wurde auch bei keimfrei aufgezogenen Mäusen beobachtet, die eine defekte Immunabwehr besaßen, wobei vor allem die regulatorischen T-Zellen nicht mehr richtig arbeiteten. Als das Team den Mäusen *B. fragilis* zuführte, kamen die entzündungsfördenden und –hemmenden T-Zellen ins Gleichgewicht, und das Immunsystem der Nager fing an, wieder normal zu funktionieren.

Was passierte genau? Aus der Zellwand von *B. fragilis* ragen verschiedene Zuckermoleküle, an denen das Immunsystem die Bakterien erkennt. So kann es trainieren und reifen. Das Bakterium übernimmt so gewissermaßen die Qualitätskontrolle über unser Immunsystem, und dadurch funktioniert es besser.

Andere Mikroorganismen dürften das Immunsystem ähnlich beeinflussen. Es ist bisher nur das erste entdeckte und aufgeklärte Beispiel. Doch auch *B. fragilis* verschwindet wie *Helicobacter pylori* aus unserem Mikrobiom.[27] Unsere Anstrengungen, Krankheitserreger weitestgehend aus der Umgebung zu verbannen, treffen auch nützliche Mikroorganismen. Das geschieht zwar in guter Absicht, aber wir zahlen einen hohen Preis dafür. Im Fall von *B. fragilis* könnte der Preis die Zunahme von Autoimmunkrankheiten wie Morbus Crohn, Diabetes mellitus Typ 1 und multiple Sklerose sein.

Hinter diesen Erkrankungen liegen komplexe Ursachen, an denen genetische und Umweltfaktoren beteiligt sind. Einen großen Anteil hat aber die Veränderung unserer Mikrobiome. Bei Menschen mit entsprechender genetischer Veranlagung könnten diese Umwälzungen zu Autoimmunkrankheiten und anderen gesundheitlichen Störungen führen – so die aktuelle Hypothese der Forscher.

3 LETZTE WILDNIS IN UNSEREN HÄUSERN

Wenn Sie glauben, in Ihrem Haus würden nur Sie mit Ihrer Familie und vielleicht noch mit einem Hund oder einer Katze wohnen, liegen Sie nur auf den ersten Blick richtig. Schon vor Jahrtausenden sind wir in unsere Heime nicht allein eingezogen. Winzige Mitbewohner, wie Insekten und Mikroben, begleiten uns bereits seit Urzeiten. Manche von ihnen könnten ohne uns und unsere Wohnstätten nicht mehr in der freien Natur leben – beispielsweise die Deutsche Schabe, die für ihr Wohlergehen auf die Unterkunft in menschlichen Behausungen angewiesen ist. Ähnlich verhält es sich auch bei den lichtscheuen Silberfischchen, den Hausstaubmilben und bei Hundertausenden von Mikroben.

Unsere Haushalte gehören heute zu den wenigen Ökosystemen auf der Welt, die immer mehr werden. Jeden Tag werden neue Grundsteine gelegt, neue Mauern errichtet und neue Straßen für Wohngebiete gebaut. Erst seit etwa 20000 Jahren bauen Menschen Häuser – daher ist der Naturraum Haus evolutionsgeschichtlich noch jung. Aber er wächst stetig weiter, und auch in diesen ummauerten und abgegrenzten Räumen geht die Evolution natürlich weiter. Derzeit liegt das Ausmaß der Gebäudeflächen bei geschätzt 0,5 Prozent des weltweit eisfreien Landes – das entspricht in etwa einer Fläche von 640000 Quadratkilometern. Rund ebenso viel Platz nimmt die Landfläche von Frankreich ein. Und die Ökosysteme im Innern der Gebäude wachsen weiter an. Allein in Manhattan ist die Innenraumfläche heute fast dreimal so groß wie die Insel selbst.

Menschen in den westlichen Industrieländern verbringen etwa 22 Stunden täglich in geschlossenen Räumen und Gebäuden. Trotzdem sind die heimlichen Mitbewohner im Büro, im Wohn- und Schlafzimmer bisher kaum untersucht. Unsere privateste und vertrauteste Umgebung ist noch einer der letzten unerforschten weißen Flecken der Erde – eine unbekannte Artenvielfalt in unseren vier Wänden.

Seit einigen Jahren nimmt die Insektenforscherin Michelle Trautwein von der California Academy of Sciences das bunte Leben in über fünfzig Eigenheimen in North Carolina mit ihrem Team unter die Lupe.[28] Allein über 10000 Exemplare von über 750 Insektenarten sammelte sie dort ein. Und noch zahlreicher sind die Mikroben, die einfach überall in unserem Zuhause sitzen. Könnten wir sie mit bunten Farben markieren, so wäre alles, was uns umgibt und was wir berühren, über und über mit mehreren Schichten von regenbogenfarbigen Bakterien, Pilzen und anderen Mikroben bedeckt. Auch die frisch gescheuerte Toilette oder Küchenspüle ist bevölkert, denn auch in Reinigungsmitteln können Bakterien vorkommen. Bisher weiß niemand genau, was da alles um uns herumwuselt. Häuser mögen uns nicht als die Orte erscheinen, in denen Biologen noch Entdeckungen machen.

Wie draußen in der Natur steckt diese Wildnis in unseren Häusern voller wunderbarer und einladender ökologischer Nischen für Mikroorganismen. Da gibt es Fasern im Teppich oder in der Kleidung, Ritzen in Küchenbrettern oder heimelige Poren in Schwämmen. Da locken feuchte Räume mit einem Klima wie im Regenwald oder trockene Wüsten. In unseren Häusern schaffen wir Lebensräume, die so in der Natur nicht existieren. Aber auch dafür findet sich immer ein Mikroorganismus, da er genau diesen Standort liebt und ihn bewohnen möchte. Daher sehen diese Mikroben-Gemeinschaften ganz anders aus, als sie in der freien Wildbahn vorkommen würden.

Welche mikrobiellen Arten leben gemeinsam mit uns in den Häusern? Was züchten wir uns da heran? Was bedeutet das für uns, und wie können wir die unsichtbaren Minivölker in unserer nächsten Umgebung zu unserem Vorteil steuern?

Das große Krabbeln – wer hat die Macht in unserer Wohnung?

In jedem Heim gibt es eine Art Dschungel mit unzähligen Spezies – ein unerwarteter Hotspot der Artenvielfalt auf kleinstem Raum. Bisher hatten sich die Forscher in Häusern vor allem auf Schädlinge konzentriert. Aber es ist notwendig, die gesamten Lebensgemeinschaften zu betrachten.

Die größte Artenvielfalt findet sich, wenig überraschend, unter den Bakterien, Viren und anderen Mikroben.[29] In vierzig Häusern in North Carolina entdeckten Wissenschaftler mehr als 8000 Mikrobenarten. Ein anderes Team fand Hunderte von Pilzarten bei einer Untersuchung von nur elf Häusern in Kalifornien.

Wichtig für die Forscher ist natürlich nicht nur, welche Mikroben mit uns leben, sondern auch wie sie sich in Häusern weiterentwickeln. Hier leben von der Natur isolierte Populationen, die um beschränkte Nahrungsressourcen kämpfen. Feindselige Staubsauger und Schuhsohlen trachten ihnen nach dem Leben. Dies überleben nur die am besten Angepassten. Besonders spezialisierte Mikroben besiedeln dabei häufig Orte mit extremen mikroklimatischen Schwankungen. Duschköpfe mit ihrem Wechsel zwischen heißem und kaltem Wasser und plötzlicher Trockenheit. In Wasserboilern kommt oft das Bakterium *Thermus aquaticus* vor, von dem einige Forscher vermuten, seine Vorfahren könnten aus Heißwasserquellen stammen.

Im Projekt *Wild Life of our Homes* nahmen Rob Dunn und sein Team von der North Carolina State University die Bakterienvielfalt an neun ausgewählten Standorten in Häusern genauestens unter die Lupe beziehungsweise unter die Mikroskope.[30] Die Mikrobendetektive sind dafür unter Betten gekrochen, haben Duschköpfe auseinandergeschraubt und Kühlschränke geschrubbt. Sie wurden in den teils öffentlichen Projekten von der Bevölkerung stark unterstützt. »Citizen Science« wird diese Art der Beteiligung von »Bürgerwissenschaftlern« genannt, die viel Spaß beim Mitforschen haben. So wurden beispielsweise Unmengen von Staubproben von Türrahmenkanten innerhalb und außerhalb von fast 1200 Wohnungen in den USA aus verschiedenen Klimazonen und Wohnverhältnissen gesammelt und eingeschickt. Die Proben wurden auf Mikroorganismen analysiert und mit geografischen Faktoren wie Klima und Bevölkerungsdichte und Bedingungen des Haushalts – wie Zahl der Zimmer, der Haustiere und das Geschlecht der Bewohner – in Zusammenhang gebracht.

Wir verbringen weniger Zeit draußen in der Natur – viele von uns leben in Häusern mit zentraler Belüftung, gut abgedichteten Fenstern und sauber gewienerten Oberflächen, jederzeit ein antibakterielles Tuch zur Hand. Tausende Bakterien und Pilze, mit denen wir täglich zu Hause in Kontakt kommen, könnten unsere Gesundheit und unser Wohlbefinden beeinflussen. Optimalerweise möchten die Forscher künftig die gefährlichen Arten minimieren und die Vielfalt der nützlichen Bakterien erhöhen. Vorher müssen sie aber untersuchen, wer überhaupt wo lebt und warum. Die Architektur und physikalische Beschaffenheit unserer Häuser beeinflusst natürlich, welche Mikroben sich hier wohlfühlen. Baumaterialien, Bodenbeläge, die Lüftung, Heizungs- oder Kühlsysteme – all diese Bedingungen charakterisieren das »Ökosystem Haus«. Stellen die Forscher hier bestimmte Mikrobenmuster fest, könnte das zukünftig zu Empfehlungen führen, wie gesunde Häuser optimal designt oder umgebaut werden können.

Auch wo wir leben, in welchem Klima und in welcher Landschaft, beeinflusst, welche mikrobiellen Untermieter bei uns einziehen. Die Forscher nutzen dazu für ihre Analysen öffentlich verfügbare Daten zu Klimabedingungen, Bevölkerungsdichten, Stadt- oder Landwohnungen oder zur Vegetation. Jeder dieser Faktoren hat darauf Einfluss, mit welchen winzigen Kreaturen Sie sich Ihr Heim teilen.

Auch die großen Bewohner – die sogenannten »Makrospezies«, also wir Menschen, unsere Haustiere oder Pflanzen – haben einen großen Einfluss auf die Mikrobenfauna in unseren Häusern. Dabei sind nicht nur die Zahlen der Bewohner, sondern auch ihr Alter und ihr Geschlecht ausschlaggebend. Überraschenderweise ist die Vielfalt an Pilzen und Bakterien innerhalb von Wohnungen um 50 Prozent höher als außerhalb. Haushalte in ähnlichen klimatischen Bedingungen beherbergen auch ähnliche Pilzgemeinschaften. Das liegt wohl daran, meinen die Forscher, dass die Pilzsporen aus der Umwelt in die Wohnungen verschleppt werden und daher die Pilzgemeinschaften im Haus maßgeblich beeinflussen. Bei Bakterien gibt es diesen direkten Zusammenhang zwischen drinnen und draußen nicht. Stattdessen sind es die Bewohner selbst – sowohl die menschlichen als auch die tierischen –, die die Bakterienvielfalt ihres Hauses bestimmen.

Mann oder Frau – auch das macht einen Unterschied: In Wohnungen mit mehr Frauen fanden die Forscher andere Bakterien als in jenen, in denen nur Männer wohnten.[31] Eine Handvoll Laktobazillen aus dem Mikrobiom der Vaginalgegend kommt so zum Beispiel häufiger in Wohnungen mit einem höheren Frauenanteil vor. Die spannende Tatsache, dass sie auch in den Hausstaub gelangen, zeigt, wie sehr wir Menschen mit unseren verschiedensten Körperteilen Bakterien verteilen. Genauso wie unsere Vierbeiner: In Wohnungen mit Hunden und Katzen enthält der Staub beispielsweise auch Bakterien aus Speichel und Kot.

Der Biologe Rob Dunn hofft, dass die Entdeckung der Artenvielfalt in unseren Häusern nicht nur die wissenschaftliche Neugier befriedigt. Die neuen Erkenntnisse könnten sogar in Zukunft unser Leben verbessern. Wichtig ist es daher herauszufinden, welche Arten ein positives und gesundes Umfeld für uns schaffen. Entkommen können wir unseren Mitbewohnern in unseren Heimen allerdings nicht. »Die Evolution, die dort stattfindet« ist laut Dunn »eng verwoben mit unserem Schicksal«.[32]

Wer die Zusammensetzung der Mikroben-Gemeinschaft in seiner Wohnung ändern will, kann einiges tun. Den Einfluss vieler Faktoren beginnen die Forscher gerade erst zu verstehen. Sie könnten die Filter an der Klimaanlage wechseln, die Aufteilung der Wohnung verändern oder die Teppichböden in Ihrer Wohnung herausreißen, laut Noah Fierer, dem Leiter des Projektes »Wild life of our Homes«.[33] Die einfachste Änderung ist sicher, einen Hund oder eine Katze an- oder abzuschaffen.

Ganz pragmatische Empfehlungen geben Forscher in einer Studie im Fachjournal *Proceedings B der Britischen Royal Society*: »Wer die Pilzarten ändern möchte, denen er in seiner Wohnung ausgesetzt ist, der muss am besten weit weg ziehen. Wer hingegen die Bakterien in seiner Umwelt ändern möchte, der muss nur ändern, mit wem er zusammenlebt.«[34] Sie haben also die Wahl!

Sie sind nicht allein – Ihre persönliche Mikrobenwolke

Auch wenn wir uns bisweilen einsam fühlen – wir sind es niemals. Unser Körper ist über und über bedeckt von Kleinstlebewesen. Wenn Sie an dieser Stelle ganz kritisch ihr Zuhause beäugen und wahrscheinlich gerade das Bedürfnis haben, ein Desinfektionsmittel zur Hand zu nehmen, dann muss ich Ihnen leider sagen, dass Sie auch Ihr Umfeld niemals keimfrei bekommen werden. Das liegt einfach daran, dass wir Menschen die Hauptquelle der Keime in der Wohnung sind. Das könnten Sie höchstens unterbinden, wenn Sie Tag und Nacht einen Schutzanzug tragen – was eher unpraktisch und unbequem ist.

Schon seit Längerem ist bekannt, dass die Bakterienflora jedes Menschen einzigartig zusammengesetzt ist und deshalb wie ein Fingerabdruck oder wie eine Erbgutanalyse zur Identifizierung dienen kann. Wieso unterscheiden sich aber Menschen – sogar eineiige Zwillinge – überhaupt im Mikrobenmix? Dafür gibt es mehrere Gründe: Zum einen existiert eine riesige Vielfalt von Mikroorganismen in der Natur, und jedes Baby kommt mit einer etwas anderen Mischung in Berührung. Außerdem ist auch das Immunsystem jedes Menschen einzigartig und macht es manchen Mikroben leichter als anderen. Ebenso individuell ist auch die mit Mikroben angereicherte Wolke, die jeder Mensch an seine Umwelt abgibt. Die sogenannte »Mikrobenwolke« wurde erst 2015 in einer Studie nachgewiesen. Menschen hinterlassen überall, wo sie gehen und stehen, unsichtbare mikrobielle Spuren – nicht nur an Gegenständen, sondern eben auch in der Luft.[35]

Wir sind umgeben von einer wabernden Wolke aus Keimen, die uns genauso umschwirrt wie die Staubwolke Pig Pen den kleinen Jungen von den Peanuts – weil er Dreck einfach magnetisch anzieht. Selbst wenn wir nur ganz still am Schreibtisch sitzen und uns nicht bewegen, sondern wir schätzungsweise stündlich 15–30 Millionen Mikroben an unsere Umwelt ab.[36] Sie rieseln mit Hautschüppchen nur so von uns herab oder fallen uns aus den Haaren. Wir atmen sie mit unserer Atemluft fein zerstäubt als Bioaerosol ein oder dünsten sie mit dem Schweiß in die Umgebungsluft aus. Sie purzeln uns aus dem Gesicht, wir pusten Sie aus dem Mund oder aus der Nase. Weder Handschuhe noch Kleidung halten die Mikroben auf. Sobald Sie sich hinsetzen, übertragen Sie sie von Ihrem Hinterteil oder der Vaginalgegend auf die Oberfläche, auf der Sie sitzen. Kleidung ist kein Hindernis! Sie sind so lange nachweisbar, bis sich der Nächste hinsetzt.

Mit uns verteilen auch unsere Mitmenschen ihre Keime – mehrere Tausend unterschiedliche Bakterientypen. Hunde, Katzen, Vögel – alle hinterlassen ebenfalls ihren typischen mikrobiologischen »Fingerabdruck«.[37] James Meadow und seine Kollegen von der University of Oregon untersuchten, wie viele Mikroorganismen ein still sitzender Mensch in zwei bis vier Stunden in einer Testkammer an seine Umwelt abgibt. Die Probanden durften mindestens vier Monate vorher keine Antibiotika genommen haben. Die Forscher identifizierten in den aus der Luft aufgefangenen Proben oder in Petrischalen wachsenden Keimen über 16S ribosomale RNA, sozusagen den Strichcode der Mikroben – mehrere Tausend Bakterientypen, die vor allem auf oder im Körper des Menschen leben, z.B. *Streptokokken* aus dem Mund oder *Propioni-* oder *Corynebakterien* von der menschlichen Haut.

Überraschenderweise ließen sich die Versuchsteilnehmer sogar über diese Mikrobenwolke unterscheiden. Fanden die Forscher bei einem Probanden große Mengen eines Bakteriums namens *Dolosigranulum pigrum*, welches in den oberen Atemwegen heimisch ist, war für einen anderen eher das verstärkte Auftreten von *Staphylococcus epidermis* in der Schleimhaut typisch. Bei der einzigen Frau im Experiment trat vermehrt *Lactobacillus crispatus* auf, ein Bakterium der Vaginalflora. Nach ein bis vier Stunden ließen sich alle Keimproben durch spezifische Unterschiede ihrem ursprünglichen Besitzer gut zuordnen. Wir können die persönliche Mikrobensignatur sogar noch auf die gesamte Familie ausweiten. Hier trifft der Spruch »Es bleibt alles in der Familie« ganz besonders zu. Mutter, Vater, Tochter und Sohn haben ein gemeinsames Mikrobiom, welches bei Bedarf sogar mit ihnen umzieht.[38] Wie die eng mit uns lebenden Mikroben unsere Gesundheit beeinflussen, erforschten Jack Gilbert und seine Kollegen genauer in den Argonne National Laboratories in ihrer »Home Microbiome Project

Study«.[39] Sie nahmen sechs Familien in insgesamt zehn Häusern sechs Wochen genauer unter die Lupe. Zu den Bewohnern zählten 18 Personen, drei Hunde und eine Katze. Letztendlich identifizierten sie in den untersuchten Heimen rund 22000 verschiedene Bakterien.

Ihr Fazit: Unsere Bakterien fühlen sich anscheinend besonders wohl in unserem Umfeld. Sie sind anhänglich und wollen bei uns bleiben. Sie ziehen sogar mit uns um. Eine Familie zog beispielsweise aus einem Hotel in ein Haus. Und schon nach 24 Stunden war alles wie vorher im Hotel. Ihr neues Zuhause unterschied sich mikrobiologisch nicht mehr von ihrem Hotelzimmer. Mit einer ungeheuren Geschwindigkeit besiedeln unsere mikrobiellen Begleiter unsere Umgebung. Alle Oberflächen, der Hausstaub, das Badezimmer sind innerhalb weniger Stunden, in denen wir uns dort aufhalten, »eingenommen«.

Mit im Gepäck unserer »Mikrobenwolke« haben wir sicher auch Krankheitserreger, könnten Sie nun einwenden. Ja, absolut – und damit hat die Identifizierung der individuellen Keimwolke eines jeden Menschen durchaus Potenzial für praktische Anwendungen. Vermutlich können die Forscher demnach besser verstehen, wie sich Krankheitserreger verbreiten. Ob sich allerdings außer Schnupfen oder Durchfall auch andere chronische Krankheiten über unsere Mikrobenwolke verbreiten, ist noch nicht nachgewiesen. Nur einmal die Hand bei Freunden auf die Küchenablage zu legen reicht nicht aus, um gleich bleibende Krankheiten zu übertragen oder unser Mikrobiom zu verändern. Dazu ist es zu stabil. Die Bakterien darin erwerben wir seit unserer frühesten Kindheit aus unserem Zuhause und unserer Umwelt.[40]

Künftig könnte die persönliche Mikrobenwolke sogar nützliche Hinweise für die Verbrecherjagd liefern. Ihr mikrobiologischer Fingerabdruck könnte Sie tatsächlich überführen, falls Ihre Mikroben zum Mordzeitpunkt am Tatort waren. Unser Mikrobiom ist daher auch für Forensiker hochinteressant, weil Menschen auf

Schritt und Tritt Mikroben verlieren und so eine regelrechte Spur von Keimen legen. Ein zeitgemäßer Sherlock Holmes benötigt heutzutage also auch mikrobiologische Kenntnisse, um dort, wo sich eine Person zuletzt aufgehalten hat, treffsicher die Mikrobensignatur zu analysieren.

Ganz ausgereift und massentauglich ist die Methode freilich noch nicht, so der Mikrobiologe James Meadow.[41] Zumal auch sensible Daten zu Krankheitserregern entstehen können, ist es noch Zukunftsmusik, bis der mikrobiologische Fingerabdruck den Weg in den Gerichtssaal findet.

Aber auch dann bleibt ein weiteres Problem bestehen: Die Zusammensetzung unseres Mikrobioms verändert sich mit der Zeit auch bei Erwachsenen. Das Mikrobiom kann sich drastisch ändern, wenn ein Mensch in ein fremdes Land zieht oder Antibiotika nimmt. Gleicht dann das heutige Mikrobiom eines Mörders noch dem Abdruck, den er fünf Jahre zuvor am Tatort hinterlassen hatte?

Trotzdem gewinnt der mikrobiologische Ermittlungsansatz immer mehr an Beliebtheit: Bei Konferenzteilnehmern aus Vancouver, Washington, D. C., und Kalifornien konnten die Forscher anhand von mikrobiologischen Bodenspuren von Schuhsohlen nachweisen, an welchen Orten die Personen gewesen waren.[42]

Auch die verschiedenen Benutzer einer Computertastatur sind anhand ihres unterschiedlichen Mikrobioms zu unterscheiden.[43] Genauso konnten Forscher Mobiltelefone anhand eines Keimmusters ihren Besitzern zuordnen.[44]

Ja, selbst auf seinem Partner hinterlässt der Mensch mikrobielle Spuren. In einer Studie aus dem Jahr 2017 verglichen Forscher das Mikrobenmuster von zehn sexuell aktiven Paaren, die auch zusammenleben.[45] Anhand der Daten konnten sie die zusammengehörigen Partner mit einer Genauigkeit von bis zu 86 Prozent einander zuordnen.

Ich denke, nun sind Sie ausreichend mit dem nötigen Vorwissen ausgestattet, sodass ich Sie auf eine Tour durch die Räume in Ihrem Haus oder Ihrer Wohnung einladen kann, auf der Sie Ihre kleinen Mitbewohner genauestens kennenlernen und viel Neues darüber erfahren, wie Sie gesund mit ihnen leben können.

Zweiter Teil

UNSER HEIMISCHER MIKROBENZOO

1 UNSER TOR ZUR WELT – HAUSTÜR UND FLUR

Herzlich willkommen – treten Sie ein! Hier an der Haustür beginnt unsere gemeinsame Expedition durch die unsichtbaren Mikrobenwelten in Ihrem Zuhause. Darf ich Ihnen die Jacke abnehmen – wahrscheinlich wird Ihnen gleich etwas warm werden bei all den Mitbewohnern, die ich Ihnen noch vorstellen möchte.

Der Flur, in dem wir gerade stehen, sieht auf den ersten Blick ganz unspektakulär und harmlos aus. Linker Hand wendelt sich die Treppe in die obere Etage. Darunter versteckt sich das Schuhregal – gefüllt mit hohen Pumps, Sneakers und den guten Herrenschuhen. Wenn Sie wie ich mehrere Kinder mit noch mehr Freunden haben, bedecken wahrscheinlich auch bei Ihnen Turnbeutel, Brotbüchsen, Schultaschen, Hüte und Schals den Boden und die Sitzbank fast vollständig – weil keiner Zeit dazu hat (und Lust schon gar nicht), sie an die entsprechenden Haken zu hängen. Kurzum, wir befinden uns im alltäglichen »Schreckensszenario« eines ganz normalen Familienflurs. Aber damit nicht genug! Wenn wir nun auch noch durch ein Mikroskop auf all diese Dinge im Flur blicken würden, wachsen plötzlich Zahl und Gewimmel unserer mikrobischen Mitbewohner ins

Unermessliche an. Und täglich sorgen wir dafür, dass es noch viele Tausende mehr werden. Aber kein Grund zur Panik – nur die wenigsten davon würden uns krank machen.

Schau, was kommt von draußen rein! Haustür und Flur sind unsere »Schleuse zur Außenwelt«. Durch sie verlassen wir täglich unser Domizil, gehen zur Arbeit oder zur Schule. Wir treffen andere Menschen und berühren viele Oberflächen. Kommen wir zurück nach Hause, bringen wir von überallher verschiedene Umweltkeime als Souvenirs mit. Die Winzlinge kleben an unseren Händen, an den Haaren. Stäbchen und Kokken klammern sich an unsere Schuhe und Taschen. Sie sitzen an der Kleidung, die wir gerade an die Garderobe hängen, und auf den Geldscheinen, die wir vorhin im Einkaufscenter zurückbekommen haben. Selbst unsere Haustiere schleppen auf leisen Pfoten viele Pilzsporen und Keime an ihrem Fell mit ins Haus. Wäre die gesamte Vielfalt der Mikroorganismen sichtbar, die wir mitbringen, könnten Sie Ihren ganzen Tag und all Ihre Stationen daran ablesen. Wie war dein Tag? Da brauchen Sie demnächst nur Ihre Türklinke zu fragen, auf der wir all diese Spuren hinterlassen.

Blinde Passagiere auf Türklinken

Sie ist das Erste, das wir berühren, wenn wir ein Haus betreten: die Türklinke. Ein kleines, unscheinbares, aber wichtiges Detail. Wären Türklinken kommunikativ, könnten wir viele Geschichten zu hören bekommen: Was haben sie nicht alles gesehen und erlebt – vor allem die rostigen und alten, die oft und fest gedrückt werden und quietschen.

An manchen Orten geben sich täglich sehr viele Menschen die »Klinke in die Hand«, besonders in öffentlichen Gebäuden, aber auch zu Hause, wenn dort viele Menschen gemeinsam leben – wie in Mehrfamilienhäusern, Wohngemeinschaften oder Großfamilien.

Türklinken sind unter Bakterien und Viren der absolute »Geheimtipp«. Beim Saubermachen werden sie gern vergessen. Dadurch entstehen richtige »Mikroben-Umschlagplätze«. Hier können Keime ganz problemlos von einer Person zur nächsten wechseln – vergleichbar mit einer gut frequentierten U-Bahn-Station.

Über 1300 Bakterienkolonien wurden laut einer Studie des Worcester Polytechnic Institute (WPI) allein auf 27 Türgriffen eines Universitätscampus gefunden.[46] Das klingt dramatisch, ist aber prinzipiell ungefährlich – solange Sie ein gesundes Immunsystem haben und sich Ihre ungewaschenen Finger nicht in Mund, Nase oder offene Wunden stecken.

Unsere tägliche Dosis Bakterium bekommen wir vor allem über die Hände. Schätzen Sie einmal, wie viele Oberflächen, Türgriffe oder Knöpfe Sie im Laufe eines Tages anfassen. Ein paar Alltagsbeispiele gefällig? Liftknöpfe sind etwa 40-mal schmutziger als Toilettensitze.[47] Die Griffe von Einkaufswagen sind ebenfalls Hygieneschwachstellen, da sie selten oder nie gereinigt werden. Die Bakterienzahlen dort übersteigen sogar die der Handläufe von Rolltreppen. Dagegen sind die metallischen Haltestangen in Bussen und Bahnen eigentlich unbedenklich. Bakterien mögen sie nicht, weil diese Stangen zu trocken sind und sie daher daran nicht gut wachsen können.

Ich möchte Sie wirklich nicht in Panik versetzen – nur etwas dafür sensibilisieren, dass bis zu 80 Prozent aller ansteckenden Krankheiten über unsere Hände übertragen werden.[48] Neben harmlosen Hautkeimen und *Salmonellen* werden auf Türklinken auch häufig Darmkeime wie *E. coli* oder *Noroviren* nachgewiesen. Händewaschen ist auf jeden Fall eine sehr gute Vorbeugung. Darüber später mehr.

Man geht heute davon aus, dass die Keimzahl allein auf der normalen Handinnenfläche im Mittel 1000 Keime pro Quadratzentimeter beträgt. Dies erzählt mir Dr. Olaf Kaup, Leiter des Mikrobiologischen Labors am Klinikum Bielefeld: »Die Keime liegen nicht nur einfach oben auf der Hautfläche, sondern sitzen auch in den ersten tieferen Zelllagen. Das permanent vorhandene Spektrum an Keimen auf unseren Händen wird als ›residente‹ Flora bezeichnet«, so Kaup. »Allein durch ihre Anwesenheit schirmen diese Keime die Hautoberfläche gegen potenziell krank machende Erreger ab. Zudem tun sie noch viel Gutes: Durch ihre Stoffwechselaktivitäten helfen sie, den pH-Wert der Haut abzusenken. Der saure pH-Wert wiederum hilft zusätzlich dabei, die Pathogene abzuwehren.«

Neben der natürlichen Besiedlung der Hände nehmen wir im Alltag zusammen mit Schmutzpartikeln von Türklinken und Handläufen vorübergehend eine »transiente« Flora auf, wie das eine oder andere krank machende Virus. »Auf der Hand sind sie zwar noch ungefährlich, aber wie schnell sind Sie mit Ihren Fingern an der Nase oder im Mund, wenn Sie einen Apfel essen oder sich die Nase putzen. Dann ist es geschehen, die Viren dringen über die Schleimhäute in den Körper ein, und das Schicksal nimmt seinen Lauf«, betont Olaf Kaup.

Die häufigsten Erkrankungen, die über Türklinken und Türgriffe verbreitet werden, sind Erkältungen und Grippe. Die Erreger sind Viren, die über ganz clevere Strategien verfügen, um uns zu infizieren. Erkältungs- und Grippeviren haben sich in der Evolution gemeinsam mit uns Menschen entwickelt und sich dabei optimal auf uns eingestellt. Sie sind so erfolgreich, weil sie nur eine leichte Erkrankung verursachen. Wer bleibt schon mit einem leichten Schnupfen im Bett? Wir arbeiten meist weiter, gehen ins Kino und stecken dort alle an, die wir erreichen können. Würden uns Viren schwerkrank ans Bett fesseln, wären sie bald wieder verschwunden. Dabei stecken uns diese Erreger gar nicht direkt an, sondern ganz nebenbei. Schuld sind wir daran sogar ein bisschen selbst! Pro Tag berühren wir uns etwa 400-mal im Gesicht und transportieren dabei Keime direkt in unsere Nase oder die Augen, die über den Tränenkanal mit der Nase verbunden sind. Ein ganz unbewusster Reflex, den diese Keime schamlos ausnutzen. Dann reicht eine Begrüßung mit Handschlag, und innerhalb einer Stunde zeigen unter Schwarzlicht leuchtende Spuren, wo wir die Viren überall verteilt haben und uns auch selbst mit den Händen berühren.

Zur Strategie der Viren gehört auch, dass sie viel Zeit haben und auf den Türklinken sitzen und warten – bis das nächste Opfer vorbeikommt. Rhinoviren, die Erkältungen verursachen können, lauern mehrere Stunden oder sogar Tage und könnten den nächsten vorbeikommenden Menschen infizieren. Ein kurzer Griff ins Gesicht und schon ist der Virus auf dem richtigen Weg. Glücklicherweise sind Erkältungsviren nicht besonders infektiös. Im Gegensatz dazu reichen bei der Grippe schon kleine flugfähige Tröpfchen voller Viren für eine Infektion aus. Die Person, die geniest hat, könnte schon lange aus dem Raum sein, während eine andere eintritt und sich ansteckt.

In der Erkältungszeit müssen wir sogar unsere Begrüßungsrituale an der Haustür und auch anderswo kritisch betrachten. Wenn Sie einander herzlich die Hände schütteln, haben Sie die Viren eines erkälteten Menschen auf alle Fälle an der Hand und gleich darauf vielleicht an Nase oder Augen gewischt. Der Schnupfen-Knigge empfiehlt deshalb übrigens, in die Armbeuge und nicht in die bloßen Hände zu niesen, um eine Ansteckung zu vermeiden. Wer danach die Textilien bei 60 Grad wäscht, macht den Schnupfenviren endgültig den Garaus.

Küsschen links, Küsschen rechts – statt eines Händeschüttelns wäre in der Erkältungszeit sogar noch ein Kuss besser. Dabei wird nur Speichel ausgetauscht – weit weniger Viren und Bakterien. Das gelte nicht nur für Erkältungs- und Grippeviren, sondern auch für die Erreger von Magen- und Darminfektionen wie *Salmonellen*, schreibt das Forscherteam um Val Curtis von der London School of Hygiene & Tropical Medicine im *American Journal of Infection Control*.[49]

Können wir uns im Alltag überhaupt vor Infektionen von einer Türklinke schützen? Ganz vermeiden können wir sie im Alltag nur schwerlich. Wenn Sie sehr sportlich sind, könnten Sie sich natürlich wie die amerikanische Schauspielerin Cameron Diaz angewöhnen, Türen nur noch mit dem Ellenbogen zu öffnen. Mit etwas Übung schaffen Sie das – aber es ist etwas umständlich! In öffentlichen Gebäuden minimieren häufig automatische Türen die Ansteckungsgefahr. Ein eigener »Doorman« wie in Hotels dürfte für den privaten Einsatz etwas kostspielig werden. Prinzipiell ist es aber für Ihren eigenen Haushalt nicht nötig und auch unmöglich, alle Keime aus der Umgebung verbannen zu wollen. Außerdem führt auch nicht jeder Kontakt mit einem Keim gleich zu einer Infektion, da uns unser Immunsystem schützt. Eine wichtige Vorraussetzung dafür, dass Keime überhaupt eine Krankheit hervorrufen können, ist immer die Anzahl der Krankheitserreger und die eigene Abwehrlage Ihres Immunsystems. Also keine unnötige Angst vor den kleinen Trittbrettfahrern auf Türklinken, Haltestangen und Aufzugsknöpfen. Zugreifen ist hier erlaubt, wenn Sie ein paar Tipps beachten.

Waschen Sie sich nach jedem Busfahren, Einkaufen oder einem langen Arbeitstag einfach gründlich die Hände. Und so geht das richtig: Für mindestens 30 Sekunden die Hände mit Seife oder einer Waschlotion waschen. Als »Eselsbrücke« können Sie in dieser Zeit zweimal das Lied »Happy Birthday« singen. Untersuchungen der Universität Regensburg haben gezeigt, dass danach 99 Prozent der Keime abgewaschen sind.[50] Anders sieht es aus, wenn Sie nur Wasser benutzen – das reduziert die Keime leider nicht. Die Temperatur des Wassers spielt hingegen keine Rolle.

Was passiert genau beim Händewaschen? Olaf Kaup vom Klinikum Bielefeld erklärt dazu: »Vor allem die ›transiente‹ Flora der Hände, die Viren und Keime, die wir unterwegs aufsammeln, können Sie leicht wieder abwaschen. Von der normalen Hautflora wird nur ein kleiner oberflächlicher Teil abgespült. Durch Seifen und andere zugesetzte waschaktive Substanzen werden beim Händewaschen die Hautlipide ausgewaschen – die Haut wird etwas spröder und rissiger. Zudem wird der pH-Wert alkalischer – was die pathogenen Keime freut.«

Nach dem Waschen sollten Sie die Hände richtig abtrocknen. Olaf Kaup hat einen wichtigen Tipp für Menschen, die sich z.B. berufsbedingt häufig die Hände waschen: »Cremen Sie sich nach dem Händewaschen regelmäßig mit Hautcremes mit einem leicht sauren pH-Wert ein. Das unterstützt die Haut und die Hautflora bei der Regeneration.«

Das Händewaschen ist aber anscheinend nicht so einfach, wie es sich im ersten Moment anhört. In einer Studie der University of Michigan fanden Forscher heraus, dass 95 Prozent aller Menschen ihre Hände nicht lange genug waschen und somit auch die Bakterien nicht abtöten. Allein ein Drittel der Deutschen verzichtet ganz auf das »Händewaschen-Ritual« vor jeder Mahlzeit oder nach dem Nachhausekommen. Bewohner Norddeutschlands sind im Vergleich zur restlichen Republik besonders darauf bedacht, sich regelmäßig die Hände zu reinigen, wie eine Studie anlässlich des Welttages des Händewaschens am 15. Oktober ergab. Laut einer frsa-Umfrage der Kaufmännischen Krankenkasse (KKH) aus dem Jahre 2017 hält jeder Norddeutsche seine Hände mindestens einmal pro Stunde unter fließendes Wasser, in Süddeutschland hingegen nur jeder Sechste. Da gibt es also noch etwas Optimierungsbedarf. Seit 2008 wird vom Bundesministerium für Gesundheit die Kampagne »Aktion saubere Hände« der World Health Organisation (WHO) unterstützt.[51] Selbst das gründlichste Händewaschen machen aber manche Keimquellen im Haus schnell wieder zunichte: Die Türklinke vom Bad ist beispielsweise besonders gefährlich – vor allem dann, wenn sich der Vorgänger nicht die Hände gewaschen hat. Daher sollten Sie auch bei sich zu Hause Türklinken, Tasten und Knöpfe beim Putzen nicht vergessen.

Für die häusliche Hygiene reichen normale Putzmittel und heißes Wasser vollkommen aus. Desinfektionsmittel sind nur im Einzelfall nötig, wenn ein Familienmitglied eine ansteckende Infektionskrankheit wie Scharlach oder Röteln hat.

Auch wenn Türklinken eine der wichtigsten Tauschbörsen für Mikroben sind – im Flur sind sie nicht die einzigen Keimüberträger. Unsere Schuhe etwa können manchmal wahre Bakterienschleudern sein.

Pumps, Sneakers & Co. – Keime auf leisen Sohlen

Stellen Sie sich vor, Sie haben sich für eine Party schick gemacht. Erwartungsvoll stehen Sie vor der Haustür des Gastgebers. Ein Klingeln, eine freundliche Begrüßung und dann die höfliche Aufforderung: »Könnten Sie bitte Ihre Schuhe ausziehen?« Sind Sie überrascht, oder ist es Ihnen sogar peinlich? Ist alles in Ordnung mit Ihren Socken?

In Deutschland ist es nicht üblich, die Schuhe beim Besuch in einer fremden Wohnung auszuziehen. Sogar der »Knigge« empfiehlt, unseren Gästen nicht zu verbieten, ihre Schuhe anzulassen – schließlich hätten sie sich Gedanken gemacht, ob sie zum Outfit passen.[52] Aber Herr Knigge war kein Mikrobiologe! Hygienisch gesehen sollten Sie sich das wirklich noch einmal überlegen. Wir laufen mit unseren Schuhsohlen über Vogeldreck auf der Straße, mitten durch Hundekot oder sammeln auch allerhand Mitbringsel in öffentlichen Toiletten auf. Das alles landet gleich auf dem Teppich Ihrer Gastgeber.

Die harten Fakten: Auf unseren Schuhen und an deren Sohlen sitzen tatsächlich 421000 unterschiedliche Bakterien und an der Innenseite allein 2280. Das fanden Forscher der University of Arizona im Jahr 2008 heraus.[53] Nur zwei Wochen genügen, damit sich diese unglaubliche Anzahl an Keimen auf einem neuen Paar Schuhe ansammelt. Auf fast allen der geprüften Schuhwerke wurden *E. coli*-Bakterien gefunden, die bekannten Darmkeime und Anzeiger für fäkale Verschmutzungen. Vier von zehn Menschen haben diese Keime auch an den Sohlen kleben. Dort können die Bakterien sogar monatelang überleben, da wir ihnen im Gehen immer wieder neues »Bakterienfutter» anbieten. Unter den 27 weiteren nachgewiesenen Bakterienarten befanden sich auch noch ein Erreger von Harnwegsentzündungen und der Keim *Serratia ficaria*, der zu Atemwegsinfektionen führen kann. Im Normalfall sind alle diese Keime für Sie nicht besorgniserregend, wenn Sie mit einem gesunden Immunsystem ausgestattet sind – unhygienisch sind sie auf alle Fälle.

Über einen sehr unangenehmen Vertreter waren die Forscher alarmiert. Auf den untersuchten Schuhen war auch *Clostridium difficile* als Reisender unterwegs, obwohl das Stäbchenbakterium eigentlich keinen Sauerstoff mag. Über 40 Prozent der Schuhe waren mit diesem Bakterium verunreinigt, wie Forscher der University Houston analysierten.[54] Der eigentlich recht harmlose Darmkeim kommt mit etwa einhundert anderen verschiedenen Bakterienspezies in unserem Verdauungstrakt vor. Aber er hat auch eine dunkle Seite. Er ist einer der häufigsten Krankenhauskeime und resistent gegen zahlreiche Antibiotika. Gesunde Menschen, die sich mit *C. difficile* anstecken, haben in der Regel keine Beschwerden. Zum Problem wird eine Infektion meist erst, wenn die Darmflora gestört ist, etwa nach langer Antibiotikaeinnahme. Die Symptome reichen dann von leichten Durchfällen bis hin zu schweren Darmentzündungen und damit einhergehenden Komplikationen. Leider ist *C. difficile* ein sehr widerstandsfähiges

Bakterium. Es ist in der Lage, in Form von Sporen für lange Zeit in der Umwelt zu überdauern – etwa auf Türklinken oder Telefonhörern oder eben auf Schuhen.

Diese ganze bunte Bakterientruppe, die sich an unsere Sohlen heftet, verteilen wir also ahnungslos in unserem Zuhause. Wir chauffieren sie in die Küche oder ins Bad – oder platzieren sie direkt auf den Wohnzimmerteppich. Gerade Kinder unter zwei Jahren sind besonders anfällig für diese Bakterien, da sie meist auf dem Fußboden spielen, ihre Hände rund 80 Mal pro Stunde in den Mund stecken und diese Krankheitserreger damit aufnehmen können. Die Gefahr ist somit sehr hoch, dass Bakterien aus dem Park, aus Geschäften oder von der Straße direkt im Kindermund landen.

Unsere Schuhe sind die wichtigsten Überträger bei der Verbreitung von Mikroorganismen. Aber wie sieht das ganz praktisch aus? Mit detektivischem Spürsinn hat Dagmar Schoder, Wissenschaftlerin an der Veterinärmedizinischen Universität Wien, untersucht, wie Keime sich von einer öffentlichen Toilette über die Schuhe bis in unsere Wohnungen verbreiten.[55] Sie nutzte dafür die Lebensmittelkeime *Listerien* als »Agenten«, die sie von der Toilette bis ins Zimmer verfolgte. Die Keime blieben besonders gut an Schuhen mit ausgeprägtem Profil hängen. Rund 14 Prozent der Winterstiefel, 13 Prozent der Wanderschuhe und knapp sechs Prozent der Sportschuhe waren mit *Listerien* besiedelt. Damit die ungebetenen Gäste nicht in die Wohnung kommen, gibt die Expertin eine klare Empfehlung: Die Wohn- und Essbereiche der Wohnung sollten einfach nicht mit Straßenschuhen betreten werden. Idealerweise wechseln Sie die Schuhe sogar schon auf der Fußmatte vor der Haustür.

Ein Tipp: Um Schuhe vom hartnäckigen Keim *C. difficile* zu reinigen, sollte man waschbare Schuhe einfach in die Waschmaschine stecken. Mit einem einzigen Waschdurchgang können so 90 Prozent der Keime entfernt werden, heißt es in einer älteren Studie der University of Arizona.

Halten wir es also künftig so wie die Japaner. Ziehen Sie Ihre Schuhe aus, bevor Sie eine Wohnung betreten. Genauso selbstverständlich, wie es ist, sich vor dem Essen und nach dem Toilettengang die Hände zu waschen – so sinnvoll ist es auch, den Straßenschmutz nicht ins Haus zu tragen. Mag sein, dass wir in Socken vielleicht weniger elegant aussehen – aber wir bleiben gesund!

Auf der Suche nach dem Geheimnis der Käsefüße

Bleiben wir bei dieser Gelegenheit noch etwas bei unseren Füßen und ihrem mehr oder minder guten Duft, der durch Wohnungsflure wabert. Eins lassen Sie mich hier aber gleich klarstellen: Für den Geruch seiner Füße kann niemand etwas – er ist allein Mikrobenwerk!

Der käsige Duft wird durch Bakterien ausgelöst, die den Schweiß der Füße zersetzen, der sonst völlig geruchsneutral wäre. Manche Mikroben mögen unsere Füße besonders gern: Allein an der Ferse fanden US-Forscher 80 Gattungen von Mikroorganismen, wie sie im Journal *Nature* berichteten.[56] Für Bakterien ist der Fuß ein wahres Schlaraffenland: Rund 250000 Schweißdrüsen produzieren einen Viertelliter Schweiß. Da unser Fuß circa 16 Stunden am Tag in geschlossenen Schuhen steckt, zieht diese Feuchtigkeit in die Schuhe und die Socken – und der unangenehme Geruch verstärkt sich. Die Bakterienmischung produziert fleißig drei müffelnde Hauptkomponenten: Methandiol, das durch einen fauligen Geruch auffällt, Isovaleriansäure mit dem charakteristischen Käsearoma, das an ranziges Fett erinnert, und Propionsäure mit einer säuerlichen Note. Fertig ist der Stinkefuß!

Der Mief in unseren Schuhen ist auch keine Errungenschaft der Neuzeit – er begleitet uns durch unsere gesamte Evolutionsgeschichte. Schon vor über 40000 Jahren wickelten sich die Neandertaler Tierfelle und Häute um ihre Füße, damit sie vor Kälte,

Dornen oder spitzen Steinen geschützt waren. »Ötzis« Schuhe waren beispielsweise aus Hirschfell, Grasfasern und Lindenbast, die Sohle war aus Bärenfell.

Welcher Vertreter der damaligen wie der modernen mikrobiellen Schuh-WG ist nun aber für den typischen Geruch von Schweißfüßen verantwortlich? Diese weltbewegende Frage der Menschheitsgeschichte hat schon viele Wissenschaftler beschäftigt. Auf die erste Spur führten die Forscher – Mücken.

Stechmücken können einen Menschen auf 40 Meter orten, wenn sie den Mix aus vergorenem Schweiß und sich zersetzendem Eiweiß mit ihren hochsensiblen Antennen wahrnehmen. Besonders anziehend für Mücken wirken anscheinend unsere Füße. Der Malariaforscher Bart Knols dachte sich dazu ein knallhartes Experiment aus.[57] Er setzte nackte Freiwillige in einen großen Käfig voller Mücken und analysierte, wo sie zustachen. Es zeigte sich, dass Stechmücken ganz verrückt auf Füße sind. Ein Zitat brachte Knols dann auf die Fährte des Mückenlockstoffs: »Käse riecht nach Füßen, nicht umgekehrt.«

Fußgeruch und Käse haben erstaunlich viel miteinander zu tun. Der intensive Geruch und das charakteristische Aroma stammen in beiden Fällen von *Brevibakterien* – kleinen Milchsäurebakterien. Sie wohnen zwischen den Zehen und bilden beim Abbau von Proteinen im sauerstoffarmen Milieu die Verbindung Methandiol (CH3-SH), die ähnlich riecht wie eine vollgeschwitzte Socke. In Holland wird Fußgeruch übrigens auch »Zehenkäse« genannt. Auf Anophelesmücken, die Malaria verursachen, wirkt das intensive Käsearoma des Limburger Käses sogar zwei bis dreimal anziehender als der Schweißgeruch unserer Füße. In Afrika wird der Käse deshalb sogar zum Fangen der Mücken eingesetzt. So kann Fußgeruch sogar Leben retten!

Doch für den Fußgeruch hatten die Mikrobiologen den falschen Missetäter im Visier. Verantwortlich waren gar nicht allein die friedfertigen *Brevibakterien*. Der englische Chemiker Keith T.

Holland von der Universität Leeds konzentrierte sich bei der Suche nach dem Schuldigen kurze Zeit später auf das Bakterium *Micrococcus sedentarius*.[58] Das kugelige Bakterium kann mit seinen Verdauungsenzymen die Hornhaut an der Fußsohle aufweichen und ablösen. Das Leiden heißt korrekt »narbige Keratolyse« – das klingt nicht sehr appetitlich und sieht auch nicht wirklich gut aus. Das Bakterium macht vor allem marschierenden Soldaten oder Bergleuten richtig Probleme, da deren Füße stundenlang luftdicht in Stiefel eingepackt sind.

Über »Schnüffelversuche« identifizierten die Forscher die Spezialkandidaten mit hochkarätigen Schweißfüßen. Auffällig dabei war, dass ein stärkerer Geruch der Füße auch immer mit mehr Rissen in der Hornhaut kombiniert war. Zur Überraschung des Teams fand sich der Erreger *Micrococcus sedentarius* aber auch bei Probanden, die überhaupt keine Keratitis hatten. Die Keime leben also auch an den Füßen ganz gesunder Menschen – allerdings in so geringer Zahl, dass sie keinen Schaden anrichten. Die Ergebnisse der Forscher deuten aber darauf hin, dass die Mikrobe die Füße angreift, wenn diese über eine längere Zeit im selben feuchten Schuh stecken und die Fußoberfläche dadurch einen basischen Milieuwandel erfährt. Dies animiert das Bakterium, weiterzuwachsen und mehr proteinzersetzende Enzyme zu bilden, die dann die Hornhaut angreifen.

Das Detektivspiel ist noch in vollem Gang. Die Forscher aus Leeds sehen einen Zusammenhang zwischen einem auffällig käsigen Fußgeruch und weiteren Mikroben wie *Staphylokokken* oder coryneformen Bakterien. Die Forschung geht weiter – mittlerweile auch unterstützt von der Industrie, etwa der Firma Scholl. Von den Ergebnissen dürfen dann nicht nur Soldaten und Bergleute profitieren, sondern alle, die mit Käsefüßen zu kämpfen haben.

Ein paar findige Ideen wurden aber auch schon gegen Stinkefüße entwickelt – so zum Beispiel die Kupfersocke. Ja, Sie haben richtig gehört – Metall in Socken! Kupfer ist bekannt dafür,

Bakterien und Pilze abzutöten. Erst zerstört es schrittweise die Zellmembran, und dann legt es auch noch den Stoffwechsel der Einzeller lahm. Für menschliche Zellen dagegen ist Kupfer völlig unschädlich. Die Metallfasern können zudem sehr einfach mit unterschiedlichen Textilfasern, wie Polyester oder Baumwolle, verarbeitet werden. Sie fördern Heilungsprozesse und schützen vor Infektionen.

Den ersten Einsatz verdankt die Kupfersocke einem tragischen Unglück. In der chilenischen Mine in San José wurden 33 Bergleute verschüttet und mussten versorgt werden. Durch Mangelernährung traten bei den 69 Tage lang eingeschlossenen Männern Infektionen und Hauterkrankungen auf. Über einen Versorgungsschacht wurden die Bergleute unter anderem auch mit den Kupfersocken ausgerüstet. Erst später nach der Rettung wurden Experten in Wissenschaft und Industrie durch die positiven Berichte der Verschütteten über den gesunden Zustand ihrer Füße auf die neue Kupfertechnologie aufmerksam.

Darüber hinaus hilft gegen Käsefüße nur, es den Bakterien so ungemütlich wie möglich zu machen. Frisch gewaschene Füße ohne Hornhaut sind weniger einladend. Außerdem spielt das Klima in den Schuhen eine wichtige Rolle. Bakterien mögen es schön feucht und warm. Täglich frische Socken aus einem natürlichen und atmungsaktiven Material und ebenfalls luftdurchlässige Schuhe, die regelmäßig austrocknen können, sind sehr unbehaglich für die winzigen Gäste.

Aber nun genug mit diesem »duften« Thema – wenden wir uns doch einmal den Beuteln und Taschen im Flur und ihrem interessanten Innenleben zu.

Der Mikrokosmos in unseren Handtaschen und Einkaufsbeuteln

Handtaschen sind das Chaos in seiner schicksten Verpackung. Ich weiß, wovon ich rede! Meine Handtasche ist ein schwarzes Loch, ein Bermudadreieck zum Umhängen – unzählige Utensilien schlummern bunt durcheinandergewürfelt in ihr.

Zum Inhalt einer klassischen Damenhandtasche gehören unter anderem: Snacks, Handy, Portemonnaie, Schlüsselbund sowie Lippenstift und andere Kosmetika. Haben Sie noch kleine Kinder, vermehren sich die Gegenstände, die Sie täglich mit sich herumtragen, rasant. Murmeln, Reiswaffelkrümel, drei Pixibücher, ein Stück alte Brezel und Blumenspangen mit Glitzer. Mit meiner Handtasche könnte ich spontan verreisen. Kommt Ihnen das bekannt vor?

Bis 35 Objekte tragen Frauen in ihrer Handtasche im Schnitt mit sich herum. Schon das Wühlen in einer Damenhandtasche kann also zur Abenteuerexkursion ausarten. Frau verbringt durchschnittlich 76 Tage ihres Lebens damit, nach Dingen in ihrer Tasche zu suchen. Und besonders gesund ist das obendrein auch nicht.

Die Handtasche ist das weibliche Accessoire Nummer 1 und darf uns sogar bis auf das stille Örtchen begleiten. Als ständiger Bodyguard sammelt sie so allerhand unterwegs auf. Haben Sie sich schon einmal gefragt, ob es wirklich eine gute Idee ist, Ihre Tasche auf dem Küchentisch abzustellen?

Eine Studie des britischen Dienstleisters Initial Washroom Hygiene aus dem Jahr 2012 kam zu dem Ergebnis, dass Handtaschen große Keimfallen sein können.[59] Sie sind Krankheitsüberträger, weil sie regelmäßig in Kontakt mit unseren Händen und einer Vielzahl von Oberflächen kommen. Jede fünfte Handtasche ist mit Bakterien regelrecht übersät: Bis zu 1000 Bakterien kommen in und auf neun von zehn Handtaschen vor. Ein Toilettensitz beherbergt dagegen nur 150 verschiedene Bakterien.

Seien Sie mal ehrlich: Was verstauen wir nicht alles schnell in der Handtasche. Ein benutztes Taschentuch, offene Kekspackungen, Papiere mit durchgekauten Kaugummis, Tücher oder auch mal ein Paar Seidenstrümpfe. Wenig erstaunlich, dass die Forscher dann im Inneren der Taschen auch Krankheitserreger wie *Enterobakterien*, *Pseudomonaden* oder Pilze finden. Besonders Handtaschen aus Leder sind besonders anfällig für Keime, weil das schwammartige Gewebe einen besonders guten Nährboden für die Ausbreitung und das Wachstum von Bakterien bietet. Und nicht nur die Handtasche – sondern auch ihr Inhalt ist über und über mit Keimen besiedelt. Egal ob es sich um Döschen und Tuben, Lippenstift oder Mascara handelt. Der schmutzigste Gegenstand in der Tasche ist oft die darin befindliche Handcreme.

Am besten entleeren Sie die Handtasche regelmäßig und entfernen jeglichen »Sondermüll« daraus. Fusseln, Haare oder Krümel haben darin nichts zu suchen. Und Hand aufs Herz: Wann haben Sie Ihre Handtasche das letzte Mal innen gereinigt? Sie wissen es nicht? Dann geht es Ihnen wie 80 Prozent der Frauen in Großbritannien. Deshalb gilt der Expertentipp: Reinigen Sie Ihre Tasche innen regelmäßig feucht. Desinfektionsmittel sind dazu im normalen Haushalt nicht erforderlich.

Außerdem sollten Sie in der Handtasche keine »Fressvorräte« für schlechte Zeiten anlegen, keine offenen Lebensmittel aufbewahren oder benutzte Taschentücher wochenlang spazieren tragen. Besonders nach einer Schatzsuche in der Handtasche ist eine Runde gründliches Händewaschen angesagt!

Auch unsere Einkaufsbeutel sind vom hygienischen Standpunkt nicht zu vernachlässigen. »Jute statt Plastik« – so lautet schon seit den 1970er-Jahren das Motto all derer, die sich kritisch mit der Wegwerfmentalität auseinandersetzten. Unsere Einkäufe kommen nicht mehr in die Plastiktüte! Jute und Baumwolle sind angesagt. Allein im Mittelmeer treiben rund 250 Milliarden Kunststoffteilchen mit einem Gesamtgewicht von 500 Tonnen. So eine Plastiktüte ist natürlich schon praktisch: Mit einem Eigengewicht von 15 Gramm transportiert sie uns Einkäufe von rund fünfzehn Kilogramm nach Hause. Aber schon nach dem etwa 25-minütigen Einsatz landet sie im Müll und damit in der Umwelt. Dort richtet der Plastikmüll immense Schäden an – von der Verschmutzung der Weltmeere bis zur Gefährdung von Tierarten, die Plastikreste mit ihrer Nahrung aufnehmen. Plastiktüten verrotten erst nach bis zu 400 Jahren. Also weichen wir besser auf Stoffbeutel oder feste Einkaufstaschen mit schicken bunten Retromustern aus. Das ist ein sehr lobenswerter Trend, hat aber einen Haken!

Über die hygienischen Mindeststandards hat die »Stoffbeutel-Einkäufer« niemand aufgeklärt. Denn wie oft waschen Sie Ihre Einkaufsbeutel? Anders als bei ihrer Kleidung kommen die Nutzer von Stoff-, Jute- oder Kunstfasertaschen wohl extrem selten auf die Idee, diese auch mal durch die Waschmaschine zu schicken. Und genau da liegt das Problem.

Forscher der University of Arizona in Tucson und der Loma University in Kalifornien haben sich näher mit dem wiederverwertbaren Einkaufsbeutel und seinem vielfältigen Innenleben beschäftigt.[60] Sie führten eine Studie in drei amerikanischen Städten durch, mit dem Ergebnis, dass 97 Prozent der Befragten angaben, ihre Einkaufstaschen nie zu waschen. Die damit verbundene Gefahr wird oft nicht als solche erkannt. Insgesamt 84 Taschen untersuchte das Team – und fand in jeder zweiten *E. coli*-Bakterien. Besonderen Einfluß auf das Wachstum der »Beutelkeime« hatten auch das Wetter und die Temperatur in den unterschiedlichen Städten.

So ein paar Bakterien bringen mich doch nicht um? Vermeintlich nicht. Die Keime kommen aber in den Stofftaschen in ausreichend großer Anzahl vor, um richtig unangenehm zu werden und ernsthafte Krankheiten auszulösen wie Durchfall, Harnwegsinfektionen und sogar Blutvergiftungen. Vor allem bei

Kleinkindern kann dies zu schweren Problemen führen. Die Forscher stießen mit ihren Erkenntnissen in den USA eine öffentliche Aufklärungskampagne an, um solche Kreuzkontaminationen von Lebensmitteln über Stoffbeutel besser zu vermeiden. Bisher war die Bevölkerung völlig uninformiert über dieses Gesundheitsrisiko.

Am effektivsten werden wir die Keime los, wenn wir die Beutel einmal wöchentlich in der Waschmaschine bei 60 Grad Celsius waschen. Dabei werden Lebensmittelreste und Bakterien, die uns krank machen, ganz einfach entfernt. Verwenden Sie am besten auch für Lebensmittel und verschwitzte Sportsachen getrennte Beutel. Sie können die Umwelt retten und dabei gleichzeitig gesund bleiben – Sie müssen nur einfach Ihre Stoffbeutel öfter waschen!

Mit dem Thema Einkaufen geht es auch gleich weiter. Betrachten wir doch einmal unser Portemonnaie und das Geld darin mit »mikrobiologischen Augen«.

Dirty Money – Taler, Taler, du musst wandern!

»Pecunia non olet!« Dass Geld nicht stinkt, wusste bereits der römische Kaiser Vespasian. Dies ist aber nur bedingt wahr. Genauso wie Türklinken oder Lichtschalter berühren auch Münzen und Banknoten viele verschiedene Hände. Unser Portemonnaie ist nicht nur Heimstatt klimpernder Münzen und knisternder Scheine. Unser Geld ist, das haben verschiedene Studien gezeigt, gründlich mit Fäkalien und Krankheitserregern überzogen. Das Prinzip ist ganz einfach: Sie müssen nur auf die Toilette gehen und sich danach nicht die Hände waschen. Das ist die beste Voraussetzung, um im Anschluss über die Hände die fäkalen Darmkeime in der gesamten Umgebung effektiv zu verbreiten. Es ist auch nicht ungewöhnlich, wie ein Blick in die Praxis zeigt. Laut der größten bisherigen Studie zum Händewaschen mit über 100000 befragten Personen (»Initial Washroom Hygiene«) legen 62 Prozent der Männer und 40 Prozent der Frauen keinen gesteigerten Wert auf das Händewaschen nach dem Toilettenbesuch, wie die *Daily Mail* berichtete.[61]

Unser Geld offenbart es: Banknoten sind keinesfalls steril. Trotz fließendem Wasser in jeder Wohnung und Waschbecken in jeder öffentlichen Toilette sind die Scheine stark verunreinigt. Während bei uns die Hände oft aus Bequemlichkeit nicht gewaschen werden, hat dies in ärmeren Ländern ganz andere Ursachen. Ein Drittel der Menschheit hat keinen Zugang zu ordentlichen Klos, und viele Menschen haben nicht einmal sauberes Trinkwasser. Viele der über Fäkalien verbreiteten Bakterien sind Krankheitserreger und können schwere Durchfälle verursachen. Gerade kleinere Banknoten wechseln sehr oft den Besitzer. Deshalb sind die unsichtbaren Keimspuren auf den Geldscheinen besonders in ärmeren Ländern ein Gesundheitsproblem.

Münzgeld hingegen ist weniger problematisch als Banknoten. Die glatte Oberfläche der Münzen bietet Bakterien weniger Halt.

Kupfermünzen wie die 1-, 2-, oder 5-Cent-Münze wirken sogar antibakteriell, weil das Kupfer Ionen abgibt, die die Mikroorganismen nicht gut vertragen. Für Mikrobiologen sind Münzen daher eher unspektakulär und langweilig. Die richtig interessanten Untersuchungsobjekte sind Geldscheine. Bis zu 3000 verschiedene Keime tummeln sich auf einer einzigen 5-Euro-Note. Da entwickeln die meisten Menschen plötzlich ein großes Verständnis für spezielle Hygiene-Macken mancher Mitmenschen wie dem schrullig-sympathischen TV-Detektiv Adrian Monk, der eigentlich vor allem Angst hat – unter anderem auch vor Bakterien und Dreck.

Unser Geld ist viel schmutziger als gedacht. Das enthüllte eine Analyse der DNA auf Geldscheinen. Beim »Dirty Money Project« nahmen Forscher der New York University im Jahr 2013 die unsichtbaren Bakterien, die unser Bargeld besiedeln, unter die Mikroskope.[62] Sie untersuchten die Erbinformation auf Ein-Dollar-Scheinen und fanden so heraus, das Hunderte von verschiedenen Bakterientypen auf die Reise gehen, wenn Banknoten von einer Hand zur anderen wandern. Darunter sind auch eine überraschende Anzahl Krankheitserreger. So entsteht ein Problem von internationaler Reichweite! Unser Zahlungsmittel Geld – von Rupien über Dollars bis zu Euros – ist ein »Tauschmittel für Hunderte von Bakterienarten«.

Mit ultraschnellen Gensequenzierungsmethoden gelang es den Wissenschaftlern des »Dirty Money Project«, auf den 80 untersuchten Ein-Dollar-Scheinen einer Bank in Manhattan über 3000 Bakterientypen zu identifizieren – weit mehr als jemals bei Studien unter dem Mikroskop zutage traten. Insgesamt brachten die Scheine 1,2 Milliarden DNA-Segmente zum Vorschein – eine unglaubliche Puzzlearbeit. Die Forscher stießen auf Erbgut, das so vielfältig war wie das Leben in der Metropole New York selbst. Neben Bakterien, Pilzen und Viren fanden sie auch Pferde- und Hundespuren auf den Geldscheinen – sogar die DNA eines Breitmaulnashorns!

Welche Bewohner treffen wir auf Geldscheinen an? Mit Abstand am häufigsten kommen Bakterienspezies vor, die Akne verursachen. Andere Erreger können Magengeschwüre, Lungenentzündungen, Lebensmittelvergiftungen oder andere Infektionen auslösen. »Best of« der Gästeliste eines ordinären Geldscheins ist der Darmkeim *E. coli*, obwohl er eigentlich auf Papier nicht so richtig gut überleben kann. Daneben tummeln sich Salmonellen auf den Fasern der Papierscheine oder auch *Staphylokokken*, Eiter- und Infektionserreger, die häufig auf dem Menschen mitreisen. Teilweise sind sogar Bakterien nachweisbar, die gegen viele Antibiotika resistent sind.

Warum können Mikroorganismen überhaupt auf Geldscheinen leben? Im Prinzip müsste doch jede Banknote die Endstation für einen Keim sein – so trocken und nährstoffarm, wie sie ist. Manche Bakterien sind aber wahre Überlebenskünstler und können bis zu 24 Stunden auf den Papieroberflächen überdauern. So schaffen sie dann den langen Weg vom Schein über die Hände in unseren Mund oder die Augen. Wenn das Geld feucht oder, schlimmer noch, feucht und warm ist, können sich die Keime sogar noch länger halten.

Dazu kommen noch andere Faktoren: Je länger eine Banknote im Umlauf ist, desto rauer wird ihre Oberfläche, und ihre Keimbelastung steigt. Mit jeder Berührung hinterlassen wir auf dem Schein winzige Rückstände aus Haut und Ölen. Wandert ein Schein durch viele Hände, wird er immer mehr mit einer solchen Schicht überzogen. Und das bedeutet: Je älter ein Schein ist, desto mehr Patina aus leckerem »Mikrobenfutter« setzt er an. Deshalb werden auch die Banknoten in der Europäischen Union innerhalb weniger Jahre wieder aus dem Verkehr gezogen.

Jahr für Jahr flattern fast 150 Milliarden neue Banknoten rund um den Globus. Sie müssen allerhand aushalten, sollen widerstandsfähig gegen Schmutz, Hitze und auch noch fälschungssicher und maschinenlesbar sein. Nach diesen Kriterien werden

Trägermaterialien für neue Geldscheine ausgewählt. Dabei haben Forscher festgestellt, dass das verwendete Material der Banknoten sehr wohl einen Einfluss auf die Bakterienbesiedlung hat. Ein-Dollar-Scheine oder auch unsere Euro-Banknoten bestehen aus einem Baumwoll-Leinen-Gemisch und halten im Schnitt gerade mal 21 Monate. Um Papiergeld zu einem längeren Leben zu verhelfen, haben sich Länder wie Kanada oder Bhutan für flexible Polymerfolie entschieden, die einige Vorteile hat. Australische Wissenschaftler an der University of Ballarat haben herausgefunden, dass sich auf den Polymerscheinen deutlich weniger Organismen als auf baumwollbasierten Banknoten niederlassen. In puncto Sauberkeit und Relevanz für die Gesundheit liegen die Polymerscheine somit ganz vorn.[63]

Auf Geldscheinen finden Wissenschaftler mit ihren hochmodernen Messmethoden zwar jede Menge verschiedener Keime, doch die Menge der einzelnen Bakterien ist gering. Sie reicht in der Regel gar nicht aus, um einen Menschen wirklich krank zu machen. Außerdem müssen die wenigen kleinen Übeltäter darunter auch zuerst einmal in Ihren Körper gelangen. Dazu ist es völlig ausreichend, sich regelmäßig die Hände zu waschen.

Etwas kritischer wird es dort, wo Geld mit Lebensmitteln direkt in Berührung kommt – beim Metzger oder Bäcker. Einweg-Handschuhe zum Einpacken, die zum Kassieren ausgezogen werden, sind eine gute Vorsichtsmaßnahme. In Nordrheinwestfalen gibt es in einigen Bäckereien sogar schon Bezahlautomaten, damit die Keime nicht auf den Brötchen landen. In Tankstellen und einzelnen Supermärkten sind sie schon Normalität.

Um die Keime kleinzukriegen, werden Scheine sogar gereinigt. Allen voran sind die Japaner zu nennen – sozusagen die »Geldwäscher« unter den Nationen. Kein anderes Volk legt so viel Wert auf Hygiene. Das gilt für saubere Straßen, futuristisch anmutende Toiletten und eben auch für japanisches Geld. Die fast keimfreien Scheine entstehen durch eine Heißluftbehandlung.

Die Geldautomaten erhitzen jeden Yen vor der Ausgabe auf 200 Grad. Da bekommt der Begriff »heißes Geld« noch mal eine ganz positive Bedeutung. Weltweite Hygienespitze sind die Japaner damit aber nicht. Ein internationaler Vergleich hat ergeben, dass der australische Dollar der sauberste und der chinesische Yuan der »dreckigste« Schein der Welt ist.

Sollten wir vielleicht in Zukunft nur noch bargeldlos einkaufen und zur EC- und Kreditkarte wechseln? Auch nicht besser: An den viel frequentierten EC-Automaten kommen am PIN-Tastenfeld wiederum Bakterien vor, die genauso häufig und vielfältig vertreten sind wie auf öffentlichen Toiletten. Ist bargeldlos wirklich gesünder? Experten sagen Nein, denn die wenigen Keime einer Art, die sich auf den Geldscheinen oder Münzen befinden, reichen gar nicht aus, um eine Infektion zu verursachen. Aber, und das ist das Gute daran, sie trainieren unser Immunsystem und steigern unsere körpereigene Abwehr. Unser Bargeld könnte also tatsächlich gesundheitsfördernd sein, weil es den Körper in Kontakt mit Keimen von ganz vielen verschiedenen Menschen bringt. Eine »gesundheitsfördernde Keim-Tauschbörse« sozusagen!

Sie können aber auch selbst einiges tun, um die Anzahl der Keime auf Bargeld so gering wie möglich zu halten. Mikroben brauchen Feuchtigkeit und Wärme, um zu wachsen. Daraus lässt sich mit glasklarer Logik eine grundlegende Regel ableiten. Nehmen Sie Ihr Geld nicht in den Mund! Sie lecken ja auch keine Türklinken oder Treppengeländer mit gleicher Keimbelastung ab. Auch die beliebte Angewohnheit, Geldscheine lose in der Hosentasche, nahe am Körper, zu tragen, ist keine gute Idee. So werden Sie zum »schnellen Brüter« für Keime. Das ist ein optimales Milieu, dass sie sehr mögen und in dem sie lange überleben können. Genauso wie eine Petrischale arbeitet auch eine schön angewärmte Brieftasche bei Körpertemperatur, um Keime wachsen zu lassen. Von Tag zu Tag fühlt sich eine immer größere Zahl der Bakterien in Ihrer Geldbörse in der Hosentasche wohl. Wenn Sie sich nach dem Einkaufsbummel oder Geldabheben regelmäßig die Hände gründlich waschen, sind Sie auf der sicheren Seite. Das sollten Sie besonders auch in der kalten Jahreszeit tun, da Geld auch einen Infektionsherd für Grippeviren & Co. darstellt. Angst vor Geld brauchen Sie jedenfalls nicht zu haben – ein intaktes Immunsystem kommt mit der Keimbelastung gut zurecht.

Tipps für Haustür und Flur

1. Wenn Sie nach Hause kommen, waschen Sie zuerst die Hände gründlich mit Seife.
2. Türklinken im Flur (und im ganzen Haus) beim Putzen nicht vergessen.
3. Straßenschuhe gleich an der Haustür aus- und Hausschuhe anziehen, um keine Umweltkeime und zusätzlichen Schmutz in die Wohnung zu tragen.
4. Handtaschen regelmäßig entrümpeln und feucht auswischen.
5. Stoffbeutel gehören einmal in der Woche in die 60-Grad-Wäsche.
6. Geldscheine nicht lose in der Hosentasche tragen. Nach Umgang mit Geld immer die Hände waschen.

2 DIE KÜCHE – VON SCHWÄMMEN UND SCHNEIDBRETTERN

Ihre Küche ist ein Hotspot der mikrobiellen Artenvielfalt und mit Sicherheit einer der interessantesten Standorte in ihrem Heim! Durchschnittlich 10 Millionen Keime pro Quadratzentimeter haben Forscher in einer ganz normalen Küche gezählt – eine Serengeti winziger Kreaturen.[64] Das braucht Sie aber keineswegs zu erschrecken: Bakterien und andere Mikroben gehören zu unserem natürlichen Umfeld, und das ist auch gut so, denn ein keimfreies Heim und ein untrainiertes Immunsystem würden Sie krank machen. Gelangt ein Krankheitserreger dennoch in unseren Körper, trifft er auf unsere Abwehr, eine Garde weißer Blutkörperchen, die ihn unschädlich macht.

Die meisten Keime im Haushalt sind völlig harmlos – sie stammen aus der Umwelt oder haften an uns selbst. Bis zu drei Kilo Mikroben tragen Sie mit sich herum. Ein gesunder Mensch verteilt rund 37 Millionen Bakterien pro Minute auf seine Umgebung. Unsere Darmbakterien bleiben meist hübsch verpackt in Ihrem Körperinneren – im wohligen Schlaraffenland Darm. Diese kleinen Diven sind empfindlich und vertragen hohe

Sauerstoffkonzentrationen und wechselnde Temperaturen nicht gut. Dagegen sind die Hautbakterien besonders reiselustig. *Staphylococcus epidermis*, ein quirliges, kugeliges Bakterium, ist perfekt an das stressige Leben auf der Haut angepasst. Einerlei, ob Winterspaziergang oder Sonnenbad – es sitzt normalerweise geschützt durch eine dünne Fettschicht auf der Haut und ist damit beschäftigt, Eindringlinge und Krankheitserreger abzuwehren. Es sei denn die Haut trocknet aus. Dann fliegen schon mal Hautschüppchen weg, und clevere Mikrobiologen weisen diese Bakterien dann etwa auf der Arbeitsplatte in der Küche nach. Jedes Mal, wenn Sie den Schrank anfassen oder den Herd anschalten, übertragen Sie Hundertausende Mikroorganismen auf Flächen und Griffe.

Der US-Ökologe Noah Fierer hat sich darauf spezialisiert, die Mikrobenbesiedlung in Wohnungen und Häusern zu untersuchen. Dabei interessieren den Wissenschaftler der University of Colorado Boulder nicht in erster Linie die Krankheitserreger, die sich womöglich im Putzschwamm oder im Kühlschrank tummeln, sondern vielmehr die sogenannten Kommensalen oder »Tischgenossen«, die harmlos oder sogar gut für die Gesundheit sind. Denn es wird immer klarer, dass wir im Darm oder auf der Haut Mikroben mit uns herumtragen, die vermutlich beeinflussen, ob wir gesund sind oder krank werden. Bei Untersuchungen in Boulder und Raleigh-Durham fand Fierer 7700 unterschiedliche Bakterienstämme in Küchen auf Küchenbrettern, Arbeitsplatten, Kühlschränken, aber auch an vielen anderen Stellen in Häusern.[65] Darunter waren viele alte Bekannte aus dem menschlichen Mikrobiom: *Aktinobakterien*, *Bakteroide*, *Firmicutes* oder *Corynebakterien*, die uns gesund erhalten.

Auch mit Ihren Einkäufen bringen Sie täglich Mikroben als winzige Touristen aus dem Supermarkt, frisch und direkt entführt von der Fleisch- oder Fischtheke oder vom Gemüsestand. Auch mit den Eiern vom Biohof um die Ecke reisen sie in die Küche. Die Winzlinge sitzen dann erstaunt auf Ihrem Küchentisch und müssen sich in der neuen Umwelt erst einmal orientieren.

Was glauben Sie: Was braucht ein stinknormaler Keim zum Glücklichsein? Am wichtigsten ist ausreichende Feuchtigkeit, dann vermehren sie sich rasch. Ebenso förderlich ist eine kuschelige Temperatur zwischen 20 und 40 Grad. Manche Schimmelpilze und einige Bakterien geben sich auch mit den frostigen Temperaturen im Kühlschrank zufrieden und zeugen dabei lustig ihre Nachkommen. Leckere Nährstoffe sind natürlich auch nicht schlecht, doch da sind einige Mikroorganismen sehr genügsam. Sogar im Staub oder auf Schmutzpartikeln gibt es noch etwas, das sie verschmausen können.

Die Küche ist also ein idealer Tummelplatz für Keime aller Art – hier gibt es reichlich Nahrung, Wasser und Wärme. Und genau das kann zum Problem werden, wenn einige wenige vagabundierende Krankheitserreger unter paradiesischen Küchenbedingungen plötzlich zu Heerscharen werden und uns gefährden. 200000 Menschen erkranken in Deutschland pro Jahr laut Robert-Koch-Institut (RKI) nachweislich an Magen-Darm-Infektionen mit der »Ursache Lebensmittel«. Das ist aber nur die Spitze des Eisbergs. Denn die Dunkelziffer ist hoch und wird von Experten auf über eine Million Infizierter geschätzt.

Wenn wir ganz ehrlich sind, machen wir es dank unserem modernen hektischen Leben Mikroben in der Küche auch sehr einfach. Keiner möchte heute mehr viel Zeit oder Aufwand in die Hausarbeit investieren. Viele kochen nicht mehr selbst, sondern wärmen nur noch in der Mikrowelle auf, ohne dass das Essen richtig erhitzt wird. Was die Oma mit Sicherheit noch über das Haltbarmachen von Lebensmitteln wusste, bekommen Teenager heute mühsam als »Life Hacks – Tipps, die uns das Leben leichter machen« bei YouTube beigebracht.

Aus unserer menschlichen Perspektive sprechen wir gern von guten und bösen Bakterien – sie haben aber alle ihre wichtigen unverzichtbaren Aufgaben in einem funktionierenden Ökosystem. Es ist wie immer eine Frage der Dosis. Wenn Keime uns krank machen, dann ist die natürliche Balance aus dem Gefüge geraten: Unser Immunsystem ist geschwächt, oder die Krankheitserreger haben sich zu stark vermehrt. Diesen wenigen krank machenden Bakterien und Viren gegenüber steht eine Vielzahl von gesund erhaltenden oder sogar nützlichen Mikroorganismen, die als biochemische Zauberkünstler und Miniköche unsere Leibspeisen wie Joghurt, Brot, Bier und Wein und vieles mehr produzieren.

Sehen wir uns nun einige Mikroorganismen in ihrem natürlichen Umfeld in der Küche näher an. Dabei erfahren Sie auch etwas darüber, wie Sie gesund mit ungesunden Keimen umgehen können, die sich hin und wieder einschleichen – und welche guten Bakterien hier leben.

Verkehrsregeln auf der Arbeitsplatte

Stellen Sie sich vor, Sie würden durch ein imaginäres Mikroskop blicken. Dann erkennen Sie, dass Ihre so glatt und sauber wirkende Küchenplatte in Wirklichkeit eine Berg- und Tallandschaft ist – bevölkert mit Myriaden von winzigen Bewohnern. Die Arbeitsplatte ist in der Küche der Import- und Export-Hafen für Mikroben: Hier wird die gesamte schwere Beute des Wochenendeinkaufs in Plastiktüten abgestellt, später Gemüse geschnitten oder Fleisch zerteilt. Ein ungeheurer Artenreichtum von winzigen Kreaturen hat sich wohnlich auf der Platte niedergelassen, dem Sie nur mit harten Hygieneregeln etwas Ordnung beibringen können. Auf einer optisch scheinbar reinen Fläche befinden sich laut TÜV Süd[66] immer noch durchschnittlich etwa tausend Keime pro Quadratzentimeter – eine Mikrobenparty auf der Arbeitsplatte. Bevor Sie einen Schreck bekommen: Es kommt natürlich nicht allein auf die Keimzahl an – auch die Art der Bewohner ist entscheidend.

Neben den guten und harmlosen Mikroben, die unsere Umwelt bevölkern und Krankheitserreger in Schach halten, verirren sich ab und zu auch ein paar besonders unbeliebte Gäste – wie beispielsweise *Salmonellen*. Keine warme Jahreszeit vergeht, ohne dass sich diese Bakterien mit ihren hinterhältigen Attacken auf Magen und Darm des Menschen in Erinnerung bringen. Die kleinen Stäbchenbakterien fühlen sich wohl auf Geflügel, rohem Fleisch, in Eis, auf Eiern oder in Mayonnaise und können heftigen Durchfall hervorrufen, auch Bakterienruhr genannt, gefolgt von Erbrechen, Kopfschmerzen und Fieber.

Salmonellen sind clever und wahre Überlebenskünstler. Ihr Erfolgsgeheimnis ist ein schleimiger Schutzmantel, ein Biofilm, den das Bakterium praktischerweise bildet. So ist es im Kot von Mensch und Tier noch über Jahre nachweisbar und kann in seinem Wirt wie außerhalb von ihm wochenlang überleben. Benannt wurden Salmonellen übrigens nach dem US-amerikanischen Tierarzt Daniel Elmer Salmon, der den Erreger 1885 isolierte.

Salmonellen sind besonders trickreich: Haben Sie schon mal etwas von berüchtigten Kreuzkontaminationen in der Küche gehört? Die Krankheitserreger vermehren sich ungestört an einem bestimmten Ort und lassen sich dann vom Menschen ganz entspannt durch die Küche kutschieren – von einer Oberfläche zur nächsten, ohne dass es uns bewusst ist. Dafür gibt es unzählige Beispiele in den Haushalten.

Auf tragische Weise wurde die »Typhus-Mary« bekannt, die legendäre Köchin Mary Mallon. Wo immer sie kochte, traten seltsame Todesfälle auf. Da sie vom Händewaschen nicht allzu viel hielt, verbreitete sie *Salmonella typhi*, einen hierzulande nur selten durch Reisen eingeschleppten Kandidaten, landauf und landab. In New York infizierte sie beiläufig 47 Personen mit Typhus, ohne selbst jemals an den Symptomen zu erkranken. Als Auslöserin einer Typhus-Epidemie war Mary die klassische »Patientin null«.

Wie ein Detektiv können Sie die Spur der Keime in der Küche leicht verfolgen. Stellen Sie sich vor, Sie nehmen ein ganz normales Küchenbrett für rohes Fleisch oder Meeresfrüchte und gleich danach schnippeln Sie darauf das Gemüse. Schon ist es passiert, und der nächste Durchfallkeim hockt im Salat und harrt seiner Opfer! Hygieneregel Nummer 1 gegen *Salmonellen*: Für Fisch und Fleisch sollten Sie immer getrennte Schneidbretter benutzen, nach der Benutzung mit Spülmittel heiß abwaschen und immer gut trocknen lassen. Bretter aus Hartholz sind für Bakterien übrigens nicht so gemütlich, weil es da weniger heimelige Poren gibt, um sich niederzulassen. In der Regel wird es den Krankheitserregern auf gut geputzten Oberflächen auch schnell unbehaglich. Wenn Sie Küchenabfälle nicht auf der Arbeitsplatte horten, schmutziges Geschirr nicht stapeln und keine Pool-Party mit dem Abtauwasser von Fisch oder Fleisch veranstalten, ist für *Salmonellen* nichts zu holen.

Wie können Sie sich noch vor den trickreichen Bakterien schützen? Ganz einfach: Hände waschen, Hände waschen, Hände waschen! Und alle Speisen mindestens zehn Minuten bei 70 Grad Celsius erhitzen. Desinfektionsmittel brauchen Sie auch hier nicht. Und noch ein Bonustipp: Wenn Sie oder Ihr Nachwuchs die Osterzeit nicht auf dem Klo verbringen wollen, sollten Sie Eier nur mit einem Strohhalm oder durch ein Zellstofftaschentuch ausblasen. Sicher ist sicher!

Untermieter in Spülbürsten, Schwämmen und Schwammtüchern

Mikroorganismen kommen nicht überall gleich häufig vor. Im Spülbecken gibt es tausendmal mehr Mikroorganismen als in jedem Badezimmer. Aber das ist auch kein Wunder – im Spülbecken landen Essensreste, Dreck und Bakterien, die von allen rohen Speisen abgewaschen werden. Nachweislich tummeln sich besonders viele Bakterien — harmlose, aber auch krank machende — an Stellen, wo nur selten geputzt wird. Küchenwasserhähne werden daher besonders gern von Mikroben erobert. Wir waschen uns dort zwar die Hände, aber die Griffe eher selten, oder? An jedem zweiten Wasserhahn sitzt daher das Darmbakterium *Escherichia coli*, kurz *E. coli*.

Die höchste mikrobielle Bevölkerungsdichte finden Sie aber auf Spüllappen und Spülschwämmen: über 20000 Bakterien pro Quadratzentimeter.[67] Die perfekten Keimschleudern. Auch Geschirrtücher und Spülbürsten sind beliebte, weil feuchte Orte. Oft haben diese Utensilien außerdem eine so lange Nutzungsdauer, dass sich ihre Bewohner besonders gut vermehren können. Viele von Ihnen nutzen zwei oder drei Tücher für unterschiedliche Zwecke. Wenn aber alle Tücher übereinanderhängen, um zu trocknen, können Keime prima wandern. Erst wenn Schwamm und Tuch meist schon langsam gärig stinken, wandern sie in den Abfalleimer. Dann sind es eigentlich schon »Biowaffen«.

Warum sind Küchenschwämme eigentlich so wundervolle Habitate für Keime? Für Mikroben ist ein feuchter Küchenschwamm der ideale Wellness-Tempel. Die Schwammporen bieten reichlich Platz und große Oberflächen. Nahrungsreste vom letzten Topfauswischen, etwas Öl aus der Pfanne und eine glitschige Feuchtigkeit bieten perfekte Wachstumsbedingungen.

»Hier bin ich Mikrobe, hier darf ich's sein!« Ohne dass sich Bakterien besonders anstrengen müssen, entsteht im Inneren des Schwamms ein gewaltiger Biofilm. So bezeichnet der Mikrobiologe eine Wohngemeinschaft aus Protozoen, Bakterien, Algen und Pilzen, die mit einer gelartigen Schutzhülle überzogen ist, eine richtige »Schleimstadt« also. Bis zu 20000 verschiedene Arten können im Schwamm friedlich zusammenleben: Keime, die aus den Wasserrohren kriechen, aus der Umgebungsluft, von den Lebensmitteln in der Küche und natürlich auch von Ihrer Haut. Zu den typischen »Verdächtigen«, die sich hier gern umhertreiben, gehören *Staphylokokken*, *Streptokokken*, *Pseudomonaden* und das Darmbakterium *E. coli*. Hinzu kommen noch ein paar in der Küche umherlungernde Hefen und Hautpilze. Stimmen Temperatur und Feuchtigkeit, verdoppelt sich unsere Schwammpopulation locker alle sieben Tage. Bis zu vier Millionen Mikroorganismen pro Milliliter haben Forscher schon aus Spüllappen gepresst. Davon gehörten 2500 zu den sogenannten Fäkalkeimen, die Durchfall verursachen können. Das kann in Einzelfällen bei einem geschwächten Immunsystem fatal sein. Stellen Sie sich vor, beim Abwischen des Tisches würden diese Keime wie im Taxi auf die Umgebung verteilt – einmal zur Butter bitte!

Passend zu meiner Recherche zu diesem Buch kam im Jahr 2017 die weltweit erste umfassende Studie zur Keimbelastung von Spülschwämmen heraus. Mikrobiologen aus Gießen, Furtwangen und München haben im Küchenschwamm noch mal genau nachgezählt: Bis zu 50 Milliarden Bakterien leben in einem Kubikzentimeter Schwämmchen.[68] In 14 gebrauchten Küchenschwämmchen fanden die Forscher allein 362 verschiedene Arten von Bakterien. Darunter sind hauptsächlich harmlose Umwelt- und Wasserbakterien – aber auch drei bekannte antibiotikaresistente Erreger. Diese Keime können Menschen mit einem geschwächten Immunsystem – wie Kranke oder ältere mit Atemwegsinfekten – anstecken. Das sind Bakterien wie *Acinetobacter johnsonii*, *Chryseobacterium hominis* und *Moraxella osloensis*, die zu Infektionen führen können. *Moraxella* steht außerdem auch noch unter dem Verdacht, für den schlechten Geruch von Küchenschwämmen verantwortlich zu sein.

Bisher lautete die Hygiene-Empfehlung, Küchenschwämme in der Mikrowelle zu sterilisieren oder auszukochen. Nach neuester Meinung der Experten der Studie reicht das aber nicht mehr und wäre auch keine langfristige Lösung. Gerade in den Schwämmen, die regelmäßig die Mikrowelle besuchten oder heiß ausgewaschen wurden, tummelten sich hinterher besonders viele potenziell krankheitserregende Keime. Wahrscheinlich wird die Anzahl der Bakterien dadurch nur kurzzeitig vermindert – dann aber besetzen die eher stressresistenten Krankheitserreger die schnell wieder nachwachsende »Mikroben-WG im Schwamm«. Auch die Schwämme in der Mikrowelle zu erhitzen ist aus hygienischer Sicht keine gute Idee. Könnten doch unerwünschte Keime auch auf der nächsten Speise landen.

Der Hygieneexperte und Studienautor Dr. Markus Egert von der Hochschule Furtwangen hat folgende Empfehlungen: »Waschen bei 60 Grad oder noch besser 90 Grad mit Waschpulver wäre gut, um die Küchenschwämme keimfrei zu bekommen.«[69] Am besten sollten seiner Meinung nach sogar die Schwämme unter Druck und Hitze im Schnellkochtopf behandelt werden. Danach außerdem immer gut trocknen!

Bisher gibt es noch keine wissenschaftlich belegte 100-prozentig gute Methode, um gegen die Keime in den Schwämmen wirksam vorzugehen. Nur in neu gekauften Exemplaren waren keine Mikroorganismen nachweisbar. Die Experten empfehlen daher aktuell, in besonders sensiblen Umgebungen – Krankenhäuser, Altenheim oder bei der privaten Pflege zu Hause – die Küchenschwämme regelmäßig zu entsorgen, anstatt sie zu reinigen, etwa in einem wöchentlichen Rhythmus. Die Hersteller von Schwämmen wird das sicher freuen!

Warum Geflügel nicht geduscht wird

Nicht nur in der Weihnachtszeit ist der knusprige Gänse- oder Entenbraten sehr begehrt. Falls Sie unliebsame Verwandte haben, besteht beim Zubereiten des Festmahls die einmalige Gelegenheit, die gesamte angereiste Familie mit Übelkeit ruhigzustellen. Das ist kein schlechter Scherz! Nach dem typischen Thanksgiving-Essen gab es in den USA immer wieder eine rätselhafte Welle von Infektionen. Der traditionelle Truthahnbraten wurde zum kritischen Festmahl, denn kurz danach füllten sich die Arztpraxen. Was steckte dahinter?

Verursacher war ein unscheinbares mikrometerkleines, wie ein Korkenzieher geformtes Bakterium namens *Campylobacter*, übersetzt »krummer Stab«. Dieses Bakterium ist ein unangenehmer Zeitgenosse. Nicht von ungefähr nennen es die Wissenschaftler den »König der Durchfallerreger«. In Deutschland gehen jedes Jahr bis zu 70000 Lebensmittelvergiftungen auf sein Konto: Nach einer Inkubationszeit von zwei bis fünf Tagen können Durchfall, Brechreiz, Fieber und Kopfschmerzen auftreten.[70]

Wie kommt *Campylobacter* in die Küche? Der Keim ist nicht besonders wählerisch. Er wechselt schnell mal seinen Wirt – in dem Fall hüpft er vom Tier zum Menschen, um sich bei ihm gemütlich einzurichten. Besonders gern sitzt *Campylobacter* auf rohem Geflügelfleisch. Die immer wiederkehrende Infektionswelle in den USA war, wie sich herausstellte, die seit Ewigkeiten übliche Praxis der meisten Menschen, ihr Geflügel vor dem Kochen sorgfältig abzuwaschen. Auch hierzulande halten es viele so. Das Federvieh soll schließlich von Schmutz und Keimen befreit werden. Das funktioniert aber leider gar nicht! *Campylobacter* und seine Kumpel erfreuen sich an der ausgiebigen Wasserdusche, die sie am effektivsten in der ganzen Küche verteilt. Beim Enten-Planschen im Spülbecken spritzen die Durchfallkeime vom Fleisch weg und landen auf Arbeitsflächen, Küchengeräten oder auf der Kleidung des Kochs. Alles in einem Umkreis von etwa achtzig Zentimetern bis zu drei Metern von der Spüle kann zur Zielscheibe

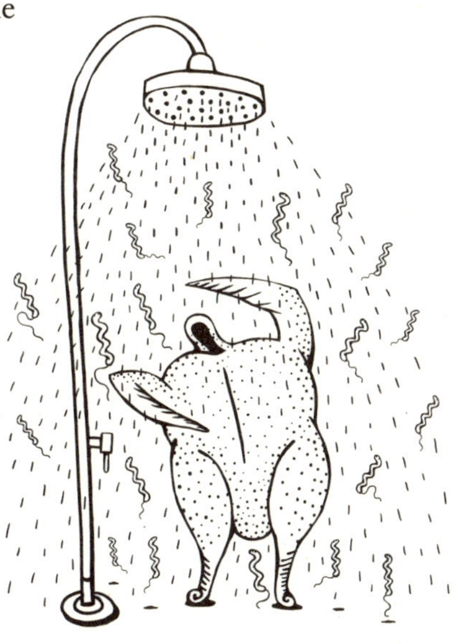

werden. Schon ein einziger Tropfen Geflügelsaft reicht aus, um ein ordentliches Bauchgrimmen hervorzurufen – zumal wenn der Pudding direkt neben der Spüle steht. Nehmen Sie spaßeshalber ein Maßband, und prüfen Sie nach, welche Gegenstände erreichbar sind. Sie werden staunen! Die *Campylobacter*-Infektionen haben übrigens unter Ärzten den Spitznamen »Alte-Damen-Krankheit«, da oft die erfahrene Oma die Rezepte an die Tochter oder den kochbegeisterten Enkel weitergibt. In den USA startete nach dieser Erkenntnis die Aufklärungskampagne »Don't wash your chicken« mit Erklärvideos, weil 90 Prozent der US-Bürger ihr Geflügel zuerst abwaschen, bevor sie es in den Ofen legen.[71] Da musste ein regelrechter Paradigmenwechsel her!

Auch wenn Ihnen Fernseh-Starköche vorschlagen, Enten und sonstiges Gevögel zu duschen – tun Sie es nicht!

Coole Keime im Kühlschrank

Der Kühlschrank ist einer der meistfrequentierten Orte in der Küche – nicht nur für Menschen, sondern auch für Mikroben. Er ist sozusagen die Hauptstadt der Bakterien im Fürstentum Küche.

Unser Kühlschrank soll Lebensmittel kühlen und vor dem Verderben und Verschimmeln bewahren. Dazu muss er die Zahl der immer hungrigen und gefräßigen Bakterien und Pilze schön klein halten. Und da haben Sie es um einiges bequemer als Ihre Vorfahren. In den Zeiten der Jäger und Sammler musste der Hirsch, den der Mann jagte, oder die Beeren, die die Frau sammelte, immer frisch verzehrt werden. Heute müssen Sie keine Eisblöcke mehr ins Haus schleppen oder Erdlöcher graben, um Ihre Lebensmittel zu konservieren. Tägliches Jagen oder Einkaufen ist nicht mehr nötig. Wer aber nun denkt, mit der Entwicklung des Kühlschranks sei den Mikroben der Garaus gemacht worden, der irrt. Kälte killt keine Keime!

Im Kühlschrank tummeln sich mehr als 11,4 Millionen Keime pro Quadratzentimeter – die meisten sind harmlos, aber auch einige Pathogene spielen ihre üble Rolle. Das fanden US-Forscher der University of Arizona vor einigen Jahren heraus.[72] Das bedeutet:

Auf jedem Quadratzentimeter Kühlschrank wohnen so viele Keime wie Einwohner in einer Metropole wie Moskau. Unter Hygienikern kursiert das Bonmot: »Wer Angst vor der Klobrille hat, sollte nichts mehr aus dem Kühlschrank essen.« Im Vergleich zu unserem Kühlschrank sind Toiletten geradezu steril! Gerade mal 100 Erreger pro Quadratzentimeter wurden auf Toilettensitzen gefunden. Aus der Sicht von Bakterien ist das auch selbstverständlich. Toiletten sind ihnen viel zu kalt, zu trocken und viel zu gut geputzt.

Dagegen gibt es im Kühlschrank die freie Lebensmittelauswahl: Hier ein angeschimmelter Joghurt, dort ein vergessener Käse, und im Gemüsefach langweilt sich ein zusammengefallener Salat. Offen stehende Milch ist für Bakterien wie eine herzliche Einladung in eine neue Wohnung. Kommen noch ein paar Krümel dazu und offen drapierte Speisen, ist der »All-inclusive-Urlaub« für Keime komplett. Das sind ideale Bedingungen für die Kälte liebenden *Listerien* und *Yersinien* – die Eskimos unter den Bakterien –, die sich problemlos bei Temperaturen unter null vermehren und Magen-Darm-Erkrankungen oder Fieber beim Menschen verursachen können.

Andere Krankheitserreger wie *Salmonellen* oder unser alter Bekannter *Campylobacter* überstehen auf einem auftauenden Tiefkühlhähnchen locker 2-3 Tage in einem typischen Studentenkühlschrank, in dem sich Flaschennahrung und Fertigpizza in großen Zeitzyklen abwechseln. Durch die Kälte sterben Keime nicht ab, sie werden nur etwas im Wachstum gebremst. Wenn es dann wärmer wird, starten sie wieder richtig durch!

Warum lieben Mikroben Kühlschränke? Das Hauptproblem sind oft viel zu hoch eingestellte Temperaturen. Über 8 Grad Celsius bieten ein fast mediterranes Klima und damit einen idealen Nährboden für Viren und Bakterien. Laut TÜV sollten Lebensmittel eigentlich bei konstant kühlen 5 Grad Celsius aufbewahrt werden. Besonders beliebt sind deshalb bei Bakterien & Co. die Gemüsefächer, in denen die Temperaturen etwas höher sind. Hier ist die Artenvielfalt besonders hoch. Deshalb sollten Sie ungewaschenes Gemüse am besten immer verpackt in den Kühlschrank legen und das Fach regelmäßig auswischen!

Das ist auch schon die Haupthygieneregel, die ich Ihnen mitgeben möchte: Nichts offen lagern! Bakterien besiedeln alles, was nicht »niet- und nagelfest« beziehungsweise nicht fest verschlossen ist. Plastikdosen, Schraubgläser oder Folienhüte erschweren Keimen das Wandern. Abgelaufene oder verschimmelte Lebensmittel brauchen Sie auch nicht länger zu inkubieren.

Wussten Sie außerdem, dass besonders viele Winzlinge an der Kühlschrankinnenseite leben, der am seltensten geputzten Fläche im Haushalt? »Antibakterielle« Oberflächen sind ein Witz für Bakterien, und ihr Nutzwert wird selbst von den Gesundheitsämtern angezweifelt.

Und da wir schon beim Putzen sind: Regelmäßiges Putzen mit einem Reiniger auf Seifenbasis oder heißem Essigwasser reicht vollkommen aus. Die Säure tötet schädliche Mikroorganismen ab. Desinfektionsmittel sind im Kühlschrank nicht nötig, sonst drohen andere Probleme: Allergien. Wichtig ist aber, auch mal kräftig zu schrubben. Manche Bakterien bilden gern hartnäckige Biofilme, die mit einem Reiniger allein schlecht in den Griff zu bekommen sind. Vergessen Sie auch den Kühlschrankgriff nicht, der wird schließlich täglich mit allerlei Spuren an den Händen begriffelt! Und auch die Ablaufrinne hinten im Kühlschrank verdient besondere Aufmerksamkeit. Dort leben etwa 11 Millionen Bakterien. Das Tauwasserablaufloch wird übrigens mit einem Pfeifenreiniger prima sauber.

Es ist auch ein Ammenmärchen, dass Bakterien bei minus 8 Grad Celsius im Gefrierfach sterben. Das nur, falls Sie glauben, Sie müssten die Gefrierschrankschubladen nicht ab und zu putzen.

Letztendlich geht es beim Kühlschrankreinigen nicht darum, Keime komplett auszuradieren, sondern zwischen uns Menschen und den Mikroben eine gute Balance herzustellen.

Um diese gute Nachbarschaft noch etwas zu fördern, können Sie beispielsweise auch mehr Laktobazillen in Ihren Kühlschrank einladen. Diese ursprünglich im Darm beheimateten guten Milchsäurebakterien, die Joghurt oder Kefir herstellen, besitzen unterschiedliche Waffen, mit deren Hilfe sie sich Konkurrenten vom Leib halten. Es ist schon lange bekannt, dass einige Laktobazillen wie *E. coli Nissle 1917* Bakteriozine oder Mikrozine fabrizieren – natürliche Antibiotika, mit denen zum Beispiel *Salmonellen* gehemmt oder getötet werden.[73] Manche Stämme bilden auch Essig- oder Milchsäure und lassen den pH-Wert so stark sinken, dass sich schädliche Bakterien in der Umgebung nicht mehr wohlfühlen und vermehren können. Wenn Sie Ihren Kühlschrank mit Joghurt, Buttermilch oder Kefir und Käse vollstellen – haben sie die Milchsäure produzierenden Bodyguards gleich mit an Bord, die ganz natürlich ein gesundes Kühlschrankklima verteidigen.

Freundliche Mikroben auf Grünzeug

Auf einen guten Salat gehören ein aromatisches Olivenöl, Essig, Salz und Pfeffer – sowie eine gut sortierte Auswahl an Bakterien. Wie bitte – Bakterien?

Blattsalate und Gemüse werden gern von zahlreichen Mikroorganismen besiedelt, und das ist auch völlig in Ordnung. Es ist nicht erst seit der EHEC-Epidemie von 2011 bekannt, dass Salat – in dem besonderen Fall waren es Sprossen – Träger von Bakterien sein kann. Solche dramatischen Fälle sind aber eher sehr seltene Ausnahmen. Stattdessen gibt es zunehmend Berichte, dass Mikroben auf Salat und Gemüse unsere Gesundheit sogar fördern könnten. In der sogenannten »Phyllosphäre« der Blätter lebt eine bunte Mikrobenmischung aus Bakterien, Hefen und fadenförmigen Pilzen. Das klingt zwar nicht lecker und sieht unter dem Mikroskop auf den ersten Blick auch nicht zum Anbeißen aus, ist aber eine absolut wünschenswerte Zutat für unsere Ernährung. Die Mikroorganismen sind bei der Fermentation bestimmter Gemüsesorten von wirtschaftlichem Nutzen. Sauerkraut und Maissilage sind bekannte Erzeugnisse. Die Forscher diskutieren sogar darüber, ob die kleinen Untermieter auf den Salatblättern eine bisher völlig unterschätzte Rolle spielen, da sie anscheinend auch einen Einfluss auf die Zusammensetzung unserer Darmflora haben.

Wie diese mikrobiellen Wohngemeinschaften funktionieren, wird am Leibniz-Institut für Gemüse und Zierpflanzenbau in Großbeeren untersucht. Erste Ergebnisse zeigen, dass die Bakterien starke Vorlieben haben, welche Pflanzen sie überhaupt besiedeln, da auch Pflanzen sich gegen Schädlinge wehren und sekundäre Pflanzenstoffe zur Abwehr bilden. So siedelt sich das Bakterium *Enterobacter radicincitans* gern auf den Blättern von Weißkohl und Pak Choi an, die reich an sogenannten Alkenyl-Glycosinolaten sind. Wasserkresse und die darin enthaltenen Pflanzenstoffe mag es beispielsweise gar nicht. Die Bakterien sind auch wählerisch in Bezug auf ihren Platz an der Sonne auf dem Blatt und bevorzugen eindeutig die Blattrippen oder Spaltöffnungen, weil dort einfach am meisten Wasser verfügbar ist. Durch das Waschen und Putzen des Gemüses unter fließendem Wasser werden zwar Schmutz und Pestizide und auch pathogene Keime größtenteils entfernt, weil sie an die Blattoberfläche nicht besonders gut angepasst sind. Die gesunden Bewohner beeinträchtigt die Wasserdusche jedoch kaum. Die Bakterien leben in interzellulären Räumen, also nicht nur an der Blattoberfläche, sondern im Zellgewebe. Oder sie besiedeln mikroskopisch kleine Nischen und Falten, wo das Wasser allein sie nicht loslösen kann.

Diese Wohngemeinschaften haben für Pflanzen und Mikroben große Vorteile: Bakterien wie *E. radicincitans* und *Bacillus subtilis* fixieren Nährsubstanzen aus der Luft und versorgen die Pflanze mit wichtigen Mineralien. Andere Mikroben bilden Wachstumshormone oder halten der Pflanze Schädlinge vom Hals. Im Gegenzug bekommen die Mikroben von der Wirtspflanze Zucker und Wasser.

Vor allem den Milchsäurebakterien unterstellen die Wissenschaftler einen gesundheitlichen Nutzen. Bei einer Studie entdeckte der Wiener Forscher Haslberger im Schnitt 105 Individuen pro Gramm Salat.[74] Es ist belegt, dass Milchsäurebakterien besonders gut für den Darm und das Immunsystem sind. Zudem können gute Mikroben vor Allergien schützen, weil sie das Immunsystem trainieren. Durch die industrielle Produktionsweise werden Lebensmittel immer steriler. Deshalb gibt es auch immer mehr Allergien. Es ist bekannt, dass die Darmflora von Vegetariern anders beschaffen ist. Sie haben beispielsweise im Verdauungstrakt weniger Keime, die krebserregende Stoffe bilden.

Die guten Keime können auch gefährliche Erreger wie *Listerien*, *Pseudomonaden* oder *E. coli* auf dem Grünzeug in Schach halten. So hemmen aus Obst und Gemüse isolierte Laktobazillen das Wachstum von *Listerien* auf Eisbergsalat, wie eine Studie der Forscherin Jutta Zwielehner von der University of Queensland zeigt. Die natürlichen Wohngemeinschaften auf den Salatblättern verändern sich, wenn küchenfertige Salate hergestellt und die Pflanzen dabei verletzt werden. Dann wandelt sich die normale Phyllosphäre um, und für uns schädliche Keime können sich vermehren.

Durch das Schneiden tritt Zellsaft aus den Blättern aus und macht Nährstoffe verfügbar. Gleichzeitig werden Enzyme frei, die manche Bakterien hemmen oder andere zu einer krank machenden Vermehrung anregen. Bislang lässt sich aber noch nicht pauschal sagen, ob die angestammte Flora eine wirksame Verteidigungstruppe gegen jegliche Krankheitserreger ist.

Übrigens sind in Plastikfolie verpackte Salate durch die hohe Luftfeuchtigkeit richtig gut funktionierende »Bakterienbrutkammern«, selbst wenn sie kühl gelagert werden. Im Inneren der Plastikfolie wird der vorgeschnittene Salat zwar schön knackig gehalten, aber an den Schnittkanten treten Mineralien, Proteine, Zucker in das angesammelte Wasser aus – ein leckeres Büfett für Bakterien, Schimmelpilze und Hefen. Nach einer Studie der University of Leicester genügen 100 *Salmonellen*, um sich innerhalb von fünf Tagen auf 100000 Keime zu vermehren.[75] Diese Menge ist mehr als ausreichend für eine Infektion. Die Experten fanden außerdem heraus, dass *Salmonellen* sich besonders in verpacktem Spinat wohlfühlen, während *E. coli*-Bakterien eher Rucola bevorzugen.

Ganz auf abgepackten Salat müssen Sie indes nicht verzichten. Wichtig ist, dass Sie das frische Produkt nur im Kühlschrank aufbewahren und noch vor dem Verfallsdatum aufessen! Ein ganz innovativer Ansatz, um die lästigen *Salmonellen* loszuwerden, wird in einigen Ländern angewandt – sozusagen eine natürliche Schädlingsbekämpfung mit Mikroben. Hier kommen spezielle Viren zum Einsatz gegen die lästigen Lebensmittelkeime auf Salat oder Fleisch – sogenannte »Bakteriophagen«, natürliche Feinde der Bakterien. Diese Bakterienfresser bestehen aus einem kugeligen oder polyedrischen Kopf und einem Schwanz. Sie können sich nicht allein vermehren, sondern benötigen einen Wirt – das Bakterium. Die Bakteriophagen haben ein Enzym, das in ihrer DNA codiert ist. Und mit diesem Enzym können sie die Zellwand der Bakterien zerstören, und dann platzt praktisch das Bakterium. Sie kapern wie Piraten die *Salmonellen* und programmieren sie um, sodass die Bakterienzelle viele Viren produziert und sich schließlich ganz auflöst. Nach dem Schneeballprinzip können sie viele *Salmonellen* befallen. Die Bakteriophagen sind sehr wirtsspezifisch, daher sind sie überall dort zu finden, wo auch das passende Bakterium haust. Der Einsatz gilt als sicher, weil die Bakteriophagen von der Magensäure zerstört werden. Die USA, Kanada, Australien und die Schweiz setzen sie bereits gegen pathogene Keime ein. In Russland sind entsprechende Präparate in Apotheken gar frei verkäuflich. Die Zulassung in Deutschland steht noch aus.

Gute Keime aus der Wasserleitung

Für den Menschen gesunde Bakterien bewohnen das Trinkwasser, die Rohrleitungen und die Wasserhähne und gelangen so ganz natürlich in Ihre Küche. Unser Trinkwasser ist keinesfalls steril, obwohl es zu den am besten kontrollierten Lebensmitteln in Deutschland gehört. Bis zu 125 Liter verbraucht jeder Deutsche täglich. In einem Glas Leitungswasser tummeln sich etwa 10 Millionen unerkannte Bakterien, wie Forscher von der Universität Lund in Schweden entdeckten.[76] Das ist kein Grund, auf Mineralwasser in Flaschen, Kaffee oder Bier umzustellen. Diese Mikroben sind für den Menschen nicht schädlich, sondern sogar sehr nützlich. Aber wie kommen sie ins Wasser?

Das Wasser stammt beispielsweise vom Regen, der in die Erde sickert, oder aus Seen. Aufbereitet gelangt es über ein unterirdisches Rohrleitungssystem direkt bis zu Ihrem Wasserhahn. Die Leitungen und Wasserzähler unterwegs sind ein wunderbares Ökosystem für Bakterien.

Die schwedischen Forscher konnten mithilfe moderner Erbgutuntersuchungen über 80000 Mikroben pro Milliliter Wasser nachweisen. Das war ein sehr überraschendes Ergebnis, weil sich weniger als 10 Prozent der Bakterien überhaupt in Frisch- oder Trinkwasser züchten lassen. Um sie zu identifizieren, müssten sie im Labor langwierig auf Agarplatten oder in Nährlösungen wachsen. Mit der neuen schnellen Methode des Sequenzierens erhielten die Forscher ein komplettes Bild der Mikrobengemeinschaft in den Leitungen.

Die meisten Bakterien schwimmen im Trinkwasser nicht als Einzelorganismen umher. Sie leben in den organischen Ablagerungen in den Rohrleitungen, den Biofilmen. Mikroben bilden liebend gern zu ihrem Vorteil solche »Schleimstädte« – als symbiotische Lebensgemeinschaft aus Bakterien, Pilzen, Algen und Protozoen. Die von Schleim umhüllten Kolonien sind besonders robust und widerstandsfähig gegen widrige Umwelteinflüsse. Die Koloniebewohner nutzen gern bestimmte Stoffwechseleigenschaften untereinander aus. Über 95 Prozent der Bakterien sitzen deshalb als dünne Schicht auf den Oberflächen der Leitungen und Wasserzähler.

Es sind vor allem diese guten Keime, die dabei helfen, das Trinkwasser zu reinigen und gegen Krankheitserreger zu schützen. Nach Schätzungen der Studie leben mehr als 1000 verschiedene Bakterienarten in den Wasserleitungen. Die größte Gruppe bilden die stäbchen- oder eiförmigen *Sphingomonadaceae.* Sie gehören zu den Alphaproteobakterien, kommen frei im Boden oder in Gewässern vor und bauen dort fleißig Schadstoffe ab – zum Beispiel giftige Aromate. Diese Fähigkeit macht diese Bakterien als »Bodensanierer« besonders interessant.

Der Einfluss der Mikroben im Trinkwasser ist wahrscheinlich sogar noch größer als angenommen, ja, es ist vorstellbar, dass ein großer Teil der Reinigung des Trinkwassers erst in den Rohrleitungen stattfindet. Damit kommt den Mikroben eine große und verantwortungsvolle Aufgabe zu.

Die Zusammensetzung der Wohngemeinschaften in den Biofilmen kann ein Anzeiger für die Wasserqualität sein. In Wasserleitungen mit stark eisenhaltigem Wasser wohnen andere angepasste Arten. So können Wissenschaftler zukünftig womöglich über Mikroben auf problematische Wassermängel schließen.

Die Forscher entwickeln schon jetzt Zukunftsvisionen, um die Qualität des Trinkwassers zu steuern, und möchten am liebsten die guten Bakterien in den Leitungen vermehren, um das Wasser noch effektiver zu reinigen. Dazu wissen wir aber noch zu wenig über die Biofilme. Viele Faktoren wirken auf das Wachstumsverhalten von Biofilmen: pH-Wert, Temperatur oder der Chlorgehalt des Wassers. Nicht zuletzt auch das Nahrungsangebot für unsere Mikroben. Auch Oberflächen können ausschlaggebend für eine Besiedelung sein. Zum Beispiel können einige Bakterien sogar aus Gummidichtungen noch Nährstoffe ziehen.

Unser Trinkwasser wird normalerweise nährstoffarm gehalten. Die guten und harmlosen Bakterien sind an diese Bedingungen sehr gut angepasst. Darmbakterien brauchen im Gegensatz dazu einen viel reichhaltiger gedeckten Tisch und gehen deshalb ein. Die Nährstoffknappheit sorgt also dafür, dass Krankheitserreger verschwinden und ein gesundes, sogenanntes stabiles Trinkwasser entsteht. Dieses Erfolgsrezept ist besser als das in den USA verwendete Verfahren, bei dem Wasser durchweg gechlort wird. Ab und zu kommen natürlich auch in Deutschland unerwünschte Keime im Trinkwasser vor. Diese Bakterien sind aber für gesunde Menschen ungefährlich. Prinzipiell bleibt Leitungswasser eine gesunde Alternative zum Mineralwasser. Es ist unschlagbar günstig und umweltschonend obendrein.

Von Kaffee liebenden Bakterien

Darf ich Sie an dieser Stelle zu einer kleinen Kaffeepause einladen? In dieser Hinsicht unterscheiden sich Mikroben und Menschen wenig. Genau wie wir finden einige Bakterien Kaffee außerordentlich lecker. Riechen Sie schon den Duft frisch gemahlener Bohnen? Kaffee ist ein Lebenselixier, zumindest für drei Viertel der menschlichen Bevölkerung des Planeten, die ihn regelmäßig trinken. Er macht wach und leistungsfähig, hat soziale Funktionen und verbindet: Er hat ganze Kulturen entstehen lassen – auch Bakterienkulturen.

Trank die Oma noch ihren bescheidenen Blümchenkaffee, gibt es heute bunte oder goldene Kapseln mit so fantasievollen Namen wie Iced Caramel Macchiato oder Ciocattino. Die verrückte technische Idee des Kaffeemachens per Kapsel eröffnet auch den Bakterien völlig neue Lebensräume. Die Kaffeemaschine ist laut einer Studie einer Forschergruppe der Universität Valencia ein mittlerer Bakterienzoo.[77]

In jeder Küche gibt es dunkle Ecken, in die kein Licht gelangt – der Auffangbehälter von Kaffeemaschinen gehört definitiv dazu. Wo benutzte Kaffeekapseln und das Tropfwasser gesammelt werden, bietet sich eine Heimat für eine beeindruckende Mikrobenvielfalt. Zwischen 35 und 67 verschiedene Klassen von Bakterien leben dort, denen das heiße Wasser der Kaffeebrauprozedur nichts auszumachen scheint. Das fanden die spanischen Forscher bei der ersten Inventur der Mikrobenwohngemeinschaft in Kapselautomaten heraus. Sie untersuchten Maschinen,

die seit mehr als einem Jahr in Privathaushalten, Firmen und Uni-Instituten standen und bis zu zwanzig Mal am Tag benutzt wurden. Die Studie trug den sperrigen Namen: »Das Kaffeemaschinen-Bakteriom: Biodiversität und Kolonialisierung des Kaffeeauffangbehälters«.[78] So wie sich Mikrobiologen gern ausdrücken, klingt das ein wenig wie die Eroberung neuer Kontinente. Und da ist auch etwas dran.

Das Erstaunliche an der üppigen Mikroben-WG bestand für die Forscher darin, dass das im Kaffee enthaltene Koffein normalerweise als ein von Natur aus antibakteriell wirkender Inhaltsstoff gilt. Doch unter Bakterien gibt es auch einige Spezialisten, die diese Wirkung neutralisieren oder einfach aushalten können. Zu den am stärksten vertretenen Gattungen gehören die *Pseudomonaden* und *Enterokokken*.

Es ist nicht verwunderlich, dass wir die in der Umwelt oft vorkommenden und mit einer Geißel schnell beweglichen Stäbchen der *Pseudomonaden* auch hier vorfinden. Schließlich ist *Pseudomonas* so allgegenwärtig, dass es den Spitznamen »Pfützenkeim« trägt. Es überraschte auch nicht, dass das Bakterium in Kaffee anzutreffen war. Es ist seit den 1970er-Jahren dafür bekannt, dass es Koffein abbauen kann – in der Bakterienwelt eine eher exotische Eigenschaft.

Entdeckt wurden die »koffeinsüchtigen« Mikroben, als Forscher nach neuen Wegen suchten, um den Kaffeebohrer-Käfer, einen gefürchteten Kaffeeschädling, einzudämmen. Kaum reiskorngroß, ist er der Schrecken aller Kaffeeproduzenten. Warum er gegen Kaffee immun ist, liegt an seiner Darmflora, zu der auch *Pseudomonaden* gehören. Koffein ist als sekundärer Pflanzenstoff auch ein Abwehrmittel, mit dem sich Pflanzen gegen hungrige Fressfeinde zur Wehr setzen. Doch diese Bakterien können das Koffein als Hauptnahrungsquelle nutzen. Sie produzieren ein bestimmtes Enzym, mit dem sie das Grundgerüst des Koffeins knacken und sich der darin enthaltenen Stoffe wie Kohlenstoff,

Stickstoff, Wasserstoff und Sauerstoff bedienen können, um zu wachsen und zu gedeihen. So mit *Pseudomonaden* ausgerüstet, kann der kleine Bohrkäfer die Kaffeebohne fröhlich als Brutkasten, Behausung und Hochzeitssuite nutzen. Mit dieser Erkenntnis wurde gleichzeitig die Achillesferse des Kaffeebohrers entdeckt – das Darmmikrobiom, das nun zum möglichen Angriffspunkt für seine Bekämpfung wurde.

Aber zurück zur Wohngemeinschaft in der Kaffeemaschine. Natürlich interessierte die Forscher nicht nur die endgültige Zusammensetzung der WG, sondern mindestens ebenso die Frage: Wie haben sich die einzelnen Bewohner überhaupt gefunden? Wer kommt zuerst und sucht sich das größte Zimmer aus, wenn die Wohnung noch leer ist? Wer mag etwas Gesellschaft und zieht erst ein, wenn alles schön wohnlich eingerichtet ist? Auch darauf fanden die Experten Antworten, als sie fabrikneue Kaffeemaschinen zwei Monate lang beobachteten.

Im ersten Monat erobern viele sogenannte Pionierkeime aus der Umwelt das Revier und ziehen ein und aus. Diesen Siedlern ist es eigentlich völlig egal, wo sie leben – in einer Kaffeemaschine oder sonst irgendwo. Sie nutzen die vorgefundene Situation, machen das Beste draus und ziehen dann weiter. Dies wiederum nutzen andere Bakterien, die im zweiten Monat kommen, um zu bleiben. Vom zweiten Monat an unterscheidet sich die Mikroben-WG in der Kaffeemaschine nicht mehr von der in länger benutzten Automaten.

Nun wäre es nicht fair, einzelne Kaffeemaschinen an den Pranger zu stellen. Keine von ihnen ist so schlimm besiedelt wie ein Abwaschschwamm. Bakterien lieben aber das warme, feuchte Milieu sowie dampfende Umgebungen. Damit sind Kaffeemaschinen, ob mit Kapseln oder nach traditioneller Methode arbeitend, ein optimales Ökosystem. Natürlich kommen in dieser Wohngemeinschaft auch mal ein paar Krankheitserreger vor. Für Menschen mit intaktem Immunsystem stellen sie aber keine Gefahr dar.

Wenn Sie also Ihre morgendliche Tasse Kaffee bedenkenlos trinken wollen, sollten Sie die Auffangbehälter für Kaffeesatz oder Tropfwasser einfach täglich ausleeren und mit warmem Seifenwasser reinigen. Dann bleibt Ihnen der gefahrlose Genuss der gerösteten Kaffeebohnen erhalten.

Im Übrigen spielen auch bei der Herstellung von Kaffee Bakterien und Hefen eine wichtige Rolle. Bei der nassen Aufbereitung werden die grob geschälten Bohnen mit Wasser fermentiert. Die Fermentation ist für die Bildung der Aromastoffe notwendig – nur so werden die Geschmackseigenschaften und die Qualität des Kaffees beeinflusst.

Natürliches Aufräumkommando im Bioeimer

Unter der Spüle steht in vielen Haushalten der Biomüll mit Apfel- und Kartoffelschalen, verschimmelter Brotrinde, verkohlten Grillwürstchen, Kaffeefiltern und anderen Essensresten. Alles Dinge, die eigentlich keiner mehr will. Anders sehen das Kleinstlebewesen wie Bakterien und Pilze, die sich darüber besonders freuen und die organischen Substanzen abbauen – ein unverzichtbarer Teil des Stoffkreislaufs. Sie sorgen als »Ordnungspolizei« dafür, dass die frei werdenden Nährstoffe wieder zur Verfügung stehen. Dieses fleißige Aufräumkommando kommt in der Natur überall vor und beseitigt im Wald zuverlässig herabgefallenes Laub, tote Mäuse oder Hundehaufen am Straßenrand. Dasselbe geschieht auch mit den Abfällen in Bioeimern oder später in Kompostierungsanlagen, dort allerdings unter optimierten und kontrollierten Bedingungen, die das Ganze erheblich beschleunigen.

Der Biomüll ist somit eine wahre Fundgrube für den mikrobiologisch interessierten Besucher. Wenn es an warmen Tagen in der Biotonne müffelt und matscht, dann sind die Mikroorganismen so richtig bei der Arbeit. Einige nutzen lieber Sauerstoff – wirken

also aerob –, andere hingegen nicht: Die gären und blubbern vor sich hin und produzieren Kohlendioxid und Methan, zwei energiereiche Gase, die einerseits für den Treibhauseffekt verantwortlich sind, andererseits aber in großen Biogasanlagen aufgefangen und in Strom umgewandelt werden können. Übrig bleibt dann nur noch der sogenannte Gärrest, aus dem nährstoffreicher Kompost für den Garten wird.

Wenn Sie Ihren Biomüll im Haus bebrüten, können Sie live miterleben, wie Leben auf diesem Planeten entsteht. Bakterien können sich unter günstigen Bedingungen – und was wäre günstiger als ein Mülleimer bei Wohntemperatur – alle 20 Minuten teilen. Das ist für die Rechenkünstler unter Ihnen dreimal in der Stunde beziehungsweise 72 Mal am Tag, wobei Sie auch noch logarithmisch denken müssen. Die Mülltrennung, der Deutschen liebstes Kind, verschärft die ganze Situation des inkubierten Biomülls im Haushalt. Heute gibt es diverse bunte Eimerchen für Kompost, Plastik, Papier und Restmüll. Mitunter warten einige vereinsamte Behälter sogar eine Woche auf Leerung. Wenn Sie Ihren Biomüll im Haus länger züchten, verdoppeln sich die

Mengen an Mikroorganismen sogar noch mal – alles verbacken zu einer pampigen Masse. Maden können die Tonne bevölkern, Fruchtfliegen werden angezogen, und bald durchweht die Küche ein besonderer »Hauch von Müllkippe«.

Zu den unangenehmen Gästen in der Biotonne gehört *Aspergillus fumigatus*, ein kleiner Schimmelpilz, der zwar mit seinem Staubwedel mit blau-grünen Sporen wunderschön anzusehen, aber für Menschen ungesund ist. Er wird auch »rauchender Aspergillus« genannt, weil er beim Ablösen seiner Sporen eine regelrechte starke Rauchwolke entwickelt. Schon nach kurzer Zeit finden Pilzsporen in den verrottenden Obst- und Gemüseabfällen einen fruchtbaren Nährboden, keimen aus und durchziehen alles mit unsichtbaren feinen Fäden – den Hyphen. Aus diesem sogenannten Myzel entwickeln sich Schlauch- oder Gießkannenschimmel, die wiederum Sporen bilden können. So entstehen ganze Schimmelpopulationen unter Ihrer Spüle. Wenn Sie den Deckel der Biotonne öffnen, verpuffen die pulverigen Sporen gern puderartig in kleinen Wölkchen. Ein Teppich in der Nähe des Biomülleimers toppt die ganze Sache immens. *Aspergillus* kann für ältere oder immungeschwächte Menschen zum Problem werden. So infizieren sich in Deutschland etwa 5000 Personen jährlich mit dem Pilz.[79] Vor allem Menschen mit Atemwegsbeschwerden sollten deshalb den Biomüll meiden oder – auch wenn es albern aussieht – eine Atemschutzmaske tragen. Gesunde brauchen die Tonne und die unternehmungslustigen Pilzsporen nicht zu fürchten. Jeder inhaliert davon ein Dutzend am Tag. Normalerweise kommt Ihr Immunsystem damit sehr gut zurecht.

Sie sollten Schimmelpilze jedoch nicht unterschätzen! Erinnern Sie sich an den »Fluch des Pharaos«, als der britische Archäologe Howard Carter die unberührte Grabstätte des Tutanchamun öffnete und es danach viele mysteriöse Todesfälle gab? Hinter der Legende steckte ein mikroskopisch kleiner *Aspergillus*, ein spezieller »*flavus*«, dessen Sporen ohne Sauerstoff in der

Grabkammer überdauert hatten. Aufgewirbelt und eingeatmet bei der Graböffnung, war dieser *Aspergillus* durch die heftige allergische Reaktion, die er auslöste, für geschwächte ältere Menschen tödlich. Gesunde merkten davon gar nichts.

Trotzdem motiviert das wahrscheinlich den einen oder anderen unter Ihnen, den Bioeimer öfter zu entleeren und mit dem biologischen Kompostieren inklusive den dabei entstehenden Duftschwaden nicht schon in der Wohnung zu beginnen!

Eine fast geruchlose Alternative sind übrigens Bokashi-Komposteimer aus Japan: die küchenfreundliche Variante eines Komposthaufens. Sie brauchen wenig Platz und stinken nicht. Man benötigt dafür nur einen Eimer mit dicht schließendem Deckel und Zapfhahn sowie Bokashi-Kleie – eine Mischung aus Melasse, Kleie und sogenannten »effektiven Mikroorganismen«. So wird eine Lösung aus Milchsäure, Hefen und Fotosynthesebakterien bezeichnet, die in Lebensmitteln wie Bier, Joghurt und Sauerkraut natürlich vorkommen. Teruo Higa, Professor für Gartenbau an der japanischen Universität Ryukyus, hatte sie 1982 bei seinen Versuchen über Bodenfruchtbarkeit eher zufällig entdeckt. Er experimentierte mit Mikroorganismen und stellte fest, dass Gras an einem Fleck, auf dem die Mikroben nach getaner Arbeit entsorgt wurden, schneller wuchs. Gibt man diese Mikroorganismenmischung zu Essensresten, kommt statt Fäulnis jener Prozess in Gang, der auch Kohl in Sauerkraut verwandelt: Fermentierung. Der Prozess reichert den Biomüll mit Vitaminen, Enzymen und Antioxidantien an und macht ihn länger haltbar. Das Ergebnis stinkt und fault nicht wie normaler Biomüll, sondern riecht leicht säuerlich.

Wer nach drei Wochen zum ersten Mal einen Blick auf den fermentierten Inhalt eines Bokashi-Eimers wirft, kriegt wahrscheinlich einen Schreck – Erde ist das noch längst nicht. Das Ergebnis erinnert an graue Nudeln oder Sauerkraut. Aber das soll so sein. Im nächsten Schritt gräbt man das sauer riechende Gemisch einfach in Erde ein. Eine Truppe winziger »Weltverbesserer« produziert Ihnen hochwertigen Kompost auf kleinstem Raum.

Tipps für die Küche

1. Regelmäßig die Hände waschen, bevor Sie mit Speisen hantieren.
2. Für Fisch und Fleisch immer getrennte Brettchen benutzen, nach der Benutzung mit Spülmittel heiß abwaschen und gut trocknen lassen.
3. Zum Schutz vor Salmonellen alle Speisen mindestens 10 Minuten auf 70 Grad Celsius erhitzen.
4. Spülschwämme regelmäßig einmal in der Woche wechseln. In der Waschmaschine bei mindestens 60, besser 90 Grad mit einem Vollwaschmittel waschen und danach gut trocknen.
5. Geflügel vor dem Zubereiten nicht im Waschbecken abduschen, sonst verteilen sich Durchfallkeime wie *Campylobacter* mit dem Spritzwasser in der Küche.
6. Die Kühlschranktemperatur auf 5 Grad Celsius einstellen.
7. Ungewaschenes Gemüse immer verpackt in den Kühlschrank legen, das Gemüsefach regelmäßig auswischen.
8. Nichts unabgedeckt in den Kühlschrank stellen! Plastikdosen, Schraubgläser oder Folienhüte erschweren Keimen das Wandern.
9. Desinfektionsmittel sind im Kühlschrank unnötig. Regelmäßiges Putzen mit einem Reiniger auf Seifenbasis oder heißem Essigwasser reicht vollkommen aus.
10. Kaffeemaschinen-Auffangbehälter für Kaffeesatz oder Tropfwasser täglich ausleeren und mit warmem Seifenwasser reinigen.
11. Biomüll regelmäßig entsorgen, um Schimmelpilzen vorzubeugen.

3 DAS WOHNZIMMER – VON TEPPICHVÖLKERN UND TV-MIKROBEN

Im Wohnzimmer halten wir uns am häufigsten und am längsten auf. Früher bildete ein wärmender Kamin den Mittelpunkt, um den sich die ganze Familie einträglich versammelte. Seine Stelle nimmt heute oft der Fernseher ein – unser »Lagerfeuer der Neuzeit«.

So ein gemütliches Familienzimmer braucht eine gewisse Ausstattung. Die besteht fast immer aus den gleichen Teilen: Couch, Schrankwand, einem Tisch mit Stühlen. Die Stile sind unterschiedlich, aber die Struktur ist immer nahezu identisch. Die Gründe dafür sind in unserer Geschichte zu suchen. Als das deutsche Wohnzimmer – die »gute Stube« – vor rund 200 Jahren entstand, zeigte der Bürger noch, was er hatte. In den 1920er-Jahren kam zur Unterhaltung noch etwas Musik aus dem Grammofon dazu, welches in den 1930/40er-Jahren vom »Volksempfänger« abgelöst wurde. Passend zu Tütenlampe, Nierentisch und Cocktail-Sesseln zog später in den 1960er-Jahren der Schwarz-Weißfernseher ein. Das wirbelte die funktionale Aufteilung des Raumes völlig durcheinander. Seither ist unser Sofa mit freiem Blick auf den Fernseher ausgerichtet. Die ersten Großereignisse, die die Flimmerkiste aus der großen Welt in die Wohnzimmer übertrug, waren übrigens 1952 die

Krönung von Queen Elisabeth und das »Wunder von Bern«, als Deutschland 1954 Fußball-Weltmeister wurde.

Unser Wohnzimmer ist eine seltsame Schimäre aus privat und öffentlich. Einerseits lümmeln wir hier gern mit der Nickihose und der Wolldecke auf dem Sofa und schauen die Lieblingsserien – am nächsten Tag empfangen wir hier Gäste. Apropos Gäste. Auch wenn Sie es in Ihrem frisch geputzten Wohnzimmer vielleicht gar nicht vermuten – auch hier leben zahlreiche winzige Mitbewohner mit uns Haut an Haut. Auf sie lohnt sich ein genauer Blick.

Wer kuschelt auf dem Sofa mit mir?

Wir schauen gern in die »Röhre«. Die Deutschen sind eine Nation der Fernsehzuschauer, und daran ändert auch der Trend zum Streamen von Serien und Filmen nichts. Der Bundesbürger zwischen 14 und 69 Jahren »glotzt gern TV«, wie Nina Hagen es formulierte – durchschnittlich 221 Minuten. Und dazu sitzt er auf der Couch, dem beliebtesten Möbelstück im ganzen Raum.

Das Sofa begleitet uns schon seit der Antike als gepolsterte Ruhebank (arabisch *suffa*). Mit den kantigen Gestellen der Ägypter haben unsere heutigen Sitzmöbel aber nicht mehr viel gemeinsam. Viel bequemer sind sie geworden dank der Sprungfederung, für die der Wiener Polstermöbelfabrikant Georg Junigl im frühen 19. Jahrhundert ein Patent erhielt. Heute gibt es Polsterecken in allen möglichen U- und L-Formen, auf denen die ganze Familie zusammenrücken kann. So wurde das Familien-Sofa immer mehr zum zentralen Tummelplatz und musste ständig erweitert werden, damit lange Teenagerbeine noch darauf Platz finden.

Ihr Sofa hat ein schweres Leben. Es dient nicht nur zum Sitzen und zu einem Nickerchen. Gelegentlich ist es auch Hüpfburg oder Trampolin und unter Umständen auch als überdimensioniertes

Körbchen bei pelzigen Familienmitgliedern heiß begehrt. Laut einer Umfrage einer britischen Versicherung, »lebt« eine Couch im United Kingdom durchschnittlich acht Jahre. In Deutschland sind es sogar schon 10 Jahre. In dieser Zeit werden Sofas etwa 1163 Mal bekleckert. Kein Wunder – schließlich verbringen wir dort durchschnittlich vier Stunden am Tag. In den meisten Familien wird auf dem Sofa gegessen, gezockt, geliebt und was sonst noch Spaß macht. Eine Couch wird Zeuge von 293 Streits, 1174 Küssen und 1369 Liebkosungen. Sie ist in ihrer Lebenszeit 489 Mal Gästebett, und etwa halb so oft schläft der Partner darauf, wenn er während eines Streits dorthin verbannt wurde – zumindest sagt das die Statistik.

Auf alle Fälle lohnt sich eine Schatzsuche in den Ritzen und zwischen den Kissen. Neben Haarflusen, Kekskrümeln, Kaugummis und zerknüllten Bonbonpapieren können Sie dort angeblich durchschnittlich 207 Euro in acht Jahren finden.

Je nachdem, wie abenteuerlustig sich also das geheime Leben Ihrer Couch gestaltet, werden wir dort auch auf den einen oder anderen Keim treffen oder realistischer: ein paar Tausend. Laut einer gemeinsamen Studie von Unilever und UNICEF wurden auf Sofasitzen und deren Lehnen etwa 19200 Keime pro Quadratzentimeter gefunden.[80] Das sind 12 Mal mehr als auf einem durchschnittlichen Toilettensitz. Das überrascht nicht weiter, wenn das Sofa der Hauptversammlungsplatz für die Familie inklusive Bello und Miez ist.

Wo wir sind, da sind natürlich auch unsere anhänglichen Keime und die unserer Haustiere. Sogar Staubmilben lieben Sofas. Sie ernähren sich von unseren Hautschuppen, die wir in jeder Minute verlieren. Besonders Bakterien siedeln sich gern dort an, wo unsere Haut ihren natürlichen öligen Film hinterlässt – manchmal als dunkle Flecken sichtbar. Sogar Schimmelpilze können in einer Couch überleben, wenn ausreichend Feuchtigkeit vorhanden ist – wie in Regionen mit wärmeren Temperaturen oder feuchtem

Klima. Die hohe Anzahl der Mikroben auf und in Ihrem Sofa muss Sie jedoch nicht erschrecken. Viele Mikroorganismen gehören zu unserer ganz natürlichen Umwelt und verursachen keinen weiteren Schaden.

Ein paar vereinzelte Krankheitserreger wurden auf Sofas aber auch schon nachgewiesen, die in seltenen Fällen bei empfindlichen oder immungeschwächten Menschen zu Problemen führen können, beispielsweise Noro- oder Grippeviren, die dort länger überleben können. Das kommensale Bakterium *Staphylococcus aureus* lümmelt auch gern mal auf einem Sofa herum. Gewöhnlich siedelt es sich auf vielen Oberflächen wie auch Türklinken an. Zudem können sich Lebensmittelkeime wie *Listerien* auf den flauschigen Bezügen lange heimisch einrichten. Ein Infektionsrisiko ist dennoch sehr gering.

Darf Ihr Haustier mit auf die Couch, bringt es höchstwahrscheinlich *Proteobakterien* mit, die über den Staub übertragen werden, den Hunde oft am Fell tragen. Zu dieser Gruppe gehören verschiedene Stämme, von einerseits Keuchhusten verursachenden Exemplaren bis hin zu sehr nützlichen Nachbarn, die für die Stickstofffixierung und damit für alles Leben verantwortlich sind. Und zu guter Letzt dürfen natürlich die Darmbakterien wie *Escherichia coli* nicht fehlen, die besonders scharf auf Chips- und Popkornreste sind, die in die Sofaritzen rieseln. Die meisten *E. coli* sind zwar harmlose Gefährten, aber einige können unangenehme Magenkrämpfe und Durchfall verursachen.

Wir genießen also unseren Fernsehabend gemeinsam mit einer kleinen Menagerie von Mikroben auf dem Sofa.

Nehmen wir nun unser typisches Hygieneverhalten bei Polstermöbeln unter die Lupe. Schließlich verbringen wir darauf den Großteil des Tages. Während wir sehr viel Zeit darauf verwenden, um andere Räume und Gegenstände porentief zu reinigen, fällt die Couch anscheinend immer hinten runter. Dabei sollten wir der Sofalandschaft wirklich mehr Aufmerksamkeit widmen. Da, wo

Krümel hausen, fühlen sich Ameisen, Käfer und Mikroben herzlich zum Festessen eingeladen. Nach einer Umfrage des »Hygiene Council« von 2012 reinigt die Mehrheit der amerikanischen Bevölkerung ihr Sofa gar nicht oder höchstens 1-2 Mal im ersten Jahr nach der Anschaffung. In Europa ist bekannt, dass 14 Prozent der Briten ihre Couch laut Statistik einmal im Jahr säubern.[81]

Wie viel Sofahygiene ist überhaupt nötig, um gesund zu bleiben? Generell sollte jedes Sofa – egal aus welchem Material – regelmäßig abgesaugt werden. So wird der meiste Schmutz und Staub einfach und effektiv entfernt, Brösel und Haare verschwinden aus den Ritzen. Auf der ganz sicheren Seite sind Sie, wenn Sie dazu spezielle schmale Polsterdüsen verwenden, die noch nicht mit so vielen Keimen auf dem verschmutzten Boden in Kontakt gekommen sind wie Bodenstaubsauger. Außerdem ist Natron als ein bekanntes Hausmittel zu empfehlen, um Polstermöbel schonend zu reinigen. Es entfernt nicht nur Flecken, sondern neutralisiert sogar Gerüche und wirkt desinfizierend. Bakterien und Hausstaubmilben können so eine Natronbehandlung überhaupt nicht leiden. Wer das Natron trocken verwenden möchte, muss das Pulver nur über das Sofa streuen, über Nacht einwirken lassen und kann es am nächsten Tag absaugen. Bei einer Nassreinigung sollten Schwamm und heißes Wasser bereitstehen. Auch das Dampfreinigen der Couch ist eine gute Methode ohne zusätzliche chemische Reinigungsmittel. Für die ganz hartnäckigen Fälle bleibt dann immer noch die professionelle Reinigung der Polstermöbel. Aber nicht nur das Sofa sollten Sie im Auge behalten, wenn Sie Keimherde im Wohnzimmer suchen. Weitaus bevölkerter sind Fernsehgeräte und ihre Fernbedienungen.

Grippe beim Zappen – TV liebende Bakterien und Viren

Die größten Keimschleudern im ganzen Wohnzimmer sind unsere Fernseher und die dazugehörigen Fernbedienungen. Millionen von Keimen befinden sich auf der Mattscheibe, die auch noch mit einem besonders großen Artenreichtum an Bakterien und Viren glänzt. Wie kommt es zu einer solchen Keimbelastung? Schuld daran ist sicher kein besonders mikrobenfreundliches TV-Programm, obwohl es schon zahlreiche sehr ansprechende Koch-Shows gibt.

Die vertikalen Glasflächen der TV-Geräte ziehen Staub elektromagnetisch an, werden aber nur selten gereinigt, weil er dort so schlecht zu sehen ist. So haben Bakterien & Co. genügend Zeit, sich dort anzusammeln. Ein guter Teil dürfte einfach mit der Luft dorthin segeln.

Den absoluten Vogel in Sachen Keimbelastung schießt aber die Fernbedienung ab, liebevoll auch »Zepter der Macht« über das allabendliche Fernsehprogramm genannt. Sie gehört zu den beim Putzen am häufigsten übersehenen Alltagsgegenständen, mit denen wir alle täglich Kontakt haben. Wir berühren die Fernbedienung ständig – beim Knabbern auf der Couch oder beim Zappen von Kanal zu Kanal. Unaufhaltsam zirkelt sie ihre Runden zwischen den Familienmitgliedern. So können sich Bakterien und Viren ideal auf den Tasten festkrallen, in die Ritzen klettern und von einer Person zur nächsten wandern. »Allerdings sind Fernbedienungen bei Ihnen zu Hause meist nur mit Ihren familiären Keimen belastet«, beruhigt der Hygieneexperte Markus Egert, Professor für Mikrobiologie an der Hochschule Furtwangen. In Hotels und anderen öffentlichen Einrichtungen sei die Ansteckungsgefahr viel größer.[82]

Trotzdem kann ein einziger Knopfdruck auf eine Taste schon eine Erkältung übertragen.

Laut einer Studie der University of Virginia wurden insgesamt 50 Prozent der Fernbedienungen positiv auf Rhinoviren getestet.[83] Diese Viren sind hauptverantwortlich für Schnupfen und grippale Infekte. Aktive Rhinoviren können auf der Fernbedienung mindestens 24 Stunden bis zu einigen Tagen überleben. Manche Keime überleben sogar bis zu einigen Monaten – dank heimeliger Verstecke zwischen den Gummiknöpfen. Falls Sie auch noch gern fettige Chips oder Erdnüsse zum Film knabbern, werden Ihnen die Bakterien besonders dankbar sein. Der Ölfilm bietet einen schönen Keimschutz auf der Fernbedienung, welche überdies besonders selten gereinigt wird.

Daher sind für Fernbedienungen auch einige Hygieneregeln sinnvoll: Ein wöchentliches Abreiben mit einem Brillenputztuch mit Alkohol kann nicht schaden – auch noch häufiger, wenn ein Familienmitglied krank ist. Wenn Sie auf Reisen sind, sollten Sie sogar noch größere Vorsicht walten lassen. Fernbedienungen in Hotels gelten laut einer amerikanischen Studie als schmutziger als die durchschnittliche Toilette.[84] Oft können an der Fernbedienung *E. coli*-Keime von Gästen sitzen, die es nach dem Toilettengang mit dem Händewaschen nicht so ernst nehmen. Für eine pragmatische Lösung können Sie die Fernbedienung einfach in eine Plastiktüte stecken.

Über kurz oder lang werden Fernbedienungen in unseren Wohnzimmern ausgedient haben. Eines Tages werden wir vielleicht mithilfe unserer Gehirnwellen zwischen den Kanälen wechseln – das wäre natürlich viel hygienischer. Per Sprachsteuerung funktioniert das heute schon. Und findigen Köpfen fällt bestimmt noch mehr Innovatives dazu ein.

Lassen wir den Blick weiter im Wohnzimmer umherschweifen. Unsere Teppiche bieten ebenfalls schöne Ökosysteme für allerlei winzige Mitbewohner.

Hilfe, der Teppich lebt!

Gemütlichkeit wird im Wohnzimmer großgeschrieben. Darum legen wir uns schon seit grauen Vorzeiten Teppiche unter die Füße. Sie sind schön weich, pflegeleicht und sparen dazu noch Heizkosten. Im Mittelalter bedeckte noch Binsenstroh den Boden – als ökologischer Wegwerfteppich. Gewebte Teppiche gibt es indes schon seit Jahrtausenden. Ursprünglich von Nomaden angefertigt, sollten sie wahrscheinlich deren Zelte gegen die Kälte dämmen und auch schmücken. Das machte sie später zu hochgeschätzten »Orient-Souvenirs« der Kreuzritter für Europa. Der älteste bekannte Knüpfteppich mit wunderschönen Tiermotiven ist übrigens über 2000 Jahre alt und wurde 1949 als Beigabe im Grab eines Skythen-Fürsten im Pazyryk-Tal im südsibirischen Altaigebirge entdeckt. Er ist außergewöhnlich gut erhalten, weil er wie ein Eiswürfel dauergefroren war.

Obwohl die Teppiche in unseren Häusern bei Weitem nicht so alt sind, sehen sie manchmal schon so aus. Zurückzuführen ist dies auf ihre positive Eigenschaft, den Hausstaub aufzunehmen. Knapp 20 Kilo nehmen Teppiche auf – natürlich abhängig von der Region, in der Sie leben. Die Innenluft in unseren Heimen enthält mehr als zweimal so viel Staub wie die Außenluft. Je nach Umgebung kommen auch noch Pollen von Bäumen und

Blütenpflanzen zum Leiden der Allergiker dazu. Unser Teppich ist also schmutziger, als wir annehmen!

In und auf Flokatis & Co. findet sich allerhand Leben. Schalten wir also den Zoom an, und tauchen wir ein in den Mikrokosmos zwischen den Teppichfasern. Haben Sie jemals Terry Pratchetts Roman *Die Teppichvölker* gelesen? Dann können Sie sich wahrscheinlich gut vorstellen, wie es in dieser Welt aus Fusseln, Staubflusen und riesigen wogenden Haarwäldern aussieht, in der ganze Völkerstämme kraxelnder und sich gegenseitig bekriegender Winzlinge unterwegs sind. Sie bauen Kolonien auf und ernähren sich von heruntergefallenen Kekskrümeln, Zuckerkristallen und vielem mehr – immer in Angst vor dem »Großen Scheuerer«, dem Staubsauger, der regelmäßig alles verwüstet. Soweit die fantasievolle Geschichte. Jedenfalls werden Sie nach der Lektüre dieses Buches Ihren Teppich mit ganz anderen Augen sehen.

Denn auch in Wirklichkeit ziehen Teppiche die unterschiedlichsten Bewohner an, je nachdem, aus welchen Materialien sie bestehen – künstlichen Plastikfasern oder geknüpfter Wolle. Mit seiner fusseligen Oberfläche ist der Teppich ein perfekter Nährboden für Insekten und Keime aller Art, fast wie ein Tierpelz. Kleine Nektar liebende Teppichkäfer, die in ihrem kurzen Leben von Blüte zu Blüte fliegen, legen ihre Larven bevorzugt in Häusern ab. Der gefräßige Nachwuchs mag Keratin besonders gern. Das sind die natürlichen Faserproteine, wie sie in Haaren, Nägeln, Hautschuppen und Federn vorkommen. Mit speziellen Enzymen können die Larven die Wolle zu Zucker aufbrechen und sich den Teppich so in ein schmackhaftes »Riesenbonbon« umwandeln.

Zwischen den Teppichfasern begegnen wir auch einer anderen sonst unsichtbaren Armee von kleinen Helfern – den Hausstaubmilben. Wir alle verlieren bis zu zehn Gramm Haut pro Woche. Diese tote Haut ist das Grundnahrungsmittel für die winzigen Spinnentiere. Ohne ihre Hilfe würden wir von toter

Haut überschwemmt werden. Die kleinsten Milben sind nur etwa 0,1 Millimeter groß – kleiner als der Punkt am Ende dieses Satzes. Trotzdem wirken sie im Vergleich zu mikrometerkleinen Bakterien wie riesige Monster mit Kiefern voller unheimlicher Zangen, Pinzetten und Scheren, mit denen sie die Nahrung zerkleinern. Einige Arten besitzen sogar mehr Werkzeuge als manche Schweizer Messer. Milben und ihre Kotkügelchen sind der Hauptgrund für Asthma und andere allergische Symptome. Wissenschaftler nehmen an, dass Tausende von Staubmilben in einer Unze (= 28,34 Gramm) Teppichstaub leben können. Auch Fliegen und Flöhe mögen natürlich Teppiche – aber ich will mich hier auf die mikroskopisch kleinen Einzeller im Teppichuniversum beschränken. Denn davon gibt es allerhand!

Teppiche sind ideale Bakterien-Nährböden, sagt auch der Mikrobiologe Philip Tierno in seinem Buch *The Secret Life of Germs: Observations and Lessons from a Microbe Hunter*.[85] Ein durchschnittlicher Teppich enthält 200000 Bakterien per Quadrat Inch (= 2,54 cm^2) – ein richtiger Bakterien-Spielplatz also. Damit sind Teppiche vergleichsweise 400 Mal schmutziger als ein Toilettensitz.

Ganz tief unten in den Teppichfasern können harmlose wie auch einige für uns schädliche Bakterien, Schimmelpilze und Viren wunderbar überleben. Wir selbst und unsere Haustiere tragen viele Keime unter den Füßen mit in die Wohnung. Neben harmlosen Mikroorganismen in unserer Teppich-Umwelt können wir unter ihnen manchmal auch wenige krankheitserregende Bakterien finden, wie den Erkältungskeim *Haemophilus influenza*, den Darmkeim *Escherichia coli* bis zu *Clostridium tetanii* oder *Neisseria meningitis*. Diese Bakterien können im schlechtesten Fall ernsthafte Krankheiten bei immungeschwächten Menschen auslösen – von Bronchitis über Durchfall bis zu Tetanus und Meningitis, einer Hirnhautentzündung.

Oft sind die Keime sehr widerstandsfähig und können lange außerhalb des Körpers leben, wie *Mycobacterius tuberculosis*, das

Monate auf trockenen Oberflächen übersteht. In Speicheltröpfchen eingehüllt, bleibt der Erreger nach 19 Tagen auf dem Teppich noch infektiös. Jedes Mal, wenn wir über den Teppich laufen oder mit Kindern dort herumtollen, reißen wir auch Bakterien ab oder bringen sie näher an die Oberfläche.

Feuchte Teppiche sind besonders einladend für bestimmte Bakterienarten auf Wohnungssuche. *Campylobacter*, ein Bakterium, welches uns schon in der Küche von Geflügelfleisch bekannt ist, kann besonders in den Wintermonaten auf Teppichen gut überleben und bei empfindlichen Menschen Bauchkrämpfe und Diarrhö verursachen. Auch *Noroviren*, die Erreger der Magen-Darm-Grippe, die keiner wirklich mag, können in ungereinigten Bodenbelägen Wochen und Monate überdauern. Sie kommen in der Luft vor und werden immer wieder eingeatmet, wenn Menschen über den Teppich gehen und Staub aufwirbeln.

Sogar Überlebenskünstler wie einige Schimmelpilze schlagen bei günstiger Gelegenheit ihr Domizil in »Teppichhausen« auf. Sie nutzen die faserige Oberfläche des Teppichs, um anzulanden. Riecht Ihr Teppich etwas nach Mehltau, dann ist die Chance hoch, dass Sie Pilzbesuch haben. Der Hausschimmel gehört zu diesen ungebetenen Gästen – auch Schwarzschimmel *Stachybotrytis chartarum* genannt. Er kann etwas unangenehm werden, da er spezielle Pilzstoffe, sogenannte »Mykotoxine«, bildet, die Dermatitis oder Schleimhautirritationen hervorrufen.

Wo Dreck ist, sind natürlich auch immer Bakterien. Aber wie groß ist eine Ansteckungsgefahr über den Teppich nun wirklich? 99,9 Prozent der winzigen Mitbewohner um uns herum sind harmlos – dessen sollten Sie sich immer bewusst sein. Solche Keime stecken im Staub, in Krümeln und Schuhabdrücken in unserer Wohnung. Eine so penible Sauberkeit, dass Ihre Familie vom Boden essen könnte, ist auch in unserem Wohnzimmer nicht nötig. Wenn Sie Ihren Teppich regelmäßig pflegen, haben Schimmel und Bakterien gar keine wirkliche Chance. Pilzsporen lieben das feuchte Klima ohne zu viel Luftbewegung – bei regelmäßiger Pflege fühlen sie sich im Teppichboden gar nicht wohl. Eine Infektionsgefahr über Teppichkeime ist daher sehr gering. Ein antibakterielles Schutzmittel gegen Bakterien und Pilze braucht der normale Teppich nicht – anders als vielleicht in Krankenhäusern oder Arztpraxen.

Könnten wir auf den Teppichboden heruntergefallenes Essen noch unbedenklich verspeisen? Ein bekannter Mythos ist die in den USA sehr prominente »Fünf-Sekunden-Regel«. Sie besagt, dass Lebensmittel noch gegessen werden können, wenn sie nicht länger als fünf Sekunden auf dem Fußboden gelegen haben. Aber machen wir uns nichts vor: Bakterien haben keine Armbanduhren. Sie zählen auch nicht erst bis fünf, bevor sie auf unser Essen springen. Und einige unangenehme Vertreter wie *Salmonellen* oder *Campylobacter* können im Teppich bis zu vier Wochen überleben und dank der mikrobiellen Adhäsion – wie das Anheften der Keime wissenschaftlich heißt – auf Lebensmittel übertragen werden. Das Essen wird bereits beim ersten Kontakt mit den Keimen besiedelt. Dann kann es bei empfindlichen Menschen Bauchschmerzen verursachen. Wissenschaftliche Untersuchungen von Miranda und Schaffner aus dem Jahr 2016 haben gezeigt, dass Lebensmittel mehr Keime aufweisen, wenn sie auch länger Kontakt mit dem Boden hatten.[86] Stark wasserhaltige Lebensmittel wie Wassermelonen sammeln schon nach weniger als einer Sekunde eine Vielzahl von Keimen auf. Auch die Art des Bodenbelags spielt dabei eine wichtige Rolle. So ist die Keimübertragung von glatten Oberflächen wie Fliesen oder Parkett viel besser als bei einem rauen Teppich. Das heißt im Umkehrschluss: Bei einem trockenen Kartoffelchip auf einem Teppich besteht sehr wenig Infektionsgefahr. Entscheidend ist auf alle Fälle die Sauberkeit des Bodens. Danach gilt es von Fall zu Fall mit gesundem Menschenverstand abzuwägen. Fällt eine Möhre auf den Fußboden, die Ihr kleines Kind noch roh essen soll, ist ein Abwaschen natürlich sinnvoll.

Damit sind wir schon bei einem wichtigen Thema: Wie sauber muss ein Teppich sein? Dafür gibt es eine segensreiche Erfindung seit Beginn des 20. Jahrhunderts: den Staubsauger. Mittlerweile wird er auch nicht mehr als teures Partyvergnügen gut betuchter Gentlemen bei einer warmen Tasse Earl Grey und Zigarren präsentiert. Heute darf er – geschlechterübergreifend verwendet – in jeder Wohnung und über jeden Teppich brummen!

Bakterienkarussell im Staubsauger

Jeder Mensch hat seine persönliche »Drecktoleranz«, und die entscheidet darüber, wie oft im Wohnbereich gesaugt oder gewischt werden muss. Interessanterweise stammt der Großteil des Schmutzes, der im Staubsaugerbeutel landet, von uns Menschen selbst: 75 bis 80 Prozent sind abgestorbene menschliche Hautzellen, Haare und Schuppen, die wir jeden Tag in der Wohnung verteilen. Der berüchtigte Staub, Milben, Pollen und Dreck, den wir mit den Schuhen in die Wohnung schleppen, machen nur einen geringen Anteil im Schmutzfach des Staubsaugers aus. Im Singlehaushalt sammeln sich damit nicht so schnell Staub, Flusen und Schmutzspuren an wie in einem Familienhaus mit vielen Kindern. Auch Hunde- oder Katzenbesitzer müssen öfter die Spuren ihrer Lieblinge beseitigen. Wer unter einer Milbenallergie leidet, muss sowieso öfter staubsaugen und wischen als Nichtallergiker.

Wenn Sie staubsaugen, sollten Sie dazu auch nicht das älteste Modell verwenden, welches Sie vielleicht schon zur Hochzeit bekommen haben – auch wenn Ihr Herz und schöne Erinnerungen daran hängen. Die Saugkraft älterer Geräte reicht kaum aus, um Staub und Keime überhaupt aus dem Teppich zu bekommen. Wer schon einmal einen Flokati gesaugt hat, der weiß auch, wie gern sich dort größere Fusseln festsetzen. Ähnlich verhält es sich mit Keimen. Sie klammern sich an den Teppichfasern fest und lassen sich nur schwer entfernen. Selbst wenn sie eingesaugt werden, können sie sich am Saugaufsatz festsetzen und werden dann wieder mit dem Luftstrom in der Wohnung verteilt. Wirksamer ist da eher eine Dampfreinigung mit heißen Temperaturen, bei der die Bakterien absterben.

Glauben Sie nun aber bitte nicht, dass das Leben von Bakterien im Staubsaugerbeutel endet. Kaum sind sie durch die Düse gerast, breitet sich vor der mikrobischen Reisegruppe wieder ein neues, wenn auch etwas »staubflusiges« Ökosystem aus, welches es zu erobern gilt. In einer Studie haben englische Wissenschaftler der University of Bath herausgefunden, dass sich im Auffangbeutel Millionen von *Salmonellen* und Darmbakterien (*Enterobakterien*) sehr wohlfühlen und dort gut versorgt bis zu zwei Monaten überleben können.[87] Nährstoffe sind schließlich ausreichend vorhanden, denn Milben und ihr Kot reisen auch gern mit – ein ganzes Büfett kulinarischer Genüsse im Staubsaugerbeutel.

Etwas überraschend ist wahrscheinlich die Erkenntnis für Sie, dass einige Staubsauger einen Großteil der Keime samt Allergie auslösendem Milbenkot und Tierhaaren wieder in die Wohnungsluft zurückpusten. Ein nettes Karussell für Bakterien! Das passiert vor allem dann, wenn die Filterung des Staubsaugers ungenügend ist. Hat er aber einen sogenannten HEPA-Filter, dann kann er keine Mikroben oder Milben mehr herumwirbeln. Gerade für Allergiker ist ein solches Gerät eine Erleichterung. Eingebaute Aktivkohlefilter können zudem üble Gerüche in der abgegebenen warmen Luft neutralisieren. Damit haben Sie auch keine Ausrede mehr, nicht staubzusaugen! In Abständen empfiehlt sich auch eine professionelle Reinigung des Teppichs, die es auch als milde Dampfreinigung ohne chemische Zusatzstoffe gibt. Experten empfehlen dies alle 12 bis 16 Monate, abhängig von der Nutzung.

Sie können Ihren Teppich natürlich auch selbst waschen, wenn Sie ihn wieder allein aus der Wanne kriegen – vollgesogen mit Wasser. In Finnland ist diese Art der Teppichwäsche übrigens immer noch eine alte Tradition. Sie sollte idealerweise vor Mittsommer erfolgen, weil sich zu dieser Zeit noch kein Tau auf den Wiesen bildet. Aber natürlich ist auch die Ferienzeit im Juli oder August passend.

Wenn Sie Ratgeber durchstöbern, finden Sie zahlreiche Tipps, Teppiche porentief zu reinigen – von Backpulver über Zitronensaft oder gar Rasierschaum gegen Flecken. Überrascht hat mich jedoch der Tipp, den Teppich mit rohem Sauerkraut zu behandeln. Nach dem Saugen, so wird empfohlen, sollten Sie ordentlich rohes Sauerkraut auf der Teppichfläche verteilen und es gut einmassieren. Die Reste werden später abgesaugt. Das Ergebnis sei ausgezeichnet, und auch die Farben würden wieder strahlend frisch. Falls Sie das ausprobieren wollen, sollten Sie dabei auf alle Fälle gut lüften…

Grüne Zimmerpflanzen – prima Klima mit guten Mikroben

Haben Sie Pflanzen in Ihrem Wohnzimmer? Nicht? Nun gut, nicht jeder hat einen grünen Daumen und genügend Zeit, um einen ganzen Dschungel zu pflegen. Aber Sie sollten Ihr Verhältnis zu Topfpflanzen wirklich gründlich überdenken. Die grünen Gesellen sind nämlich nicht nur dekorative Farbtupfer zwischen den Möbeln, befeuchten die Luft und streicheln dazu unsere Seele. Wissen Sie aber, dass sie auch für ein gesünderes Klima in unseren Innenräumen sorgen und uns dazu einen ganzen Schwung guter Mikroben mitliefern?

In den modernen Industrienationen verbringen wir 90 Prozent unserer Zeit in Gebäuden – über 20 Stunden pro Tag. Dabei atmen wir im Lauf unseres Lebens rund 600 Tonnen Luft ein – in den eigenen vier Wänden oder im Büro. Und diese Luft in geschlossenen Räumen ist meist wesentlich schlechter als im Freien – selbst an stark befahrenen Straßen. Das liegt vor allem an der vielfachen Belastung durch Staub, Zigarettenrauch, Schimmel und Bakterien. Einige moderne Bau- und Werkstoffe wie Kleber, Farben, Lacke oder Isoliermittel setzen überdies verschiedene ungesunde Chemikalien frei.

Nützliche Helfer gegen diese dicke Luft liefert uns die Natur – als biologische Giftmüllabfuhr. Zum Glück haben manche Pflanzen nämlich die Eigenschaft, die Raumluft sehr gründlich von einigen Schadstoffen zu befreien und dazu noch den Staub mit ihren Blättern einzufangen. Forscher der NASA haben schon in den 1990er-Jahren festgestellt, dass bestimmte Grünpflanzen belastete Luft reinigen und so von Schadstoffen wie Trichlorethylen in Lacken, Klebstoffen oder dem krebserregenden Lösungsmittel Benzol in Zigarettenrauch und Farben befreien können. Eine ganze Liste von grünen Luftreinigern wurde bereits 1989 veröffentlicht, mit denen sich die Luftqualität verbessern lässt. Allerdings dürfen Sie die Filterwirkung auch nicht überschätzen. Für einen wirklich messbaren reinigenden Effekt brauchen Sie zu Hause wahrscheinlich einen Regenwald oder mindestens einen Frankfurter Palmengarten.

Einen überraschenden gesunden Effekt von Zimmerpflanzen entdeckten findige Forscher aus Graz. Dr. Alexander Mahnert, Prof. Gabriele Berg vom Institut für Umweltbiologie der Technischen Universität Graz und Prof. Christine Moissl-Eichinger von der MedUni Graz konnten erstmals nachweisen, dass Pflanzen in der Lage sind, das Mikrobiom eines Raumes – das »Raumbiom« – zu beeinflussen.

Wie passiert das? Genau wie Menschen oder Tiere sind auch Pflanzen keine Einzelgeschöpfe. Sie leben eng vergesellschaftet mit unzähligen Heerscharen von Mikroben, die sich an ihre Wurzeln klammern, es sich auf den Blättern gemütlich machen oder durch deren Spaltöffnungen in die Phyllosphäre vordringen. Der unterirdische Teil der Pflanze ist recht gut erforscht – die Blattoberflächen dagegen sind für die Forscher bisher noch weitestgehend »Terra incognita«. »Gerade die Blätter sind die wirklichen Biodiversitäts-Hotspots«, erzählt mir die Biologin Gabriele Berg im Interview. »In dieser ökologischen Nische können sich vielfältige Mikrobengemeinschaften ungestört entwickeln.«

Glücklicherweise haben grüne Pflanzen vor allem allerlei nützliche Mikroorganismen im Gepäck und können damit die Mikroben-WG unserer Räume – das »Raummikrobiom« – positiv beeinflussen. So experimentierten die Grazer Forscher mit einer sehr anspruchslosen Zimmerpflanze, der Grünlilie. Sie wird wissenschaftlich *Chlorophytum comosum* oder auch ganz profan »Beamtengras« genannt, weil sie in vielen Büroraumen zu finden ist. Mit ihren grün-weiß gestreiften Blättern bildet die »Spiderplant« auf langen Trieben kleine »Kindel«, die Sie einfach abnehmen und eintopfen können. Die Pflanze ist ein wahrer Überlebenskünstler in fast allen Situationen, ob heller oder dunkler, ob feuchter oder trockener Standort. Sie übersteht sogar die harten Bedingungen in studentischen WGs.

Um die Zusammensetzung der Mikroorganismen (Bakterien, Archaeen und Pilze) auf den Pflanzenblättern, in der Luft und auf den Oberflächen im Raum nach sechs Monaten überprüfen zu können, wurden die Grünlilien in einer abgeschlossenen Kammer isoliert.

Das interessante Fazit der Forscher: Nur auf den Raumoberflächen gab es nach dieser Zeit einen signifikanten Anstieg der Anzahl der Mikroorganismen, während deren Anzahl in der Luft und auf den Pflanzenblättern unverändert blieb. Auch die Artenvielfalt auf den Raumoberflächen veränderte sich sehr stark. Am Ende des Experiments waren die mikrobiellen Gemeinschaften auf den Oberflächen des Raums und auf den Pflanzenblättern sehr ähnlich zusammengesetzt: Die Oberflächen im Raum wurden sozusagen immer mehr »blattähnlich«. Durch statistische Methoden konnte das Forscherteam sogar nachweisen, dass die Mikroorganismen von den Pflanzenblättern wirklich für die Veränderung des Raumbioms verantwortlich waren. Es gab sogar eine Abnahme von Krankheitserregern, weil sie durch eine wachsende Anzahl nützlicher Bakterien verdrängt wurden.[88]

Natürlich wollten die Wissenschaftler nun wissen, welche Mikroben hinter diesen positiven Effekten steckten. Dazu führten sie eine »Völkerzählung« mittels modernster Sequenziertechnik durch. Damit lassen sich die Arten oder Stämme nur über ihr Erbgut aufspüren und identifizieren. In der blättrigen Wohngemeinschaft treffen wir auf alte Bekannte wie *Bacillus cereus* und einige Arten dieser Gattung. Sie haben die Fähigkeit, leicht flüchtige organische Substanzen freizusetzen, die wohl für andere Mikroben ziemlich unerträglich sind, zumindest können die Bakterien damit erfolgreich das Wachstum benachbarter Mikroben unterdrücken. Diesen Effekt konnten die Forscher beim Schimmelpilz *Botrytis cinerea* nachweisen, der bei Anwesenheit der Bazillen sein netzartiges Myzel nicht mehr richtig ausbilden kann. Außerdem wurden seine Überdauerungsformen, die Sporen, am Auskeimen gehindert.

Im Falle der Zimmerpflanzen entfaltet sich die Wirkung der hochmobilen organischen Stoffe wahrscheinlich sogar im ganzen Raum, meint Gabriele Berg.

Diese besonderen »Mikrobendüfte« sind auch an sich nicht ungewöhnlich. Mikroorganismen geben solche Duftstoffe bei ihren Stoffwechselvorgängen an die Umgebung ab. Das ist Teil einer ganz natürlichen Pflanzen-Mikroben-Interaktion, die beispielsweise das Pflanzenwachstum fördert oder eben auch Krankheitserreger hemmt. Auch unter gesundheitspolitischen Aspekten können diese neuen Erkenntnisse sehr nützlich sein – als Lösung für das sogenannte »Sick Building Syndrom«.

In den USA wurde es seit den 1970er-Jahren zum geflügelten Wort und rückte immer mehr in den Fokus von Medizin und Vorsorge. Der Hintergrund: Manche Gebäude machen richtig krank. Menschen reagieren unterschiedlich empfindlich auf Umweltgifte und Stoffe, die Allergien auslösen können. Manche werden sehr müde, antriebslos oder unkonzentriert. Andere leiden unter chronischen Reizungen von Augen und Atemwegen oder neurologischen Störungen. Bisher gelten Schimmelpilze wie der Hausschimmel *Stachybotrytis chartarum* als Hauptschuldige. »Das Syndrom tritt vor allem in modernen Bauten auf, wie in Energiesparhäusern«, berichtet Gabriele Berg. »Eine Innenraumbelüftung oder Klimatisierung kann die Situation sogar noch verschärfen – wenn sich in den Gebäuden gar kein Fenster mehr öffnen lässt.«

Möglicherweise könnten die Grünlilien und ihre grünen Kollegen hier Abhilfe schaffen, da sie mit ihren blattbewohnenden »Mikrobenmenagerien« das Potenzial zur Schimmelbekämpfung haben. Insgesamt 14 verschiedene Pflanzenarten wurden untersucht, die alle im Botanischen Garten in Graz wachsen. Gabriele Berg und ihr Team fanden in der ganzen mikrobiellen Artenvielfalt bis zu elf verschiedene Bakterienstämme pro untersuchtem Zimmergewächs, die alle leicht flüchtige Stoffe abgeben können.

Das gelb pigmentierte Bakterium *Pantoea vagans,* ein unbedenklicher Symbiont, der wie 99,9 Prozent aller Mikroorganismen ja eher nützlich für uns und unsere Umwelt ist, liebt die Grünlilie ganz besonders. Es gehört zur Familie der Enterobakterien. Auf der Grünlilie siedelt es sehr gern zusammen mit *Stenotrophomonas*-Bakterien und dem Sporenbildner *Bacillus cereus,* die in diesem Umfeld auch ganz harmlos sind. Bieten Sie dem letztgenannten dazu noch einen Duftenden Drachenbaum im Wohnzimmer an, dann zieht auch noch der scheue *Bacillus licheniformis* dazu ein. Aus ersten Ergebnissen leiten die Forscherinnen Berg und Moissl-Eichinger einstimmig ab: »Je mehr Artenvielfalt es im Zimmergrün gibt, desto höher ist auch die Biodiversität unter den

Produzenten der Mikrobengase – zum mutmaßlichen Nachteil einiger Schimmmelpilze.«

Aber nicht nur als »dufte Ghost-Busters« gegen Schimmelpilze lassen sich die nützlichen Pflanzenbesiedler ins Feld führen. Die Grazer Forscherinnen könnten damit in Zukunft sogar gegen antibiotikaresistente Keime in Krankenhäusern vorgehen. Nach dem Prinzip »Konkurrenz belebt das Geschäft« hoffen sie darauf, den resistenten Krankheitserregern das Leben zu erschweren, indem die mikrobielle Vielfalt über Zimmerpflanzen und deren Mikrobiome erhöht wird.[89]

»Auch wenn es sich bei dem Experiment um eine Pilotstudie handelt, wird eines schon sehr deutlich: Pflanzen haben nicht nur ästhetische Bedeutung in unseren Wohnungen, sondern stellen auch eine sehr effiziente Möglichkeit dar, um uns mit nützlichen Mikroben zu versorgen«, fasst Studienleiterin Gabriele Berg zusammen. Und Christine Moissl-Eichinger ist überzeugt: »Ein gesunder Körper beherbergt eine immense Vielfalt von Mikroorganismen. Die meisten Krankheiten, die mit einer Veränderung des Mikrobioms einhergehen, manifestieren sich in einer Abnahme der Anzahl der verschiedenen Mikroorganismen.« Es sei daher enorm wichtig, dem menschlichen Mikrobiom einen regen Austausch mit Mikroben aus der Umwelt zu ermöglichen.

Wie können wir uns diesen Austausch vorstellen? Aus Sicht der Mikroorganismen gleicht ein mit allerlei verschiedenen Pflanzenarten begrüntes Wohnzimmer einem gemütlichen Kaffeehaus. Mikroben aus der Luft, von den Wänden und Böden, Mikroorganismen der Zimmerpflanzen, der Substrate in den Töpfen und natürlich der Mikrobenzoo der menschlichen Mitbewohner treffen sich hier zum gemütlichen Plausch und können sich fröhlich austauschen, neue positive Gemeinschaften knüpfen und alte Bekanntschaften pflegen. So scheinen die kleinen Völker auf unseren Zimmerpflanzen mehr auf unser Mikrobiom einzuwirken, als wir je vermutet haben, und können sogar unsere Gesundheit nachhaltig beeinflussen.

Die Grazer Forscherinnen haben für die Zukunft noch viel »höhere Ziele«: Sie wollen nicht nur Wohnzimmer, sondern ganze Raumschiffe begrünen. Raumstationen sind komplett von der Außenwelt abgeschnitten. Pflanzen wie die Grünlilie mit ihren mikrobiellen Touristen könnten deshalb mit ins All reisen, in den Raumkapseln effektiv für gute Mikroben sorgen und die Astronauten bei guter Gesundheit halten.

Tipps fürs Wohnzimmer

1. Sofas regelmäßig mit speziellen Polsterdüsen absaugen. Dampfreinigung tötet Keime ohne chemische Zusätze. Hartnäckige Fälle professionell reinigen lassen.
2. Fernbedienungen wöchentlich mit einem Brillenputztuch mit Alkohol reinigen und den Fernsehbildschirm regelmäßig entstauben
3. Auf Wohnzimmerteppichen keine Straßenschuhe tragen.
4. Teppiche regelmäßig mit einem Staubsauger mit HEPA-Filter saugen oder milde Dampfreinigung alle 12-16 Monate.
5. Zimmerpflanzen bringen gute Mikroben ins Wohnzimmer und erhöhen die mikrobielle Artenvielfalt. Grünlilie z.B. wirkt gegen Schimmelpilze.
6. Pflanzenerde kann bei falscher Pflanzenpflege auch Schimmelpilze fördern. Daher in kritischen Umgebungen besser Pflanzsubstrat verwenden.

4 DAS HOMEOFFICE – FLEISSIGE MIKROGESELLEN AUF COMPUTER UND HANDY

Auf der Suche nach den Königreichen der Bazillen in unserer Wohnung dürfen wir unser Arbeitszimmer oder auch die Computerecke im Wohnzimmer nicht außer Acht lassen. Egal, wo sich diese »Spielecke für die Erwachsenen« befindet, bieten Schreibtische eine ganz besonders einladende Umgebung für »mikrobische Bürokollegen«. Den üblichen Computer-Arbeitsplatz bewohnen immerhin 400 Mal mehr Bakterien als einen durchschnittlichen Toilettensitz – nur um Ihnen eine hygienische Einordnung zu geben. Dies zeigte eine Studie des amerikanischen »Germ-Gurus« Prof. Charles Gerba von der University of Arizona.[90] Weil er mit seinem Team schon fast jeden Gegenstand auf seine mikrobiellen Mitbewohner untersucht hat, wird er auch gern scherzhaft »Dr. Germ« (deutsch »Dr. Keim«) genannt. Für seine Vergleiche nutzt er gern plakativ die Keimbelastung eines durchschnittlichen Toilettensitzes, der mit 50 Bakterien pro Quadratzentimeter doch überraschend sauber ist. Schreibtische werden tatsächlich viel weniger gereinigt als Toiletten und sind damit gut besuchte »Bakterien-Cafeterias«. Homeoffices sind sogar noch schmutzanfälliger als Büros, weil hier neben der Internetrecherche häufig gegessen wird und eine mittlere Kinderschar nach dem Sandkasten auch noch den Familien-Computer erobert.

Auf unseren Arbeitstischen tummelt sich oft Vielfältiges: Nippes, Grünpflanzen, Smartphones, die private Fotogalerie – im

Durchschnitt mehr als ein Dutzend Objekte, die nichts mit dem Job zu tun haben. Das fanden Experten der Köln International School of Design (KISD) heraus, die mit Studierenden sechs Monate lang knapp 700 Arbeitsplätze in elf Ländern auf fünf Kontinenten untersuchten, mit interessanten Resultaten.

Der Schreibtisch dient oft als zweite Heimat: Frauen horten auf ihren Tischen eher viele Dinge als Männer – von Plüschtieren bis zu Familienfotos oder Bilder von Freunden. Das männliche Geschlecht ist da eher etwas reduzierter unterwegs mit markanten Metallobjekten oder Sportfotos. In gewisser Weise ist der eigene Arbeitsplatz ein Spiegel der Seele und auch der Gesellschaft, in der die Berufstätigen leben.

Genau dies führt zu dem überraschenden Fakt, dass Bakterien anscheinend fein säuberlich unterscheiden, ob sie sich auf Schreibtischen von Frauen oder Männern niederlassen. Die Arbeitsplätze von Frauen weisen laut Charles Gerba sogar drei- bis viermal so viele Bakterien auf wie die von Männern – verteilt auf Telefone, Computer und Tastaturen sowie Schubladen und die vielen persönlichen Gegenstände.[91] Für die von Chlorox Co. finanzierte Studie untersuchten die Forscher mehr als 100 Büroräume auf dem Universitäts-Campus in Arizona, New York, Los Angeles, San Francisco, Oregon und Washington D.C. Auch im Büro vorrangig von weiblichen Mitarbeitern gelagerte Kosmetika und Handlotionen sind erstklassige Überträger von Keimen. Zudem hatten 75 Prozent der Frauen in der Studie große Mengen Knabbereien im Schreibtisch. Wenn es jemals eine Hungersnot gibt, sollten Sie dort zuerst nachschauen – so die nicht ganz ernst zu nehmende Empfehlung von Gerba.

Für ein »1:1 der Geschlechter« sorgte aber eine weitere amerikanische Studie. Krissi Hewitt und ihr Team an der University of California verfolgten einen anderen Ansatz.[92] Sie schauten sich die Mikrobiome von Arbeitsplätzen an, untersuchten die bakteriellen Gemeinschaften auf Stühlen, Telefonen, Computermäusen,

Tastaturen und Bildschirmen und unterschieden zwischen weiblichen und männlichen Nutzern.

Das Resultat: Die Telefone und Bürostühle enthielten vergleichsweise mehr Bakterien als andere Oberflächen. Aber die untersuchten Flächen in den Büros von Männern wiesen im Ergebnis deutlich mehr Mikroben auf. Ob das nun daran liegt, dass Männer meist größer sind und mehr Körperfläche haben oder einfach die größeren Schmutzfinken sind, konnten die Forscher noch nicht abschließend klären…

Winzige Kollegen auf Tasten und PC-Mäusen

Computer stecken bekanntlich voller »Bugs« – das englische Wort für Fehler im System oder auch Käfer. Diese tierische Bezeichnung rührt daher, dass früher wirklich durch Insekten, Mäuse oder sogar Ratten ganze Systemzusammenbrüche in den damals noch schrank- bis wohnhausgroßen Computern ausgelöst wurden. In die dünnen Laptops und Tastaturen von heute kann sich natürlich keine Maus mehr quetschen – wohl aber Milliarden von Mikroorganismen.

Schon auf einer normalen PC-Tastatur leben im Schnitt 3294 Mikroben pro Quadratzentimeter, wie Pilze, Bakterien und Viren. So viel zählte zumindest Charles Gerba in zwei seiner zahlreichen Studien.[93] Recht eindeutig ist dabei, wie diese Gäste dorthin gelangen – über unsere Finger. Wer seinen PC allein nutzt, muss aber keine große Angst haben, denn es haften vor allem nur die eigenen Keime daran, beruhigen die Experten.

Öffentliche Computer in Stadtbibliotheken, an Arbeitsplätzen mit wechselnden Mitarbeitern oder in Internetcafés sind schon etwas bedenklicher für empfindliche Menschen mit einem geschwächten Immunsystem. Denn zwischen den harmlosen Bakterien auf Tastaturen übertragen wir mit den Fingerspitzen automatisch auch die unangenehmen Erreger wie den Darmkeim *E. coli* oder auch *Staphylococcus aureus* auf die Tastatur. Ewa 40 Prozent der deutschen Büroangestellten geben in Umfragen an, dass sie sich nach dem Toilettenbesuch nicht regelmäßig die Hände waschen. So können gemeine *Noroviren* oder *Salmonellen* für sie praktische Übertragungswege in Büros über geteilte Computer, Kaffeemaschinen und sonstige gemeinsam genutzte Geräte finden. Auch in der Grippesaison wandern die Viren gerade über solche Wege gern weiter. Da hilft nur Händewaschen mit Wasser und Seife, und das haben Sie in Ihrem Büro selbst unter Kontrolle. Mit Rücksicht auf die Kollegen ist es in der Grippesaison im Großraumbüro oder in Co-Working Spaces sinnvoller, sich zu Hause zu kurieren.

Wir sprachen oben über Probleme mit echten Mäusen. Doch auch die Computermaus hat mikroskopisch betrachtet sehr viele winzige Freunde. Nach Jahren täglicher Nutzung trägt der »PC-Nager« so einiges an Leben auf seinem Rücken: Der Keim-Detektiv Gerba fand etwa 1676 Mikroben pro Quadratzentimeter auf der Maus.[94] Dabei sind die Computermäuse weiblicher Benutzer wieder besonders keimbelastet – auch wenn die Frauen das nicht gern hören.

Männer und Frauen haben tatsächlich eine etwas unterschiedliche Handflora. Auf einer normalen Hand werden im Durchschnitt etwa 150 verschiedene Bakterienarten gefunden. Einige Bakterien kamen aber auf Frauenhänden viermal häufiger vor als auf Männerhänden. Auch die Anzahl unterschiedlicher Arten war bei Frauen höher, wie Studien an der University of Colorado zeigten.[95] Die Gründe dafür sind noch nicht geklärt. Zum einen könnten an regelmäßig eingecremten Händen die Mikroben besser haften, aber auch hormonelle Unterschiede oder einfach unterschiedliche Betätigungsgebiete, z.B. Kontakt mit Lebensmitteln, kommen infrage.

Spannend ist auf alle Fälle, dass wir über die Mikrobensignatur, die wir auf unseren Computer-Tastaturen hinterlassen, als Nutzer identifizierbar sind – ganz einfach über die spezielle Zusammensetzung der bakteriellen Wohngemeinschaft auf unseren Fingerspitzen.

Schnell die Brotdose ausgepackt für eine gemütliche Mittagspause am Computer? Falsch! Selbst mit frisch gewaschenen Händen sind Hygieneexperten gegen das Essen am Arbeitsplatz. Wir haben es schon immer geahnt: All die Krümel und Bröckchen, die im Nirwana unserer Computertastatur verschwinden, werden wohl doch von irgendjemandem verspeist. Haben Sie Ihre Tastatur schon mal ausgeschüttelt – umgedreht und kräftig ausgeklopft? Das Ergebnis ist manchmal sehr ertragreich. Aus den Tastenzwischenräumen rieselt es wie weißer Schnee – ein wirres Gemenge aus Staub und Krümeln. Sogar vermisste Büroklammern tauchen wieder auf. Solche PC-Reinigungsaktionen taugen übrigens auch sehr gut zum gruppendynamischen Event im Büro: »Schau mal, was bei mir alles drin war!«

Ab und zu ist also logischerweise eine Reinigung Ihrer Tastatur angebracht. Die Tastenknöpfe lassen sich sehr gut mit einem Tuch abwischen. Flüssige Spezialreinigungsmittel für den Computer können hier oberflächlich gute Dienste leisten. In die engen Tastenzwischenräume kommt am besten Druckluft aus der Dose – damit wird der ansehnlichen Krümelsammlung der Garaus gemacht. Tun Sie das regelmäßig, dann haben unerwünschte Lebensformen kaum noch eine Chance, sich unter Ihrem Tastenfeld auszubreiten. Und gelegentlich müssen Sie sich auch aus Gesundheitsgründen einfach mal eine neue Tastatur kaufen. Angesichts dieser

»verkeimten« Tatsachen denken Sie vielleicht über den Umstieg auf eine Touchscreen-Tastatur nach? Diese wird zwar schnell schmierig und damit unansehnlich, doch wenigstens kann sich kein Dreck in Zwischenräumen einlagern.

Smartphone – jedes Handy erzählt eine Geschichte

Ständiger Kontakt, bis zu 2617 zarte Berührungen am Tag und alle paar Minuten ein fürsorglicher Blick – aufs Display. Wie geht's dir – bist du noch da?

Es ist eine Beziehung, von der manche Paare nur träumen können.[96] Fast 50 Millionen Deutsche haben ihr Handy immer dabei, berichtet der Branchenverband Bitkom. Wir hängen an unseren Handys, und diese haben ständigen Hautkontakt mit uns und damit auch mit unseren engsten Mitbewohnern.

Es ist keine Überraschung, dass Smartphones das Mikrobiom ihrer Besitzer recht zuverlässig widerspiegeln, wie Biologen der University Oregon nachwiesen.[97] Zu 22 Prozent stimmten die Bakterien auf dem Display sogar mit denen auf Daumen oder Zeigefinger überein – obwohl die Mikrobenpopulation zwischen zwei Fingern einer Person lediglich zu 32 Prozent übereinstimmt. Konzentrieren wir uns nur auf die verbreitetsten Bakterien der Hand wie *Streptokokken* und *Staphylokokken*, decken sich die Muster sogar zu 82 Prozent. Somit lassen sich die Besitzer und ihre Smartphone durch die Übereinstimmung dieses mikrobiologischen Fingerabdrucks einander zuordnen – bei Frauen sogar noch besser als bei Männern. »Frauen haben eine stärkere mikrobiologische Bindung an ihr Handy – woran das liegt, wissen wir nicht«, sagt James Meadow, einer der Autoren der Studie.

Doch unsere Handys spiegeln nicht nur unser spezielles Mikrobiom wider. Sie begleiten uns auf Schritt und Tritt. Wir tippen und wischen ständig auf ihnen herum, drücken sie an unsere

Ohren. Wir bedienen sie mit fettigen Fingern, während wir nebenher essen. Manche Smartphones sind voller Schimmelpilze, andere mit Durchfallerregern und Grippeviren besiedelt. Die Keime wandern von Rolltreppen, Einkaufswagen, Pfandflaschenautomaten oder Türklinken über die Finger auf die Touchscreens und verstecken sich in kleinsten Kratzern.

Welche Keime sich dort heimisch fühlen, haben sich Studenten der University of Surrey näher angeschaut.[98] Sie machten auf Petrischalen sichtbar, wie vielfältig und bewegt das Leben auf Handys bereits nach drei Tagen ist. Die meisten Bakterien sind harmlos, doch die Schalen waren auch mit gelblich weißen Kolonien und auch ein paar pelzigen Schimmelkollegen übersät.

Jedes Smartphone erzählt gewissermaßen die Geschichte seines Benutzers, und oft wissen die Forscher genau, wo dieser sich aufgehalten oder was er berührt hat. Beispielsweise sind die Nasenlöcher die natürliche ökologische Nische unseres Körpers für das Bakterium *Staphylococcus aureus*. Ein flüchtiger Griff an unser Riechorgan reicht aus, um den Keim beim Tippen auf das Smartphone zu übertragen, meint Dr. Simon Park, Molekularbiologe an der University Surrey, in der Studie. Der Erreger könnte eitrige Furunkel aus unserer Haut sprießen lassen. Neben solchen Pathogenen machten die Forscher aber auch harmlose Bodenbakterien wie *Bacillus mycoides* sichtbar. Der Handynutzer war wahrscheinlich vorher im Wald unterwegs.

SMS vom Klo? Viele können, selbst wenn sie auf die Toilette gehen, nicht die Finger vom Smartphone lassen. Auf der Kloschüssel schnell mal WhatsApp, Facebook oder Instagram checken oder entspannt ein Spiel spielen. Allein 42 Prozent aller Amerikaner tippen SMS oder telefonieren auf dem dann gar nicht mehr so stillen Örtchen.[99] Unter den deutschen 18- bis 29-Jährigen greifen dort sogar 78,2 Prozent zum Handy oder Smartphone – laut einer repräsentativen Umfrage des Verbraucherportals handytarife.de.[100]

Ganz unproblematisch ist der »mobile Hotspot auf der Kloschüssel« jedenfalls nicht, und das liegt weniger an der Ablenkung vom eigentlichen »Geschäft« als vielmehr an den Krankheitserregern. Während das Händewaschen für die meisten Menschen mehr oder weniger Routine ist, wandert das Handy ungesäubert zurück in die Tasche. Dabei hätte es eine Reinigung fast noch nötiger als unsere Hände. Das zeigte eine 2011 veröffentlichte Studie der London School of Hygiene and Tropical Medicine, die sogar Fäkalienreste auf einem von sechs britischen Smartphones fand.[101]

Auch »Germ-Guru« Charles Gerba führte an der University of Arizona natürlich Studien zum Smartphone durch. Er wies nach, dass Handys zehnmal mehr Bakterien als die meisten Toilettensitze tragen.[102] Er untersuchte elf Handys von zufällig ausgesuchten Personen. Fünf dieser Geräte waren mit tausend Bakterien besiedelt. Das ist weniger problematisch, wenn es sich um harmlose Bakterien unseres eigenen Körpers handelt. Bei Keimen von der Toilette sieht das aber anders aus. Auch die eigenen Darmkeime können unsere Gesundheit belasten. Vor allem, wenn Sie das Smartphone wieder an den Esstisch oder Ihren Schreibtisch zurückbringen und weiterchatten. Die Japaner haben sich da etwas Vernünftiges einfallen lassen. In einigen öffentlichen Toiletten hängt neben dem Klopapier eine zweite Rolle mit Spezialpapier zum Reinigen des Smartphones. In welcher Reihenfolge diese Papiere genutzt werden sollten, müsste eigentlich klar sein…

In den letzten Jahren wurden Handys oft als besonders schlimme Keimschleudern identifiziert, unter anderem von Forschern, die Smartphones von Klinikmitarbeitern untersucht haben.[103] Sie fanden auf der Hälfte aller Displays potenziell krank machende Bakterien, darunter auch antibiotikaresistente Krankenhauskeime. Diese Handys könnten unter den besonderen sterilen Umständen in Krankenhäusern zu »trojanischen Pferden« werden, wenn die Erreger zu gefährdeten Patienten getragen werden.

Für unseren normalen Umgang mit Handys kann aber Entwarnung gegeben werden, laut einer aktuellen Studie der Hochschule Furtwangen aus dem Jahr 2016.[104] Die Forscher konnten nachweisen, dass Smartphone-Touchscreens nur mäßig mit Mikroorganismen belastet sind. Nach einer Analyse von 60 Handys von Studenten einer deutschen Uni fand sich darauf durchschnittlich nur ein Keim pro Quadratzentimeter. Die Forscher gehen davon aus, dass die meisten Nutzer ihr Display regelmäßig abwischen – allein schon aus ästhetischen Gründen, um störende Fingerabdrücke zu beseitigen, erklärt Studienleiter Markus Egert. Die glatte Oberfläche macht es den Keimen außerdem schwer, sich festzukrallen.

Die meisten Keime stammten aus der typischen menschlichen Besiedelung von Mund, Lunge, Darm und Haut und gehörten meist zu den harmlosen Vertretern der Gattungen *Staphylococcus* und *Micrococcus*. Aber 5 der 10 identifizierten Arten waren auch pathogen. Die Displays wiesen damit das Artenspektrum einer bakteriellen Wohngemeinschaft auf, wie wir es von oft berührten Oberflächen in Haushaltsumgebungen oder auf öffentlichen Plätzen kennen.

Prof. Jan Ohme, Experte für Hygiene und Reinigung von der Hochschule Niederrhein, verneint ebenfalls eine größere Gefährdung durch Smartphones. Die neuen Oberflächen unterscheiden sich im Hinblick auf die »Keimlast« in der Regel nicht von anderen Oberflächen in der Öffentlichkeit. Wer oft mit dem Handy telefoniere, sei nicht häufiger krank. Üblicherweise lutschen die meisten von uns nicht am Handy. Ohme findet für das Risiko, sich beim WhatsApp-Tippen eine Erkältung einzufangen, einen pragmatischen Vergleich: »Sie können an 365 Tagen im Jahr mit der S-Bahn durch die Gegend fahren und dabei munter mit dem Handy hantieren. Das ist nicht so gefährlich wie zwei Karnevalstage in der Kölner oder Düsseldorfer Altstadt.«[105]

Herunterspielen wollen die Experten das allgemeine Ansteckungsrisiko durch Grippeviren oder Durchfallerreger dennoch nicht. So rät der Hygieniker Markus Egert neben dem gewissenhaften Händewaschen zu einer regelmäßigen Reinigung der Handy-Oberfläche mit alkoholhaltigen Brillenputztüchern oder sauberen Mikrofasertüchern.[106] Mit diesen Tüchern werden 99,9 Prozent der Keime tatsächlich entfernt, wie Studien bewiesen haben.

Charles Gerba beschrieb unsere heutige tippende und wischende Gesellschaft übrigens ganz passend als »Touch-Generation«: »Wir teilen mehr Oberflächen mit anderen Menschen, als je zuvor in der Geschichte.« Jetzt müssen wir nur noch unsere täglichen Hygienemaßnahmen daran anpassen![107]

Tipps für Büro und Smartphone

1. Niesen Sie nicht auf Ihre Computertastatur, sondern in die Ellenbeuge.
2. Essen Sie nicht am Computer, und reinigen Sie die Tastatur regelmäßig, indem Sie Krümel und Staub mit Druckluft herausblasen.
3. Nehmen Sie das Handy nicht mit auf die Toilette.
4. Waschen Sie sich regelmäßig nach der Computer- oder Handynutzung die Hände – rund zwanzig Sekunden lang mit Wasser und Seife.
5. Reinigen Sie Ihr Smartphone regelmäßig mit Brillen- oder Mikrofasertüchern.

5 EXPEDITION INS BADEZIMMER

Wussten Sie, dass wir einen gewissen Teil unseres Lebens im Badezimmer verbringen? Das besagt eine britische Studie, die Frauen 536 Tage und Männern 445 Tage ihrer gesamten Lebenszeit im Bad bescheinigt. So reinlich waren wir nicht immer, wenn wir zurück zu den Anfängen unserer Badekultur blicken.

Von der Latrine zum Wellnesstempel

Das ausgiebige Baden, das wir heute so lieben, beginnt erst mit den Römern. Die Therme war Zentrum der Kommunikation – plaudernd saßen die Römer in der Latrine nebeneinander und redeten über das Business – daher auch die Redewendung »verrichteten ihr Geschäft«. Für das zelebrierte Baden wurden Aquädukte, verschieden temperierte Becken und Dampfsaunen gebaut – wahre »Wellness-Oasen« nach heutigen Maßstäben.

Im Mittelalter begann das finsterste Kapitel in der europäischen Hygiene- und Sanitär-Kultur. Die Notdurft wurde an Ort und Stelle verrichtet, in die Gosse oder offene Senkgruben gekippt. Burgen, Schlösser und Kloster verfügten über Abort-Erker. Sogar noch bis ins 18. Jahrhundert setzten sich in den prächtigen Schlössern von Versailles die

hochherrschaftlichen Hinterteile auf tragbare Leibstühle, die die Dienerschaft bei Gelegenheit entleerte.

Waschen oder gar Baden wurde zwischen dem 16. und 18. Jahrhundert in Europa sogar als schädlich angesehen. »Wasch deine Hände oft, deine Füße selten und deinen Kopf nie« lautete eine englische Lebensweisheit. Europa stank zum Himmel – das konnten auch die gerade in Mode gekommenen Parfüms nur geringfügig überdecken.

Wasser wurde erst wieder im 19. Jahrhundert modern, und Flussbadeanstalten und Badeorte wie das englische Bath, Heiligendamm an der Ostsee und das erste Nordseebad Norderney waren nun angesagt.

Dem Fäkaliengeruch in den Städten rückten die Menschen erst später zu Leibe. Wien war als erste Stadt Europas bereits 1739 mit einer Kanalisation ausgestattet – im Lauf des 19. Jahrhunderts zogen andere große Städte nach. Auf der Weltausstellung 1851 im Londoner Kristallpalast wurde die Spültoilette als Attraktion vorgestellt, und über achthundert Menschen warteten geduldig in Schlangen, um das gurgelnde Geräusch und den Wasserstrudel live zu erleben.

Der Weg zum Badezimmer für jedermann war allerdings noch lang. 1870 wurden die ersten Waschkommoden aufgestellt. Badewannen aus Porzellan entstanden in England, die später preiswerter aus Gusseisen hergestellt oder nach 1900 mit Emaille überzogen wurden. Dann ging es Schlag auf Schlag. Um 1910 wurde das sogenannte »Frankfurter Bad« entworfen. Hier waren Dusche oder Badewanne in einer Nische der Küche oder sogar des Schlafraumes untergebracht. Ab 1950 wurden Wohnungen im Rahmen des Baubooms mit den sogenannten funktionalen »Nasszellen« ausgestattet – eine komplette Badezimmerausstattung in einem kleinen Raum. Heute hat sich dieses hässliche Stiefkind der Architektur zur Wellness-Oase, zu einem »Tempel der Entschleunigung« gemausert, in dem wir Körperkult und Selbstoptimierung huldigen. Wir wollen unsere Lebenszeit im Bad so angenehm wie möglich verbringen.

Mikroben-Paradies im modernen Bad

Ich habe diese rasante Zeitreise durch die Badekultur mit Ihnen natürlich nicht ohne unsichtbare Mikroben und Parasiten im Gepäck unternommen. Sie begleiten auch diese technische Entwicklung der Menschheit hautnah.

Die Bäder, Brunnen und öffentlichen Toiletten der Römer gelten gemeinhin als medizinischer und hygienischer Fortschritt, waren aber als sozialer Treffpunkt vieler Menschen ein exzellenter Umschlagplatz für Krankheiten. Mit den Errungenschaften der Badekultur zogen in unsere Häuser neben ganz harmlosen Mikroorganismen gleichzeitig auch Krankheitserreger und Parasiten ein, die diese neuen Nischen als Chance zur Verbreitung nutzten.

Der britische Archäologe Piers Mitchell zeigte auf, dass die antiken Latrinen und Bäder der Gesundheit der Römer wenig zuträglich waren.[108] Noch heute lassen sich im Boden oder im versteinerten Kot in den antiken Toiletten Überreste der Parasiten finden, die die Bewohner vor 2000 Jahren plagten. Die Inventur fällt kunterbunt aus: Spulwürmer, Peitschenwürmer, Ruhramöben, Saugwürmer, Flöhe, Bettwanzen und unzählige Läusearten liebten die römischen Städte. Auch Krankheitserreger dürften sich hier »sauwohl« gefühlt haben. Besonders die Bäder boten den Mikroben einen wunderbaren Nährboden. Das Wasser war meist lauwarm und wurde eher selten gewechselt. Menschlicher Schmutz und Reste von Kosmetik bildeten einen Film, auf dem sich die Bakterien optimal vermehren konnten.

Ich kann Sie an dieser Stelle beruhigen: Im Hygienevergleich zu den antiken römischen Badeanstalten schneiden unsere modernen Bäder viel besser ab. Das Bad gehört zu den eher sauberen

Orten in unseren Häusern. Hier wird oft gewaschen und geschrubbt. Die glatten Flächen aus Acryl, Aluminium oder Chrom und Kunststoffglas lassen sich leichter reinigen als die Oberflächen beispielsweise im Wohnzimmer. Trotzdem gilt: Wenn nicht regelmäßig geputzt wird, kann auch das Bad zur Brutstätte für Keime wie Viren und Bakterien oder auch Schimmelpilze werden.

Für Mikrobiologen ist es ein Leichtes, ein Bad von einer Küche oder einem Wohnzimmer anhand der genauen Zusammensetzung der Mikroorganismen zu unterscheiden. Speziell im Bad treten einige Bakterienarten besonders gehäuft auf, die wir Menschen dort mit unserer eigenen Mikrobenwolke einschleppen: harmlose Hautbakterien, die wir mit Hautschüppchen oder beim Duschen und Baden verlieren – aber auch Darmkeime und Krankheitserreger, deren Verbreitung wir besser vermeiden sollten.

Ganz genau wollte es ein amerikanisches Forscherteam der University of Boulder wissen.[109] Die Mikrobiologen untersuchten die mikrobielle Artenvielfalt auf ihren Campus-Toiletten mit moderner 16S-rRNA-Sequenzierung. Über diesen sogenannten genetischen Marker, der ganz ähnlich funktioniert wie ein Leuchtstift, mit dem wir in einem Text etwas markieren, können sehr schnell die Bakterienstämme bestimmt werden, ohne dass sie im Labor gezüchtet werden müssen. Die Forscher entnahmen Proben von Damen- und Herrentoiletten: von Türgriffen der Kabinentüren, Griffen von Wasserhähnen und Seifenspendern, Toilettensitzen und Spülgriffen sowie von den Böden um die Toiletten und Waschbecken. Allein neunzehn Bakterienstämme entdeckten die Wissenschaftler, darunter *Actinobacteria*, *Bacteriodetes* und *Firmicutes* aus dem menschlichen Darm sowie *Proteobacteria*. Harmlose Bakterien, die die menschliche Haut besiedeln, fanden sich auf allen untersuchten Oberflächen. Das ist aber nicht weiter verwunderlich, schließlich werden diese Flächen routinemäßig von uns berührt.

Schauen wir uns einige Stationen im Bad genauer an, die Mikroben besonders gern besiedeln. Wenn Sie über die besondere

Vielfalt der winzigen Bewohner informiert sind, können Sie besser unterscheiden, wer davon zu unseren Freunden gehört und vor wem Sie sich besser in Acht nehmen sollten!

Nichts ist so sauber wie eine Toilette!

Wahrscheinlich halten Sie – wie die meisten Menschen – die Toilette für den schmutzigsten Ort im ganzen Haus. Da liegen Sie falsch! Schon Eiswürfel in manchen britischen Fast-Food-Restaurants wiesen deutlich mehr Bakterien auf, wie im Jahr 2013 wissenschaftliche Tests der Stichproben im Vergleich zu Wasser aus den Spülkästen zeigten.

Trotzdem haben einige Menschen eine geradezu neurotische Angst vor dem Kontakt mit der verseuchten Klobrille, besonders in öffentlichen Sanitäranlagen. Das führt dazu, dass einige sich in die lustigsten Positionen verrenken oder sich spezielle Sitz- und Stehtechniken antrainieren. Männer haben es da natürlich etwas einfacher: Sie erledigen ihr Geschäft im Stehen. Frauen sind in dieser Hinsicht leider anatomisch benachteiligt. Gehören Sie auch zu denen, die sich mit einer besonderen »Schwebetechnik« – kräftig trainierte Oberschenkel vorausgesetzt – balancierend über der Brille halten? Besonders ausgefeilt ist die oft zu beobachtende »Toilettennest-Methode«. Einzelne Klopapierblättchen werden fein säuberlich auf dem Brillenrund zu einem Adlerhorst aufgeschichtet. Das erfordert sowohl geometrisches wie handwerkliches Geschick und etwas Zeit, die manchmal aufgrund der drängenden Verdauungslage fehlt. Zudem kann ein einziger Luftzug das Anti-Bakterien-Kunstwerk in die Schüssel befördern.

Moderne Lösungen für diese Probleme sind schon erfunden: die vollautomatische Klobrillenreinigung, die es auch in Deutschland gibt, oder passgenaue Einwegabdeckungen, wie sie auch der Fußballstar David Beckham für das stille Örtchen nutzt.

Aber eigentlich müssen Sie sich all diese Umstände gar nicht machen. Das Infektionspotenzial von Toilettensitzen ist nach Meinung von Medizinern völlig überschätzt. Der Toilettensitz ist der hygienischste Ort in öffentlichen Toiletten – unglaublich, aber wahr! Verteilt über den Tag wischen viele Personen über die Brille, teilweise sogar mit Desinfektionsmitteln. Im Vergleich dazu weisen beispielsweise Spüllappen, Wischtücher und Fliesenfugen deutlich mehr Keime als eine Toilettenbrille auf. Darüber hinaus ist nur eine geringe Anzahl der daran haftenden Bakterien tatsächlich für Infektionen verantwortlich. Die Keime wandern auch nicht weiter vom Oberschenkel, der den Toilettensitz berührt. Unsere Haut fungiert als natürliche Schutzbarriere.

Also demnächst einfach selbstbewusst hinsetzen! Viel wichtiger ist es, sich die Hände zu waschen. Anders als der Oberschenkel kommen unsere Hände mit Mund und Augen in Kontakt und sind so der ideale Krankheitsüberträger.

Wer es mit der Hygiene nicht so genau nimmt und auch noch Lebensmittel anfasst, läuft Gefahr, sich von der Toilette unangenehme Mitbringsel – Darminfektionen wie Typhus, Cholera, Salmonellen oder eine Darmgrippe – einzufangen. In seltenen Fällen können auch Erreger von Hepatitis A oder Wurmerkrankungen dabei sein. Sogar Pilzinfektionen können über Toilettensitze übertragen werden, die hauptsächlich Fuß- und Fingernägel befallen. Auch manche Bakterien, wie z.B. der Darmkeim *E. coli,* können auf dem Toilettensitz überleben – wenn Sie aber keine offenen Wunden haben, ist es sehr unwahrscheinlich, dass er in den Körper gelangt. Hier schützen uns gute Hautmikroben.

Eines ist aber klar: Dass sich Ihr Partner eine sexuell übertragbare Krankheit auf einer Toilette geholt hat, ist nur eine gern genutzte Ausrede fürs Fremdgehen. Selbst *Chlamydien* müssen in die Schleimhaut eingerieben werden, um eine Infektion zu verursachen, meint der Experte Andreas Podbielski, Direktor des Instituts für Medizinische Mikrobiologie, Virologie und Hygiene an der Universität Rostock. Auch ein Blaseninfekt sei nahezu ausgeschlossen.[110]

Wussten Sie aber, dass die Ansteckungsgefahr eigentlich gar nicht von der Toilette selbst, sondern von der Toilettenspülung ausgeht? Wir tun es praktisch unser Leben lang: Wir benutzen die Toilette, und dann spülen wir. Das ist doch ganz einfach und harmlos, oder? Experten sehen das ganz anders. Das Spülen erzeugt eine unsichtbare »Toilettenwolke« voller Keime, die in die Luft entlassen wird. Pro Spülgang werden etwa 25000 Viren und 600000 Bakterien durch winzig kleine Tröpfchen in die Luft katapultiert, wie Forscher der Fachhochschule Gießen-Friedberg herausfanden. Diese Keime landen im Umkreis von zwei Metern auf dem Boden und vermehren sich dort bestens. Für gesunde Menschen stellt das kein Problem dar und ist eher etwas Training für unser Immunsystem.

Die Toilettenwolke wurde erstmals in den frühen 1900er-Jahren beschrieben von Sir William Horrocks und ab 1975 ganz detailliert untersucht durch Charles Gerba von der University of Arizona. In seinen vergleichenden Studien von über 15 Probenorten im Haushalt wurde die geringste Keimbelastung auf dem Toilettensitz, die stärkste Belastung in der Küchenspüle nachgewiesen.[111] Dazu Gerba: »Wenn ein Alien aus dem Weltraum zu uns kommen und die Bakterienbelastung studieren würde, käme es höchstwahrscheinlich zu dem Schluss, sich in der Toilette die Hände zu waschen.« Was es in der Küchenspüle machen würde, können Sie sich vorstellen…

Ist die Toilettenwolke nun gesundheitlich bedenklich für uns? Fakt ist: Wird die Toilette gespült, rutscht damit im ersten Schritt auch die Mehrheit der Mikroorganismen in die Kanalisation. Aber ein Teil der Bakterien und Viren klammert sich an die Porzellanoberfläche und wird erst bei der nächsten Spülung in die Luft geschleudert. Durch kräftiges Schrubben oder den Zusatz von Reinigungsmitteln schaffen Sie es vielleicht, die Bakterien in der Schüssel stark zu reduzieren, aber die Viren sind niemals ganz zu entfernen. Bei jedem Spülgang werden wieder blinde Passagiere von der Schüssel abgerissen und, eingehüllt in verschieden große Tröpfchen, durch das Bad auf die Reise geschickt.[112] Die größeren Tropfen setzen sich rund um die Toilette in den nächsten zwei Stunden nach dem Spülgang ab, auf dem Rand, dem Sitz und den Griffen. Die Bakterien und Viren, die in der Luft in kleineren Tropfen schweben, verbleiben dort sogar noch länger. Die Studien über die »Schussweite« der Toilettenspülung sind bisher noch inkonsistent. Forscher haben aber die Keime schon in den Ausgüssen der Waschbecken oder auf Zahnbürsten festgestellt. Wie lecker!

Obwohl das Risiko einer Ansteckung bisher noch unklar ist, wurden einige durch solche Toilettenwolken verbreitete Krankheiten schon dokumentiert. Das Auftreten von Gastroenteritis in Flugzeugen und auf Kreuzfahrtschiffen wurde mit der Wolke und dem Darmkeim *E.coli* in Zusammenhang gebracht, der Bauchschmerzen und Durchfall verursachen kann. Auch der *SARS*-Ausbruch (*SARS* = schweres akutes respiratorisches Syndrom) im Jahr 2003 wurde verursacht, als der Patient in Hongkong das Virus mit einer Toilettenspülung übertrug. Die Folge der Virusinfektion war eine atypische Lungenentzündung mit plötzlich auftretendem hohem Fieber, Atembeschwerden, Heiserkeit und Husten. Ganz ähnlich verhält es sich auch, wenn jemand in Ihrer Familie einen ansteckenden Darmkeim hat. Der oder die Betreffende sollte am besten nur eine Toilette benutzen und diese anschließend reinigen. Da immer einige Überreste in der Schüssel verbleiben, können diese mit der nächsten Spülung wieder herausgeschleudert werden und jemanden krank machen.

Was können Sie sonst tun? Es ist völlig unnötig, nach jeder Toilettenspülung Ihr gesamtes Bad zu desinfizieren: Schließen Sie einfach den WC-Deckel beim Spülen, das reduziert das Ausmaß der Wolke erheblich. Außerdem sollte Händewaschen nach der

Toilettenbenutzung selbstverständlich sein, ist es aber anscheinend nicht. Ein Drittel der Klo-Benutzer reinigt die Hände mit Wasser und Seife, ein weiteres Drittel nur mit Wasser. 31 Prozent der Männer und 17 Prozent der Frauen waschen sich nach dem Besuch nicht die Hände – wie die britische Food and Drink Federation nach der Befragung von 2000 Briten herausfand.[113] Dabei ist die Zahl der Bakterien auf der Handfläche nach dem Besuch des stillen Örtchens doppelt so hoch wie vorher. Jede Person, die sich nach der Benutzung des stillen Örtchens nicht die Hände wäscht, sich während einer Erkältung die Nase geputzt hat oder sich wegen einer Magen-Darm-Infektion übergeben hat, fasst vermutlich den Türgriff und den Lichtschalter mit schmutzigen Händen an. Doch gerade die Hände sind ein Hauptübertragungsweg für Keime.

Und wenn Sie sich die Hände gewaschen haben, sollten Sie nicht unbedingt wieder die Türklinke berühren, die alle anderen Dreckspatzen mit ungewaschenen Fingern angefasst haben. So überstehen Sie sogar den Besuch einer öffentlichen Toilette unbeschadet! Die Toilette selbst ist, wie gesagt, eher weniger mit Keimen belastet, da sie regelmäßig gereinigt wird. Anders sieht es aber mit Spültasten, Toilettendeckeln, Wasserhähnen und Türklinken aus. Um das Putzen dieser Stellen mindestens einmal die Woche kommen Sie nicht herum – so können Sie die Keimbelastung um ein Vielfaches reduzieren. Verwenden Sie einen Putzlappen, der nur für das WC eingesetzt wird. Profis bei »Vision Clean«, einem modernen Putzsystem in Krankenhäusern, gehen übrigens in einer strengen Reihenfolge vor: Zuerst werden Spülknopf, Haltestange, Klopapierhalter und Klobürstengriff geputzt, ehe die Brille und der Rand des Klos gereinigt werden. Letzter Schritt: Den Klobürstenbehälter putzen, und zwar von innen. Danach werfen Sie den Lappen am besten weg.

Antibakterielle und desinfizierende Reiniger sind im Bad nur eine unnötige Belastung von Gesundheit und Umwelt. Eine

Ausnahme können diese Reiniger bei Krankheiten wie einer ansteckenden Magen-Darm-Infektion sein. Reiniger auf der Basis von pflanzlichen Tensiden oder Alkohol reichen völlig aus. Eine bessere Alternative zu Luftverbesserer und Raumspray ist außerdem das Öffnen des Fensters. Für das Reinigen der Toilette gilt das Verursacherprinzip: Jeder ist für seinen Dreck verantwortlich.

Von Duschen und Bakterien im Nebel

Morgens nach dem Aufstehen schnell unter die Dusche – das tägliche Duschbad reinigt, belebt und ist gut für unsere Gesundheit. Doch hätten Sie gedacht, dass es unter gewissen Umständen risikoreich für uns sein kann? Auch wenn es auf den ersten Blick nicht so aussieht: Wir duschen nie allein. Mit dem Wasserstrahl spritzt auch ein Schwall von Bakterien aus Rohrleitungen und Armaturen direkt mitten hinein in unser feuchtfröhliches Duschvergnügen.

Ein Phänomen, welches Ärzten schon länger bekannt ist, ist die sogenannte »Bademeisterlunge« oder »life-guard lung«. Sie tritt gehäuft bei dieser speziellen Berufsgruppe und bei Menschen auf, die viel mit Wasser zu tun haben – beispielsweise in Aquaparks. Die Übeltäter sind bestimmte Bakterien, die über feinste Wasserpartikel aus der Luft in die Lunge eindringen. Diese Wassernebel werden als »Aerosole« bezeichnet und entstehen durch Zerstäubung in Wasserfällen, Sprühnebeln und nicht zuletzt unter Duschen. Da es praktisch in jedem Haushalt eine Dusche gibt, liegt es nahe, dass nicht nur die Bademeister betroffen sind. Sollten wir also eher von einer »Duschlunge« sprechen?

Dieser Hypothese gingen der US-Biologe Norman Pace und seine Kollegen von der University of Colorado in Boulder nach – mit dem Ergebnis: Bakterien lieben Duschköpfe.[114] In der warmen, dunklen und feuchten Umgebung fühlen sie sich besonders wohl und bilden dort mit Begeisterung ihre bakteriellen Wohngemeinschaften. In den Biofilmen kann die Keimdichte im Vergleich zu den Wasserleitungen schnell das Hundertfache übersteigen. So können unsere Duschköpfe gelegentlich schnell zur »Bakterienbrause« werden. Die Forscher wiesen auch nach, dass mit dem ersten Wasserstrahl aus der Dusche Keime als Nieselregen über dem Duschenden niedergehen. Dazu analysierten die Molekularbiologen 45 Duschköpfe aus verschiedenen Städten, darunter Chicago, Denver und New York, auf genetische Spuren von Bakterien. Das Resultat: Die Duschköpfe wurden von einer reichen Bakteriengemeinschaft vor allem opportunistischer Keime bewohnt. Solche Keime befallen besonders gern Menschen, die schon vorerkrankt oder geschwächt sind, also Kranke, Schwangere oder Senioren.

Ein auffälliger Vertreter in über 30 Prozent der Duschköpfe war *Mycobacterium avium*. Das Bakterium kann bei Menschen mit einem schwachen Immunsystem zu Tuberkulose, Lungenentzündung und Morbus Crohn führen, vor allem wenn die Bakterien in Form feinster Tröpfchen eingeatmet werden.

Mycobacterium ist übrigens kein Unbekannter: Das gleichnamige Tuberkelbakterium *Mycobacterium tuberculosis* wurde 1882 von Robert Koch entdeckt. Im Unterschied dazu gehört unser Vertreter hier zu den atypischen »nicht-tuberkulösen« Mykobakterien. Dieses Bakterium verursacht auch die Geflügeltuberkulose. Die stäbchenförmigen Keime gehören zu den »Langsamwachsern« und brauchen Temperaturen um die 37 Grad Celsius, um glücklich zu sein. Sie können gut im Leitungswasser überleben und sind sogar bis zu 140 Grad Celsius hitzeresistent.

Zu den Erkrankungen bei immunschwachen Menschen gehören Lungenentzündungen mit tuberkuloseähnlichen Symptomen wie Müdigkeit, Kurzatmigkeit oder Husten. Der Erreger kann problematisch werden, da er oft nicht rechtzeitig erkannt wird und herkömmliche Breitbandantibiotika nicht wirken.

Nun könnten Sie natürlich einwenden: Mit der Wasserqualität in den USA und insbesondere in den Großstädten steht es sowieso nicht zum Besten. Doch das erklärt nicht, warum sich die Bakterien in den Duschköpfen so stark vermehren. Pace entdeckte den schleimigen Biofilm immerhin im Inneren der Duschköpfe. Dort gedeihen die Bakterien prächtig.

Wer seine Dusche mit Brunnenwasser speist, muss sich der Studie zufolge keine Sorgen machen. Leider liegen für Deutschland dazu noch keine belastbaren Zahlen vor.

Ist Duschen nun gefährlich? Sicherlich nicht, wenn Sie gesund sind und Ihr Immunsystem nicht auf irgendeine Weise geschwächt ist. Aber wie bei allen Dingen gibt es hier auch immer ein Restrisiko. Um dieses so gering wie möglich zu halten, sollten Sie am besten Duschköpfe aus Metall einbauen. Plastikduschköpfe sind bei Bakterien besonders begehrt, weil sie das Material lieben und bevorzugt besiedeln.

Den ersten Strahl aus einer Dusche sollten Sie außerdem nicht unbedingt auf ihr Gesicht richten. Sie bekommen sonst wahrscheinlich eine besonders große Ladung *Mycobacterium* ab, die nicht gerade gesund ist. Besonders für Hotels ist das ein wichtiger Tipp. Lassen Sie die Dusche lieber zwei Minuten lang laufen. Das verringert die Gefahr einer Infektion.

Leider ist es gar nicht so einfach, die ungebetenen Hausgeister wieder loszuwerden, wenn sie erst einmal die Dusche unsicher machen. Eine Desinfektion dient nur zur Belustigung der hartnäckigen Mikroben. Die Forscher hatten versucht, in Denver ein relativ harmloses *Mycobacterium gordonae* aus einem Duschkopf mit Bleichmittel zu vertreiben, eine Methode, die normalerweise kein Leben übrig lässt. Ein Test nach drei Monaten ergab aber, dass dreimal mehr Bakterien im Biofilm vorkamen. Die vermeintliche Desinfektion hatte den anpassungsfreudigen Bakterien auch noch zu einer Chlor-Resistenz verholfen. Die Dusche wird übrigens mittlerweile von einigen Wissenschaftlern mit einer gewissen Skepsis betrachtet. Schon 2006 berichteten Mediziner im Fachblatt *Clinical Infectious Disease*, dass die Zahl nicht tuberkulöser Lungeninfektionen in den letzten Jahren stetig zugenommen habe.[115] Sie vermuteten damals, dass die Ursache einfach die gestiegene Beliebtheit der Dusche als Alternative zum Vollbad sei. Aktuelle Studien zeigen, dass der Keim in Industrieländern mehr Probleme bereitet als noch vor einigen Jahrzehnten. Denn viele Menschen duschen lieber, als sich in die Wanne zu setzen – die Dusche hat heutzutage zur Körperpflege eigentlich die Wanne ersetzt. Duschen geht viel schneller und verbraucht weniger Wasser, birgt aber andere Risiken.

Tückische Legionellen

Unter der Dusche können wir nämlich noch einen weiteren Keim antreffen. Der blieb lange ein Unbekannter und gab den Mikrobiologen Rätsel auf. Im Jahr 1976 fand der 58. Kongress der Amerikanischen Legion in Philadelphia statt. Hauptquartier der Alt-Legionäre war das »Bellevue-Stratford Hotel«, eine Rokoko-Imitation mit Marmorgewölben und Hunderten von Zimmern sowie Konferenzräumen auf zwei Stockwerken. Etwa 4000 ehemalige US-Berufssoldaten versammelten sich mit Familie und Freunden dort für vier Tage. Es sollte der Schauplatz eines tragischen Ereignisses werden, welches heute einen Platz in der Medizingeschichte einnimmt als Dreh- und Angelpunkt einer Epidemie mit dem Namen »Legionärskrankheit«. Schon kurz nach Kongresseröffnung entwickelten einige

Veteranen eine schwere seltsame Krankheit mit Reizhusten und Unwohlsein. Innerhalb weniger Stunden veränderte sich das Krankheitsbild drastisch, und hohes Fieber, Schüttelfrost und Schmerzen im Brustraum kamen dazu. 149 Menschen in Philadelphia erkrankten an dieser rätselhaften Lungenentzündung, 29 von ihnen verstarben letztendlich an den Folgen des bis dahin unbekannten Leidens, das sich auch mit Penicillin nicht erfolgreich behandeln ließ.

Über die Ursache dieser merkwürdigen Lungenentzündung wurde viel gerätselt. War es eine Vergiftung durch das Essen oder das Wasser des Hotels oder eine Infektion? 1977 fanden Wissenschaftler schließlich heraus, dass die Legionärskrankheit mit möglicher Todesfolge durch ein Bakterium ausgelöst wird: *Legionella pneumophila*.[116]

Wie konnte es aber nun zu einer Infektion mit diesen Bakterien kommen? Legionellen halten sich, wie die meisten Menschen, gern in Gefilden auf, in denen es angenehm warm ist. Bei Temperaturen zwischen 25 bis 60 Grad Celsius fühlen sie sich wohl.[117] Bei optimalen Lebensbedingungen, wie sie in Duschen, Warmwassersprudelbecken und Whirlpools vorkommen, ernähren sie sich gut und pflanzen sich rasant fort.

Dass krank machende Keime aus unserer Dusche stammen könnten, ist für uns angesichts der guten Überwachung unseres Trinkwassers kaum vorstellbar. Doch auch in sauberem Wasser sind ganz natürlich Legionellen, stäbchenförmige Süßwasserbakterien mit einer Geißel, vorhanden. Wird der heimische Wasserkreislauf nicht heiß genug , kann es zu einem sprunghaften Anstieg der Bakterien kommen.

Im Sommer ist Reisezeit. Wenn Häuser oder Wohnungen dann über Tage, Wochen oder sogar Monate lang nicht genutzt werden, steht das Wasser in den Leitungen still und wird nicht ausreichend gespült. Diese Chance ergreifen Legionellen und ziehen ein. Auch wenn Vorlauftemperaturen beim Warmwasser aus Spargründen heruntergesetzt werden, können sie sich ungehindert im Duschkopf und -schlauch vermehren, angefüttert durch leckere Nährstoffe in Plastik- und Gummischläuchen.

In den ausgedehnten Rohrsystemen können sich auf Ablagerungen schnell Biofilme bilden. Diese werden von Einzellern wie Amöben besiedelt. Legionellen nutzen solche »Amöben-Taxis« sehr gern, um sich darin ungehindert und geschützt vor Umwelteinflüssen zu vermehren.

Eine Ansteckungsgefahr mit *Legionellen* ist aber glücklicherweise relativ gering. Die meisten gesunden Menschen werden damit spielend fertig. Trotzdem können die Bakterien auch zwei Erkrankungen hervorrufen: Beim harmlosen Pontiac-Fieber ist in den meisten Fällen mit grippeähnlichen Symptomen wie Abgeschlagenheit, Fieber, Husten zu rechnen, die nach wenigen Tagen ohne medikamentöse Behandlung und Folgeerscheinungen wieder abklingen. Bei der *Legionellen*-Pneumonie jedoch, die ebenfalls durch eine Legionelleninfektion nach zwei bis zehn Tagen Inkubation ausgelöst wird, steht eine Lungenentzündung im Vordergrund, die von allgemeinem Unwohlsein mit Glieder-, Kopfschmerzen, Reizhusten mit Fieber bis hin zu beatmungsbedürftigen Pneumonien mit Multiorganversagen reichen kann. Es erkranken überwiegend ältere Menschen über 50 Jahre. Dabei sind Männer fast dreimal so häufig betroffen wie Frauen. Die Ursachen für dieses geschlechtsspezifische Phänomen sind nicht bekannt. Glücklicherweise tritt die Krankheit höchst selten auf, wie an der Meldepflicht für Legionellosen in Deutschland ablesbar ist. 2014 registrierte das Robert-Koch-Institut, die Bundesbehörde für Infektionskrankheiten, bundesweit gerade mal 860 Fälle. Allerdings rechnet das Institut mit einer hohen Dunkelziffer.

Das Bundesumweltamt geht dagegen davon aus, dass jährlich rund 3000 Menschen an Lungenentzündungen infolge von Legionelleninfektionen sterben, ohne dass dies bisher diagnostiziert wurde. Offensichtlich denken Ärzte bei Patienten mit einer

Lungenentzündung nur selten an die Möglichkeit einer Legionellose. Dabei ist eine Verdachtsdiagnose durch den Nachweis des Legionella-Antigens im Urin oder serologische Tests leicht möglich. Rechtzeitig erkannt, lässt sich die Krankheit gut mit Antibiotika behandeln. Bislang ist leider noch keine Impfung zum Schutz vor der Krankheit verfügbar.

Seit dem Jahr 2013 werden durch eine Novellierung der Trinkwasserverordnung Leitungen mit Trinkwasser in Mehrfamilienhäusern alle drei Jahre auf einen möglichen Bakterienbefall hin kontrolliert.[118] In Kindergärten und Schulen muss das Trinkwassersystem sogar jährlich kontrolliert werden.

Dabei ist längst nicht klar, ob die Gefahr überhaupt aus dem Wasserhahn kommt. Bisher haben sich oft Kühltürme und Klimaanlagen als die wesentlichen Brutstätten für *Legionellen* erwiesen. Beim ersten und namensgebenden Ausbruch der Krankheit in Philadelphia war letztendlich nicht das Leitungswasser die Brutstätte der Keime. Als Verursacher wurden *Legionellen* ausgemacht, die im Kühlwasser der Klimaanlage des Hotels siedelten.

Die ungebetenen Gäste wieder loszuwerden ist bei *Legionellen* nicht so einfach. Was ist zu tun im Falle eines Falles? Sind Bäder befallen, so werden die Keime im Leitungsnetz mit einer thermischen Desinfektion bei über 70 Grad Celsius sowie einer chemischen Desinfektion bekämpft. Die Gefahr länger ungenutzter Duschen wird gebannt durch Duschschläuche, die sich nach Benutzung selbst entleeren. Anschließend sollten Sie im Wassersystem die Temperatur langfristig hoch halten. Ist das Wasser nur lauwarm, also unter 60 Grad Celsius, bietet es den Bakterien ein optimales Klima, und die *Legionellen* können sich im Boiler vermehren. Heißes Wasser dagegen tötet sie ab, wie andere Wasserkeime auch.

Ein wichtiger Tipp für Sie im Hotel oder auch zu Hause nach der Rückkehr aus dem Urlaub: Lassen Sie den Wasserhahn vor der ersten Nutzung einige Minuten auf maximaler Temperatur laufen. Dadurch läuft eventuell verkeimtes, lange stehendes Wasser ab.

Eine Anmerkung noch zum Schluss: Das »Bellevue-Stratford-Hotel«, in dem übrigens vier Tage vor Beginn des tragischen Veteranen-Treffens auch Helmut Schmidt als Weltkriegs-Teilnehmer mit seinem Stab dinierte, scheidet längst als Infektionszentrum aus. Es wurde bereits im November 1976 geschlossen.

Von Handtüchern, Waschlappen und Duschvorhängen mit Eigenleben

Im Badezimmer benutzen wir auch allerhand Textilien wie Waschlappen, Handtücher und Bedematten. Dabei ist ein Frotteehandtuch im Bad aber nicht immer so frisch und sauber, wie Sie denken. Bei falscher Handhabe wird es schnell zu einem neuen Siedlungsgebiet für heimatlose Bakterien, Pilze oder Viren. Schon nach der ersten Nutzung tummelt sich so einiges im Handtuch, was nur unter dem Mikroskop sichtbar wird: Hautschuppen, Speichel- oder Harnsekret – für uns klingt das alles nicht so verlockend, ist aber ein Festessen für Mikroben.

Viele Keime gelangen aus der Badumgebung auf das Tuch, hier auch mal ein paar Tröpfchen von der Toilette. Keine Sorge, die meisten dieser Mikroben stammen von Ihrem Körper und sind nicht gesundheitsschädlich. Doch die Mikroorganismen wachsen und gedeihen bekanntlich bei Feuchtigkeit sehr schnell. In den kuscheligen Frotteefasern fühlt sich deshalb recht zügig eine artenreiche Mikroben-Gemeinschaft wohl, die beispielsweise Bindehautentzündung, Ekzeme, Warzen, Akne, Erkältungen oder auch Geschlechtskrankheiten hervorrufen kann. Manche Bakterienstämme können sich in Handtüchern in 20 Minuten mehr als verdoppeln.

Wie oft können Sie Ihr Badetuch mit gutem Gewissen benutzen? Dazu gibt der Mikrobiologe Philip Tierno von der New Yorker School of Medicine den folgenden Tipp: Ein Badetuch sollten Sie höchstens dreimal benutzen. Denn jedes feuchte Handtuch fängt irgendwann mal an zu leben. Besonders wichtig ist es, dass es nach jeder Benutzung komplett durchgetrocknet wird, um das Bakterienwachstum etwas zu mindern.[119]

Wo immer Gerüche auftauchen, sind Mikroben schon dabei, ihre neue Heimstatt zu beziehen. Handtücher gehören deshalb regelmäßig in die Waschmaschine, nicht erst wenn sie anfangen zu müffeln. Sie verteilen die Mikroorganismen sonst mit dem Badetuch schnell auf Ihrer Haut. Sie sollten Ihre Handtücher in der Familie auch keinesfalls gemeinsam nutzen. Obwohl das Handtuch meist erst genommen wird, wenn wir uns gewaschen haben, ist es die perfekte feuchte Umgebung, in der Pilze oder andere Keime wie z.B. *Staphylokokken* wachsen. Zudem wissen Sie nie, ob der Vorgänger sein Handtuch für »oben« oder »unten« benutzt hat. Wenn Sie Ihr Handtuch mit anderen teilen, könnten Sie außerdem in Kontakt mit Organismen kommen, die Ihr Körper nicht kennt und nicht verträgt. Die möglichen Folgen sind Pickel, Furunkel oder Infektionen. Und die möchte wirklich keiner haben!

Da es technisch nahezu unmöglich ist, alle Handtücher, die von allen genutzt werden, vollständig zu trocknen, sammeln sich sehr schnell Mehltaupilze an, die einen unverkennbaren »nassen Handtuchgeruch« erzeugen. Die Mehltaupilze sind auch bekannt dafür, dass sie Stockflecken in Wäsche hervorrufen. Mehltau ist wie Schimmel ein Pilz, der ein feuchtes Milieu liebt und sich mit Sporen über Luft und Wind verbreitet. Damit aus den Sporen Pilze wachsen, braucht es nur etwa 70 Prozent Luftfeuchtigkeit. Die kann Ihr nasses Handtuch spielend bieten.

Die Verbraucherzentrale rät deshalb, Badetücher und Handtücher generell bei 60 Grad Celsius zu waschen. Auf diese Weise werden mehr Keime aus der Wäsche entfernt als bei einem Waschgang von nur 40 Grad. Jeder in der Familie sollte ein eigenes Handtuch haben, am besten sogar von einer bestimmten Farbe, das einzeln am Haken trocknen und nach zwei bis dreimaligem

Benutzen heiß gewaschen werden sollte. Haben Sie außerdem eine Wäschebox aus Plastik mit einem dicht verschließbaren Deckel im Bad, sollten Sie diese nicht vor der warmen Heizung deponieren. Wenn Sie darin feuchte Handtücher, Socken und Unterwäsche länger lagern, werden Sie live Zeuge, wie »neues Leben« darin entsteht.

Eine besonders schlechte Idee ist es, in der Dusche Waschlappen oder Luffa-Schwämme liegen zu lassen. Sie saugen sich komplett mit Wasser voll und werden nur selten trocken, was wiederum das Wachstum von Keimen so richtig schön ankurbelt. Einige Erreger können besonders unangenehm werden, wenn sie in den Mund gelangen wie z.B. Noroviren oder *E. coli*. Verkeimte Luffa-Schwämme sind oft auch die Hauptursache für Körperakne, sagen Experten. Sie sollten, wenn sie überhaupt verwendet werden, mit heißem Wasser ausgespült und alle drei Monate ersetzt werden.

Schmutzige Duschvorhänge aus Textil werden ebenfalls schnell zum Heim von Hefen und Pilzen. »Ein Duschvorhang *kann* verschimmeln, *muss* es aber nicht«, sagte schon der Comedian Rüdiger Hoffmann in einem Sketch über nervige WG-Mitbewohner. Das ist alles überhaupt kein Problem, wenn Sie den Vorhang zum Trocknen über der Stange ausbreiten. Schimmelsporen sind mikroskopisch klein. Aber wenn die erste schwarze Färbung sichtbar wird, heißt das, dass schon Millionen oder Milliarden Sporen da sind. Eine viel geringere Menge an Schimmelsporen genügt, um eine Schimmel-Allergie oder Asthma auszulösen.[120]

Am besten ersetzen Sie dann den Vorhang oder schrubben ihn kräftig mit einem Reinigungsmittel – eine effektive und billige Methode. Außerdem können Sie die meisten Duschvorhänge auch einfach in die Waschmaschine geben. Das Etikett zeigt die Waschhinweise und zum Trocknen einfach in die Wanne hängen.

Auf Badematten sammeln sich gern Haare und Staubflusen und – wenn Sie genauer hinschauen würden – auch Schimmelsporen, Bakterien und Pilze, die hier wochenlang überleben. Der

Fußboden im Bad ist meist feucht und bietet ein ideales Selbstbedienungsbuffet von Urinspritzern, Hautresten und anderen Minispuren aus der Toilette. Würden Sie wochenlang nicht putzen, würden Sie sich einer Vielzahl von Keimen aussetzen, die dann vom Bad ins ganze Haus getragen werden – bis auf Ihre Bettlaken. Unsere Füße sind zwar allgemein widerstandsfähiger, aber wenn wir Blasen oder kleine Verletzungen haben, besteht ebenfalls die Gefahr, sich an einer schmutzigen Matte zu infizieren. Badematten können am besten alle zwei Wochen eine Heißwäsche vertragen.

Bei alldem wird auch klar, wie wichtig richtiges Lüften im Bad ist, um die Feuchtigkeit zu verringern. Schon während des Duschens und 10 bis 20 Minuten danach lohnt es sich, das Badezimmer zu lüften. Da es darin sowieso schon so feucht ist, führt mangelnde Belüftung nur dazu, dass die gleichen Schimmelsporen und der Mehltau, die auf dem Duschvorhang wachsen, sich auch über die Badezimmerwände weiter ausbreiten. Wer nicht gerade eine totale Keimphobie hat, wird vermutlich seine Badezimmerwände nicht regelmäßig desinfizieren. Prinzipiell kann der Schimmel auf den Wänden bei Menschen Asthma auslösen. Das Öffnen des Fensters oder das Einschalten des Abluftventilators hilft, das Badezimmer ausreichend zu belüften. Dadurch lässt sich die Zahl der Sporen dramatisch reduzieren.

Lady in Pink – schimmliges Leben in der Fuge

Kachelfugen sind wahre Ökosysteme! Es ist wissenschaftlich belegt, dass die Fugen in Badezimmerwänden zu den größten ökologischen Nischen für Bakterien und damit gleichzeitig zu den größten hygienischen Schwachstellen in Ihrem Haushalt zählen. Das untersuchte der globale Hygiene Council, eine Vereinigung der weltweit führenden Experten auf diesem Gebiet. Fugen sind neben der Toilettenspülung, den Wasserhähnen und den

Schranktüren die Stellen, wo sich die meisten Bakterien verstecken, und das betrifft besonders geflieste bodengleiche Duschen. Die Fugen lassen sich nur schwer reinigen, wie wohl die meisten von uns aus leidvoller Erfahrung wissen. Hier können sich Schmutz und Bakterien leichter festsetzen als auf glatten Oberflächen. Aggressive Reiniger bringen meist mehr Schaden als Nutzen. Die Fliesenfugen können bei häufiger Reinigung mit den handelsüblichen Desinfektionsmitteln oder chemischen Reinigern eher brüchig und porös werden. Das ist der richtige Zeitpunkt für den Angriff von gemeinem Dreck und Keimen. Auf porösem Material sammelt sich schnell jede Art von Schmutz an, z.B. auch an Roststellen oder auf porösen Gummi- und Silikondichtungen.

Die neuralgische Stelle im Bad ist deshalb die Fliesenfuge. Schmutz folgt einem leicht verständlichen Prinzip: Zuerst muss sich eine Unterlage bilden, und dann kann sich etwas daran anheften. Erst danach siedeln erste Lebewesen und gründen ganze »Mikrobenstädte«. Mikroorganismen beziehen dabei immer lieber einen Altbau, schon länger bestehende Kalkreste oder Roststellen, als dass sie mühsam Neuland erobern. Auch in Silikonfugen setzen sich jede Menge Keime ab. Daher gilt: Der beste Schmutz ist der, der gar nicht erst entsteht.

Wer haust denn nun aber in der Fliesenfuge und verursacht diese wunderschönen Farbeffekte in der Dusche von Rosarot bis Schwarz? Die Fuge, ganz gleich, ob aus Silikon oder Zement, ist das Reich von *Aspergillus niger*, dem gemeinen Schwarzschimmel – leicht erkennbar an den schwarzen Verfärbungen. Er bevorzugt Feuchte und einen üppig gedeckten Tisch mit organischem Material, von dem er sich ernähren kann. *Aspergillus* kann für unsere Gesundheit gefährlich werden.[121] Der Schimmel ist oft Ursache für Pilzinfektionen sowie Atembeschwerden, Asthma oder Allergien.

Daher sollten Sie die Fugen regelmäßig mit Essigreiniger oder heißem Wasser säubern. Ein Übersprühen mit Wannenspray löst bei *Aspergillus* nur leichte Heiterkeit aus. Über eine Wurzelbürste lacht er aber nicht mehr. Außerdem können Sie als Spielverderber auch pilzhemmendes Silikon für Nassräume verwenden.

Neben *Aspergillus* kann ich Ihnen im Bad noch eine »Lady in Pink« vorstellen: *Serratia marcescens.* Die rosa Verfärbungen oder auch der pinkfarbene Schleim in der Dusche, in Abflüssen oder in der Toilette gehen auf dieses Bakterium zurück. Die auffällige Farbe verdanken die *Serratia*-Kolonien einem roten Pyrrol-Pigment: Prodigiosin. Der Name leitet sich vom lateinischen »prodigium« = »Wunderzeichen« ab und geht auf seine interessante Geschichte zurück. *Serratia marcescens* wurde 1819 auf verdorbener Polenta von dem Pharmazeuten Bartolomeo Bizio aus Padua entdeckt. Er hielt die Kolonien für einen Pilz und benannte ihn nach seinem Physiklehrer, dem Dampfschiffkonstrukteur Serafino Serrati aus Florenz. *Serratia* werden auch das »Wunder von Bolsena« und andere Blutwunder in Kirchen zugeschrieben. Wie andere Schimmelpilze kann das Bakterium auf Hostien gedeihen und diese rot verfärben, was den falschen Eindruck eines Hostienwunders erweckte.

Das Stäbchenbakterium *Serratia* kommt ganz natürlich überall in der Umwelt vor: im Boden und Wasser, auf Tieren und Pflanzen oder auch in unserer Darmflora. Sie sind in der Regel harmlose Zersetzer organischer Stoffe. In unseren Bädern finden sie optimale Bedingungen vor. Sie lieben feuchte Umgebungen mit einem hohen Phosphatanteil und ernähren sich daher auch gern von Seifenresten und Shampoo. Viele Leute beobachten das Problem verstärkt in Sommermonaten, wenn es wärmer ist und die Fenster ganztägig offen stehen und die Bakterien aus der Umwelt eindringen können.[122]

Das Bakterium ist für gesunde Menschen ungefährlich, kann jedoch immungeschwächte Personen infizieren. Der Erreger löst eine Magen-Darm-Grippe mit Erbrechen und Durchfall aus, die aber mit Antibiotika einfach zu behandeln ist. Als Darmkeim des

Menschen kann er praktisch nach jedem Toilettengang übertragen werden, wenn die Hände nicht richtig gewaschen werden. Bei geschwächtem oder noch nicht entwickeltem Immunsystem wie bei Frühgeborenen kann der Keim Entzündungen hervorrufen und mitunter lebensbedrohliche Erkrankungen auslösen.

Im Bad können Sie die *Serratia*-Bakterien nicht so leicht wieder loswerden, wenn sie erst einmal fest etabliert sind. Am besten hilft in diesem Fall wirklich ein Desinfektionsmittel oder Chlorbleiche.

Beauty-Mikroben: Keime, die Cremes und Bürsten mögen

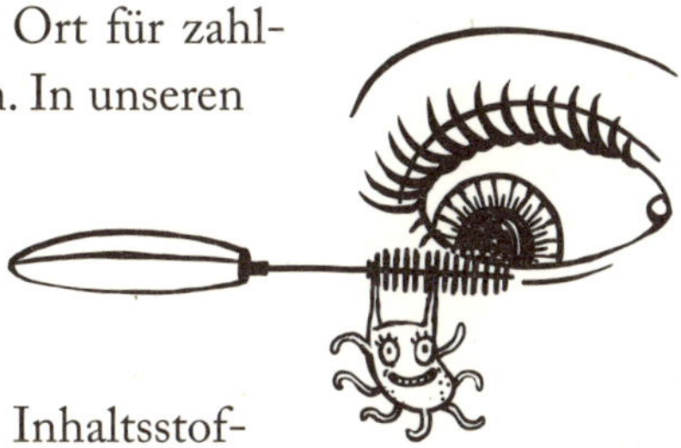

Das Badezimmer ist auch der Ort für zahlreiche Verschönerungsaktionen. In unseren Spiegelschränken stehen unzählige Tiegel, Tuben und Töpfchen, die uns noch attraktiver machen sollen. In ihnen enthalten sind wertvolle Inhaltsstoffe, die nicht nur wir gern mögen. Auch hier lohnt es sich einmal genauer hinzuschauen, wer sich in unserer Kosmetik gern »mit durchfrisst«. Viele Bakterien mögen Make-up, aber nicht aus dekorativen Gründen. Interessant ist für sie eher der hohe Fettgehalt. In den kleinen Tuben und Fläschchen können Mikroben prächtig und ungestört gedeihen, ihre Kolonien und schleimigen Biofilme bilden und sich immer weiter vermehren. Die meisten sind harmlos, aber ab und zu wurden schon Krankheitserreger gefunden, die dort nicht hineingehören. Die Toxine, die diese pathogenen Mikroben mitunter produzieren, können einen hässlichen Ausschlag oder Juckreiz verursachen – sogar bis zu Nasen- und Halsproblemen. Wie kommen diese

Bakterien in die Cremes? Haben die Hersteller nicht sauber gearbeitet?

Zum großen Teil sind wir selbst dafür verantwortlich, dass Keime in unsere Kosmetik eingeschleppt werden. Wir teilen die Creme mit dem Partner oder unseren Lippenstift mit der Freundin. Könnte doch sein, dass mir dieses Signalrot genauso gut steht? Keine geniale Idee: Gerade die Haut an unseren Lippen ist sehr empfindlich für Infektionen, und so könnten wir schnell auch Herpes- oder Grippeviren übertragen.

Ebenso kein guter Einfall ist es, mit ungewaschenen Händen in Cremetiegel zu fassen. Schnell verteilen Sie sonst die von der Toilette oder sonst woher stammenden Keime fein säuberlich in Ihrem Gesicht – noch dazu mit einer reichhaltigen cremigen Nahrungsgrundlage. Hygienischer sind kleine Schwämmchen, Spatel oder Wattestäbchen zum Auftragen. Cremetuben sind außerdem viel praktischer als Tiegel. Dermatologen raten sogar dazu, Cremetiegel nach etwa sechs Wochen wegzuwerfen, sonst drohen Akne oder gerötete Augen. Gerade in selbst gemachten Kosmetikartikeln oder Produkten, die ohne Konservierungsstoffe hergestellt wurden, vermehren sich Bakterien rasend schnell. Im Sommer ist es sogar besser, diese im Kühlschrank aufzubewahren, weil sie sonst gerinnen. Auch Puder- und Rouge-Pinsel vertragen etwa alle zwei Wochen eine kräftige Wäsche mit Seife oder Shampoo.

Eine ganz empfindliche Stelle für Kosmetika sind unsere Augen. Bei Wimperntusche müssen wir uns deshalb nicht nur mit verklumpten Wimpern herumärgern – den sogenannten »Fliegenbeinen«. Auch Bakterien sind ganz verrückt nach Mascara. Laut einem Bericht des *International Journal of Cosmetic Science* untersuchten Wissenschaftler von zwei brasilianischen Universitäten 40 Mascara-Proben.[123] Die Proben waren nicht neuwertig, sondern schon einige Male von Frauen verwendet worden. Allein 79 Prozent der Mascara-Proben waren mit kugelförmigen *Staphylokokken-Bakterien* verunreinigt, die auf der Haut und den

Schleimhäuten leben und Infektionen und Entzündungen verursachen. Ähnlich sah es bei Eyelinern aus. Eine mögliche Erklärung für den Befall der Wimperntusche sehen die Wissenschaftler in der Dunkelheit in den geschlossenen Tuben. Unter diesen Bedingungen gedeihen die Bakterien bestens, insbesondere nach etwa drei Monaten. Das ist auch genau der Zeitraum, nach dem die Haltbarkeit dieser Produkte normalerweise abläuft. Nicht überraschend ist natürlich, dass 86 Prozent aller Frauen ihre Wimperntusche noch nach diesen drei Monaten weiter nutzen. Sie ist ja noch gut oder noch nicht aufgebraucht und zu schade zum Wegwerfen. Dies sollten Sie sich aber gut überlegen! Sie gehen damit das Risiko geröteter oder gereizter Augen ein. Deshalb ein Tipp: Kaufen Sie doch einfach kleinere Reisegrößen.

Wie lange Cremes, Wimperntuschen oder Rouge-Töpfchen haltbar sind, verrät übrigens die Verpackung. Genau wie Wurst und Käse haben auch Kosmetikartikel ein Haltbarkeitsdatum. Allerdings müssen nur Kosmetikartikel ausgezeichnet werden, die weniger als 30 Monate haltbar sind. Mit jedem Öffnen des Deckels gelangt Luft, die nicht keimfrei ist, ins Innere, und die Creme kann verderben. Das Symbol eines geöffneten Cremetiegels und eine Zahl zeigen an, wie viele Monate nach dem ersten Öffnen das Produkt noch verwendbar ist.

Es geht aber auch ganz anders! Neuerdings werden Cremes sogar gezielt Bakterien zugesetzt. Der neue Trend heißt »Probiotische Kosmetik«. Wieso sind Bakterien gut für unsere Haut? Zuerst einmal leben auf unserer Haut bereits ganz viele unterschiedliche Bakterienarten, die uns vor krank machenden Keimen schützen – wie eine »Bio-Barriere«. Durch Stress oder falsche Pflege kann diese fein ausbalancierte Hautflora aus dem Gleichgewicht geraten. Genau hier setzen neue Cremes, Lotionen und Sprays an, in denen Milchsäurebakterien verwendet werden. In wissenschaftlichen Studien wurde bewiesen, dass die probiotischen Wirkstoffe der Bakterien die Haut widerstandsfähiger machen, vor äußeren Einflüssen schützen und für mehr Feuchtigkeit sorgen. Die probiotische Kosmetik wurde in erster Linie für empfindliche und sensible Haut entwickelt, damit Rötungen und Reizungen abklingen. Die Mikrobiologin Christine Lang entwickelt probiotische Kosmetik auf der Basis von Milchsäurebakterien (»ibiotics«). In Magdeburg tüftelt die Firma S-Biomedic an einer komplexen Mischung von Bakterien, die das Ungleichgewicht der Haut beheben soll. Und in Genf forscht ein Wissenschaftlerteam an einem natürlichen Deo – innovative Kosmetik mit Bakterien gegen Bakterien.

Alles clean mit Seife?

Das Gerücht, dass Seife sich selbst reinige und damit quasi immun gegen Bakterien sei, hält sich genauso hartnäckig wie Bakterien auf einem Stück Seife. An sich bieten die glitschigen Waschstücke wirklich keine optimalen Bedingungen für Bakterien. Allerdings haben Forscher festgestellt, dass sich Mikroorganismen auf fester Seife und vor allem auf der Seifenablage durch die feuchte Umgebung sehr gut vermehren können.[124] Auf der Seifenoberfläche bleiben durch den Kontakt mit unserer Haut nämlich immer Hautschüppchen, Schmutz und Bakterien hängen. Werden die Seifenschalen zu wenig gereinigt, entsteht ein »Arkadien« für Bakterien. Dann werden sie zu regelrechten Petrischalen, in denen Keime fröhlich weiterwachsen können. Für gesunde Menschen ist das normalerweise ungefährlich. Besser ist es trotzdem, die Seifenschalen regelmäßig mit Spülmittel und heißem Wasser zu reinigen und danach gut abzutrocknen. Und vor allem: eine Seifenschale zu kaufen, die das Wasser gut ablaufen lässt.

Selbst Duschgels sind vor der Bakterieninvasion nicht geschützt und können schnell zu Infektionsherden werden. In den wasserhaltigen Erzeugnissen wie Duschbädern oder Badezusätzen vermehren sich Keime besonders gut. Bei gesunder Haut passiert normalerweise auch hier nichts, selbst wenn das Duschgel bereits eine Weile geöffnet ist. Trotzdem sollten Sie die Kosmetika nach Gebrauch immer gut verschließen und möglichst im dunklen Badezimmerschrank aufbewahren.

Ganz Vorsichtige können alternativ auf Flüssigseife ausweichen, wie die Studie nahelegt, die sowohl flüssige als auch feste Seifen in öffentlichen Toiletten auf ihren Befall mit Bakterien untersucht hatte.[125] Das Ergebnis: Alle festen Seifenstücke beherbergten Mikroorganismen, die sich selbst nach 48 Stunden noch auf der Seife befanden. So könnten Seifen auch zum Überträger für Infektionen werden.

Aber es gibt doch antibakterielle Seifen, werden Sie jetzt vielleicht einwenden. Damit wären wir doch auf der sicheren Seite im Kampf gegen Keime. Lange wurde für antibakterielle Seifen geworben, die die ganze Familie vor Krankheitserregern schützen sollte. Doch dieses Bild täuschte gewaltig, wie viele Studien zeigten. Ja, im Gegenteil: Die Seifen spielen sogar eine Rolle bei der Entstehung multiresistenter Keime. Als antibakterieller Zusatz wird beispielsweise gern Triclosan in Zahnpasta, Seifen oder Deos verwendet. Auch in Deutschland ist es in vielen Produkten im Einsatz, z.B. als hochpotenter Bakterienhemmer in schweißhemmender Kleidung oder in Waschmitteln. Hier warnen die Wissenschaftler aber vor einer erhöhten Infektionsgefahr. Triclosan verändere etwa die Besiedlung unserer Nasenschleimhäute durch den Krankheitserreger *Staphylococcus aureus,* wurde im Fachjournal *MBio* berichtet.[126] Das kann für bestimmte Menschen das Risiko einer Infektion erhöhen – etwa bei chirurgischen Eingriffen oder bei einem geschwächten Immunsystem. Zudem ist Triclosan schon seit Jahren sehr umstritten. Untersuchungen zeigten, dass die Substanz die Funktion von Muskeln und das Hormonsystem beeinträchtigt. Weitere Studien sind außerdem nötig, um zu klären, ob der »Bakterienkiller« Triclosan auch an anderen Stellen unseres Körpers die Bakterienbesiedlung unseres Mikrobioms beeinflussen könnte.

Der weltweite Einsatz der antibakteriellen Zusätze kann Allergien auslösen, das Immunsystem schwächen und ist zudem unnötig teuer. Mikrobiologen befürchten, dass bei den eigentlich zu bekämpfenden Bakterien neue Resistenzen entstehen, die die Winzlinge dann wirklich gefährlich und kaum beherrschbar machen. Antimikrobielle Substanzen gehören deshalb in die Hände von Profis, wie Kliniken, Arztpraxen oder Lebensmittelfabriken. Die US-Gesundheitsbehörde FDA hat mittlerweile schon die Verwendung der antibakteriellen Seife verboten. Die Hersteller dürfen künftig 19 antibakterielle wirksame Stoffe, wie Triclosan oder Triclocarban, nicht mehr einsetzen. In der Europäischen Union ist Triclosan seit Kurzem in Produkten wie Cremes oder Lotionen verboten, die großflächig auf die Haut aufgetragen werden. Die Verwendung in Duschgels oder Zahnpasta ist jedoch weiterhin erlaubt. Die Verbraucherzentralen empfehlen aber schon vorsichtshalber, Produkte mit der Substanz zu meiden. Viele Anbieter verzichten daher schon auf Triclosan. Die bessere Wirksamkeit von antibakterieller Seife im Vergleich zu herkömmlicher Seife ist außerdem auch nicht belegt, wie koreanische Forscher in einer aktuellen Studie zeigten, ja, diese Seife schadet sogar der Gesundheit.[127]

Also nicht übertreiben mit der Hygiene. Alles zu sterilisieren ist voll retro! Weniger ist auch hier manchmal mehr.

Haariges: Bewohner in Zahnbürsten und anderen Borsten

Wir verwenden Bürsten, um uns die wilden Haare zu bändigen oder unsere Zähne blitzblank zu schrubben. Doch die borstigen Geräte sind auch ein beliebtes Domizil von Bakterien und Pilzen.

Viele Paare tauschen zum Beispiel ihre Zahnbürsten. Auch nicht schlimmer als Küssen, denken Sie? Das sehen Experten anders. Auf unserer Zahnbürste tummeln sich etwa 100 Millionen Keime. Die meisten sind harmlos. Es kommen dazwischen aber auch Krankheitserreger wie beispielsweise Herpesviren, Karies, Hepatitis C, Parodontitis oder Grippeviren vor, die durch das Tauschen der Zahnbürste weitergegeben werden.[128] Und das gar nicht so selten. Im Durchschnitt greift eines von vier Paaren zur selben Zahnbürste. Wer sich mit einer fremden Zahnbürste die Zähne putzt, massiert die Bakterien regelrecht ins Zahnfleisch ein und erhöht damit sein Infektionsrisiko.

Gerade wenn jemand krank ist, geraten seine Keime sehr schnell an die Zahnbürste. Ein klassisches Beispiel ist eine Halsentzündung. Sie wird oft sehr früh mit Antibiotika behandelt, sodass der Körper keine starke Immunität gegen die Infektion entwickeln kann. Wird dann immer wieder die alte Zahnbürste benutzt, die mit *Streptokokken* besiedelt ist, bekommen Sie leicht die nächste Infektion. Oder Ihr Partner, wenn er Ihre Zahnbürste benutzt. Viele Keime aus dem Speichel können in der Bürste wochenlang überleben. Experten empfehlen deshalb, die Zahnbürste im Normalfall alle sechs Wochen und sofort prophylaktisch zu ersetzen, wenn jemand krank war, oder sie zumindest gründlich zu reinigen.[129] Dazu wird sie am besten etwa 10 Minuten lang zur Desinfektion in Wasserstoffperoxid aus der Apotheke oder Zoohandlung eingeweicht, danach einfach gründlich ausgespült und getrocknet. Geschlossene Behälter oder Naturborsten sind übrigens für Zahnbürsten tabu, weil beides Traumbedingungen für Bakterien schafft.

Wenn Sie das Bad mit der Familie oder einer Wohngemeinschaft teilen, besteht noch eine weitere Chance, Keime optimal von einer Zahnbürste zur nächsten zu transportieren. Sie müssen nur alle Zahnbürsten schön eng in ein und denselben Becher quetschen. Wenn die Borsten sich berühren, können Sie die Zahnbürste auch gleich mit Ihren Mitbewohnern teilen.

Bei der Gelegenheit sollten Sie bitte gleich den Boden des Zahnputzbechers genauer betrachten! Er wird oft beim Auswaschen vergessen und erinnert meist an ein grauweißes Schimmelreservoir. Am besten also die Zahnbürsten einzeln und aufrecht stehend in Bechern aufbewahren, sodass alle Bürsten Platz zum Atmen und Trocknen haben.

Die Bürsten sollten am besten auch nicht offen stehen, sondern geschützt im Badschrank. Bei Untersuchungen fanden Forscher in Bädern mit Toiletten dieselben Fäkalkeime, die durch die Toilettenspülung aufgewirbelt wurden, auf den Zahnbürsten wieder. Die Keime können mit feinsten Tröpfchen bis zu sechs Meter durch den Raum schweben.[130] Die Bakterien werden uns bei einem gesunden Immunsystem sicher nicht gleich umbringen, aber es ist doch gar nicht lecker, sich mit Toilettenwasser die Zähne zu putzen. Außerdem kann es nicht schaden, beim Spülen den Deckel zu schließen und die Zahnbürste im Badezimmerschrank aufzubewahren.

Und nun zu unseren Haarbürsten. Sie schaffen es zwar nicht ganz in die gleiche Keimschleuder-Liga wie Handtücher oder Zahnbürsten. Trotzdem sollten Sie sie ebenfalls nicht teilen. Eine Haarbürste, mit der wir unser Haar mehrmals täglich zu einer ansehnlichen Frisur gestalten, sammelt allerhand von unserem Kopf auf. Dazu gehören Partikel wie tote Haut, Schuppen, Öl, Schmutz und natürlich jede Menge Mikroben. Denn auf dem Kopf wimmelt eine natürliche Vielfalt. Dabei ist die Anzahl der Keime, die täglich auf die Bürste gelangen, zwar nicht zu hoch, aber sie sammeln sich nach und nach an.

Eine Haarbürste ist für Keime richtig gemütlich. Neben den Haaren sind Rückstände von Styling- und Pflegeprodukten, Hautschüppchen und Öl der ideale Nährboden für Keime. Kommt noch etwas Feuchtigkeit aus dem frisch gewaschenen Haar dazu, dann wächst und wuchert es in den Borsten. Auch Läuse oder Krätze, falls vorhanden, wechseln bei der Gelegenheit gern mal die wirtliche Lokalität. In Haushalten mit kleinen Kindern werden sie auch aus dem Kindergarten oder der Schule mitgebracht. Eine Haarbürste braucht deshalb regelmäßig ihr Shampoo.

Dermatologen wie beispielsweise die Kölner Dermatologin Dr. Anne Hundgeburth raten laut *welt.de*, lose Haare am besten mit einem feinzinkigen Kamm aus der Bürste zu entfernen und dann den Bürstenkopf mit etwas Shampoo unter reichlich fließendem Wasser auszuspülen.[131] Eine gute Methode ist es, in ein Glas Wasser einen Teelöffel Geschirrspüler und einen Teelöffel Essig zu rühren. Über Nacht bricht die Seife in der eingeweichten Bürste allen Schmutz auf, und der Essig tötet die meisten Bakterien.

Schlussendlich sind unsere Bürsten keine schlimmen Keimschleudern, wenn wir die Bürste eines Mitbewohners nutzen, der eine ganz normale mikrobielle Besiedlung auf der Haut und seinem Haarschopf hat. Wenn die Bürsten aber Keime aus der Umwelt, aus dem Bad oder der Toilette aufnehmen, führt das vielleicht zu einer ganz besonderen Artenkollektion, die manchmal auch in Fäkalien zu finden ist. Bakterien fressen eben gern alles, was eine Bürste zu bieten hat, und können unter diesen guten Bedingungen schnell ausreichende Mikroben-Armeen bilden, um uns richtige Probleme zu machen.

Tipps für das Bad

1. Schließen Sie den Toilettendeckel beim Spülen! Das reduziert in Tröpfchen umherschwebende Keime aus der Toilette.
2. Waschen Sie die Hände mindestens 20 Sekunden mit Seife und singen dabei »Happy Birthday«! Hände sind der Hauptübertragungsweg für Keime.
3. Nehmen Sie Ihr Handy nicht mit aufs Klo oder reinigen Sie es danach mit einem Brillenputztuch.

4. Lassen Sie Wasser aus länger nicht genutzten Wasserleitungen erst einige Minuten lang heiß laufen, bevor Sie es benutzen! Das verringert die Gefahr einer Ansteckung mit Keimen durch das Einatmen von Sprühnebel.
5. Handtücher nach dreimaligem Benutzen bei 60 Grad waschen. Außerdem immer gut trocknen lassen und dabei nicht übereinanderhängen. Handtücher nicht mit anderen teilen.
6. Auf die Haltbarkeitsdaten von Kosmetikartikeln achten und nicht untereinander austauschen.
7. Seifenschalen kaufen, die Wasser gut ablaufen lassen, oder gleich Flüssigseife nehmen. Antibakterielle Seife ist völlig unnötig.
8. Zahnbürsten alle sechs Wochen oder nach einer Krankheit sofort erneuern. Zahnbürsten und Haarbürsten am besten auch nicht austauschen.
9. Schmutzwäscheboxen mit dicht schließendem Deckel nicht vor die Heizung stellen! Feuchte Handtücher, Socken und Unterwäsche nicht länger darin lagern.

6 DAS SCHLAFZIMMER – WER SCHLÄFT DENN DA MIT MIR?

Gerade haben Sie sich ins Bett gelegt und das Licht ausgeknipst. Während Sie langsam einschlafen, wird rund um Sie herum ein ganzer Miniaturdschungel lebendig. Zwischen den Kissen und Decken wachen die Staubmilben auf, die durch die Wärme Ihres Körpers und die Feuchtigkeit des Schweißes angelockt werden. In den Fasern der Bettwäsche, mitten in einem Wald aus mikroskopisch kleinen Schimmelpilzen, machen sich ganze Herden dieser Milben auf den Weg, um nach Hautschuppen, ihrem Leibgericht, zu suchen. Doch ihre friedliche Mahlzeit wird schon bald jäh unterbrochen, als schreckliche Raubtiere auftauchen: Getreideraubmilben. Wer dem plötzlich ausbrechenden Tumult nicht schnell genug entfliehen kann, wird von ihnen zwischen die klauenbewehrten Greifzangen genommen, aufgeschlitzt und ausgesaugt. Die wilde Jagd geht weiter bis zum Morgengrauen – bis Sie Ihr Bett völlig unbeeindruckt von diesem nächtlichen Abenteuer wieder verlassen. So vermittelt Ihnen das farbenfroh illustrierte Buch *Die unsichtbaren Welten mikroskopisch kleiner Tiere* von Hélène Rajcak und Damien Laverdunt einen Eindruck vom Mikrokosmos in Ihrem Schlafzimmer und stimmt uns

wunderbar auf spannende Geschichten zwischen Matratzen und Kissen ein.

Rund 26 Jahre unseres Lebens und ein Drittel eines jeden Tages verbringen wir mit Schlafen. In keinem Raum verweilen wir länger als im Schlafzimmer. Hier wird geliebt, gestritten und geträumt. In Betten werden wir geboren, zeugen wir Kinder, und darin sterben wir auch.

In der Geschichte sind Schlafzimmer Orte der Erholung, der Leidenschaft, aber auch der Politik – wenn wir an das »Lever« (Morgenempfang) und »Coucher« (Zubettgehen) des französischen Sonnenkönigs Ludwig XIV. denken. Niemals zuvor, aber auch nie mehr danach hat die gesellschaftliche Repräsentation in einem Bett solche Ausmaße erreicht.

Der Luxus eines eigenen Raums zum Schlafen und sogar eines eigenen Bettes ist kulturgeschichtlich sehr jung. Jahrhundertelang lebten ärmere Menschen in Europa gemeinsam mit ihren Tieren unter einem Dach. Bis ins 19. Jahrhundert war es sogar üblich, dass in Gasthäusern die Betten geteilt wurden – was für eine Vorstellung für uns Heutige! Einfache Menschen in der Stadt und auf dem Land teilten sich durchschnittlich ein Bett mit zwei bis drei Haushaltsmitgliedern. Im Zeitalter der Industrialisierung führte Wohnraummangel sogar dazu, dass Betten tagsüber an sogenannte »Schlafgänger« vermietet wurden. Das Bett wurde also nie kalt – dementsprechend sahen auch die hygienischen Verhältnisse darin aus. Historisch gesehen ist der größte Schrecken der Schlafstätten die Bettwanze, *Cimex lectularius*, wie der wissenschaftliche Name der kleinen Blutsauger lautet, die dafür sorgten, dass niemand allein schlief. Wie Läuse feiern auch Bettwanzen leider wieder ein Comeback. Fast im gesamten 20. Jahrhundert waren sie durch moderne Hygienemaßnahmen inklusive Insektenvernichtungsmitteln in großen Teilen Amerikas und Europas ausgestorben aber nun tauchen sie wieder auf, mitgebracht in Taschen und Koffern von Reisen um den Globus, überwiegend aus den USA, Asien oder arabischen Ländern. Aber damit nicht genug des Krabbelgetiers in unseren Betten. In Ihrem Bett leben im Durchschnitt 1,5 -2 Millionen Bettmilben. Und wenn wir uns auf die mikroskopische Ebene begeben, dann schnellen die Zahlen der mit uns schlafenden Winzlinge und Mikrowesen in ungeahnte Höhen.

Wir züchten wahrhaft kleine Biotope im Schlafzimmer. Einen genauen Blick auf unsere Bettstatt und ihre Falten wirft seit mehr als zehn Jahren Johanna van Bronswijk von der Universität Eindhoven. Sie hat die Bewohner auf unseren Laken einer »Volkszählung« unterzogen. Dafür hat sie penibel die Lebenswelten niederländischer Matratzen unter die Lupe genommen und alles genau kartiert – vom Bakterium bis zur kleinsten Bettwanze.[132] Nun wissen wir ganz genau, mit welcher bunten Schar wir unser Schlafgemach teilen: mit Milben, Insekten, Spinnen, Pseudoskorpionen, Krebstieren, Algen, Farnen und Pilzen. Für ihre wissenschaftliche Detektivarbeit wurde Johanna van Bronswijk 2007 mit dem »Ig-Nobelpreis« für Biologie ausgezeichnet. Die satirische Auszeichnung (englisch ignoble = unwürdig, schmachvoll) ist ein großes Medienereignis und wird für wissenschaftliche Arbeiten verliehen, die Menschen »zuerst zum Lachen, und dann zum Nachdenken« bringen.

Wie aber sieht es derzeit aus mit unserer Bettenhygiene? Einer internationalen Studie der »National Sleep Foundation« zum Schlafverhalten zufolge stören sich Deutsche weniger an schmutziger Bettwäsche als an sonst etwas. 40 Prozent aller Befragten gaben an, dass sie ihre Bettwäsche nur alle drei Wochen oder noch seltener wechseln. In Sachen Reinlichkeit können sich die Deutschen womöglich noch einiges von den Mexikanern abschauen. In dem mittelamerikanischen Land wechseln 81 Prozent der Menschen ihr Bettlaken mindestens einmal pro Woche. In den USA und Kanada machen das immerhin noch circa 60 Prozent. Nach Meinung von Forschern reicht ein Lakenwechsel alle

2-4 Wochen bei Weitem nicht aus, wie der Mikrobiologe Philip Tierno von der New York University of Medicine im Interview mit dem Magazin *TechInsider* berichtet: »Dort tummeln sich Pilzsporen, Tierhaare, Pollen, Schmutz, Fusseln (…), alle möglichen Exkremente des Körpers, unter anderem Schweiß, Speichel, vaginale oder anale Ausscheidungen, Urin, Hautzellen…«[133] Auf diese Weise könne unser Bett schnell zu einem botanischen Park aus Bakterien und Pilzen werden. »So wie Rom mit der Zeit unter Schutt, der aufgrund der Gravitation herabgefallen ist, vergraben wurde, gelangen all diese Materialien auf unser Bett«, so Tierno.[134] Ein bis zwei Wochen dieser Dreckanhäufung reichen schon aus, damit Sie einen kratzigen Hals bekommen — für Menschen mit Allergien und Asthma ist das besonders schlimm. Auch Kosmetika wie Bodylotions und Gesichtscremes oder Essensreste und Kekskrümel tragen ihren Teil zum »Bettmilieu« bei. Unsere Betten sind damit der ideale Ort für kleinste Organismen, die sich hier lustig und munter vermehren können – gerade, wenn die Bezüge nicht so häufig gewechselt werden. Und auch wenn Sie sich selbst für besonders reinlich halten, geben Sie im Jahr doch mehr als 100 Liter Schweiß in die Bettlaken ab.

Obwohl wir so viel Lebenszeit im Bett verbringen, ist noch verhältnismäßig wenig darüber bekannt, welchen Verschmutzungen und Keimen wir während des Schlafens ausgesetzt sind. Der aktuelle Wissensstand füllte aber immerhin im Jahr 2017 einen Artikel mit ersten Erkenntnissen darüber, was wir Menschen im Bett einatmen oder über die Haut aufnehmen.[135]

»Wie man sich bettet, so schläft man« – anders als viele Sprichworte sonst hat dieses eine ganz praktische Bedeutung. In deutschen Haushalten leidet jeder Vierte an Ein- und Durchschlafproblemen. Bevor Sie aber an schwer nachvollziehbare Störfaktoren wie Erdstrahlen denken oder Ihr Schlafzimmer »auspendeln« lassen, sollten Sie einmal die einfachste Grundlage eines guten Schlafs genauer in Augenschein nehmen: Ihre Matratze. Oft ist sie einfach viel zu alt. Entsprechend vielfältig sieht ihr Innenleben aus, und das interessiert uns hier besonders.

Der Regenwald in der Matratze

Seit es den Menschen gibt, hat er das Bedürfnis, seinen Schlafplatz angenehm zu gestalten. Bereits in der Bronzezeit bauten sich Menschen Liegemulden im Erdboden und kleideten sie mit Matten aus. Auch die Bezeichnung »Bett« stammt aus dieser frühen Menschheitsgeschichte und bedeutet »eingewühlte Lagerstätte«. Manchmal sehen unsere modernen Betten auch noch so aus. Schon die alten Ägypter kannten übrigens erhöhte Ruhelager und Bettgestelle, wie sie sich im Grab des Pharaos Tutanchamun fanden, fein verziert mit geflochtenen Gittern als Vorläufer unserer heutigen Lattenroste. Der ägyptische Herrscher wusste also auch schon, dass mangelnde Belüftung Schimmel in die Matratze lockt. Seit dem 18. Jahrhundert sind Federbetten und Daunen populär. Moderne Federkernmatratzen wurden erst 1865 erfunden und anfangs auch sehr kritisch beäugt aufgrund der metallenen Spiralen, die sich oft selbstständig machten und den Schläfer in den Rücken piksten.

Mit Matratzen aus dem 18. Jahrhundert können Sie zu Hause sicher nicht aufwarten. Doch zehn- bis zwanzigjährige, schon fast antiquarische Sammlerstücke sind keine Ausnahmen, sondern eher die Regel. Dabei ist eine herkömmliche Matratze nach Meinung des Fachverbandes der Deutschen Matratzenindustrie nach sieben Jahren durchgelegen und sollte ausgetauscht werden. Der Wechsel ist nicht nur vom orthopädischen Nutzen ratsam, um unsere Wirbelsäule zu stützen, sondern vor allem aus hygienischen Gründen.

Viel gesünder ging es dagegen schon zwischen Steinzeit und später Neuzeit zu: Einmal im Jahr leerten die Menschen ihre

Strohsäcke auf dem Misthaufen aus und befüllten sie neu. Selbst Schimpansen haben viel saubere Betten als wir, da sie ihre Schlafnester aus Blättern sogar täglich neu bauen. Bei der Analyse von Proben aus verlassenen Nestern im Issa Valley in Tansania fanden Wissenschaftler heraus, dass nur 3,5 Prozent der vorhandenen Bakterien von der Haut, dem Speichel oder den Exkrementen der Schimpansen stammten.[136] In einer früheren Studie wurden in North Carolina die Betten von Menschen untersucht, und hier lag das Ergebnis bei stolzen 35 Prozent.[137] So machte der kulturelle Fortschritt, immer am gleichen Ort zu schlafen und saubere Umgebungen zu schaffen, unsere Schlafplätze nicht gerade optimal.

Wenn Teppiche für Milben schon fantastisch sind, dann sind Betten und Matratzen milbisch gesehen noch um einige Luxusklassen besser. Die Krabbeltiere können überall leben, wo es feucht, dunkel und mäßig warm ist und menschliche Hautschuppen vorkommen. Damit sind Betten das ideale Milbenheim. Eine Million Bettmilben in einer Doppelbettmatratze sind keine Seltenheit. Und in zwanzig Jahren haben Sie ausreichend Gelegenheit für den intimen Kontakt zu den Milbenallergenen in der Matratze. Wird dann eine neue Matratze angeschafft, wandern die Ableger oft noch ins Kinderzimmer – ein bedenkliches Erbe.

Die Invasion der Milben in einer neuen Matratze beginnt ganz still und unbemerkt. Kaum ist die neue Schlafunterlage da, erobern die Spinnentiere sie sehr schnell. Milben sind ein vermehrungsfreudiges Völkchen: Hauptsächlich von Mai bis Oktober legen die Weibchen pro Tag ein bis drei Eier. In jeder Matratze tummeln sich zwischen 8000 bis 25000 Hausstaubmilben pro Quadratzentimeter, die ganze Fäkalienschwärme hinterlassen. Jede Milbe produziert im Lauf ihres mehrmonatigen Lebens etwa das 200-Fache ihres Gewichts an Kot. Mit Beginn der Heizperiode nimmt die relative Luftfeuchtigkeit ab, und die Milben sterben. Bis dahin hat sich aber schon die maximale Menge an Exkrementen in der Matratze angesammelt. Im Gegensatz zu gesunden

Menschen, die sich nur etwas ekeln, sind die sonst harmlosen Bettgenossen für Allergiker ein echtes Problem. Fast zwei Drittel der 20 Millionen Allergiker in Deutschland reagieren nach Schätzungen des Allergie- und Asthmabundes (DAAB) auf Hausstaubmilben. Das Immunsystem der Allergiker läuft Sturm gegen bestimmte Eiweiße im Milbenkot und den Staub, der entsteht, wenn Milben sterben. Typisch sind stärkere Beschwerden nachts und am frühen Morgen beim Aufstehen – wie Atemnot, Hautjucken oder laufende Nase.

Wir Menschen sorgen selbst für die besten Bedingungen für Milben in der Bettunterlage: feuchtwarmes Klima (über 30 Grad Celsius) und optimale Futterversorgung.[138] Wenn wir im Schlaf schwitzen, geben wir die Tröpfchen über unsere Poren und die Kopfhaut ab. Bettlaken und Bettwäsche müssen somit jede Menge Flüssigkeit aufnehmen. Nach zwei bis drei Tagen ist die Aufnahmefähigkeit der Bezüge bereits erschöpft. Zudem sondert jeder Mensch auch noch gut ein Gramm Hautschuppen täglich ab. Dass sich eine Matratze unter diesen Bedingungen in ein Treibhaus mit »milbenfreundlichem Regenwaldklima« verwandelt, ist ganz normal. Unsere Matratzen werden mit den Jahren sogar immer schwerer. Auch wenn der größte Teil des Schweißes, den wir nachts produzieren, verdunstet, bleiben pro Jahr etwa drei Liter davon in der Matratze zurück. Oft werden die Betten auch noch sorgfältig gemacht und am besten noch mit einer Tagesdecke abgedeckt. So hat die Schlafstatt tagsüber so gut wie keine Chance auszulüften – optimal für ein »Milben-Hotel«. Als Folge entwickeln sich im Matratzendschungel weitestgehend ungestört ganze Generationen von Bakterien und Pilzen.

Zahlreiche Bakterienarten und -gattungen werden gern in Matratzen angetroffen. Davon sind viele menschlichen Ursprungs. Sie entfleuchen uns aus dem Mund, schubbern sich mit der Haut ab – selbst Exemplare aus unserem Darm oder von den Genitalien kommen vor. So können wir beispielsweise Vertreter wie

Staphylococcus, *Lactobacillus*, *Streptococcus-Arten*, *Corynebakterium*, *Gardernerella* und weitere finden. Die Konzentration der Organismen in einem Gramm Matratzenstaub kann zwischen 10^6 bis über 10^8 Mikrogramm liegen.[139]

Vor allem Pilze gedeihen in Matratzen prächtig. Hier lassen es sich Schimmelpilze wie *Penicillium*, *Cladosporium* oder *Aspergillus*-Arten, *Eurotium* und viele andere mehr als gut gehen. Aber auch Hefen fühlen sich sehr wohl. Typische Pilzkonzentrationen liegen bei 10 bis 10^3 Mikrogramm/g Matratze.[140] Interessanterweise fanden die Forscher bei ihren Studien durchweg die gleichen Pilzarten in allen Matratzenlagern rund um den Globus, auch in Großbritannien, Nordkalifornien und anderen US-Staaten sowie in Deutschland und Australien.[141]

Seit einiger Zeit gelten die Pilze in den Matratzen mehr und mehr als Milbennahrung und damit als wichtiger Teil eines »mikrobischen Miniatur-Ökosystems« im Bett. Die Schimmelpilze dienen den Milben entweder selbst als Futter, oder sie wandeln anderes organisches Material für die Spinnentiere in schmackhafte Nahrung um. Die Pilze wiederum nutzen den Milbenkot als Hauptquelle für Stickstoff und Nahrung gemeinsam mit den menschlichen Hautschuppen. So entsteht ein fröhliches Geben und Nehmen – eine regelrechte Tauschbörse unter unseren Laken.[142] Diese Theorie muss allerdings noch bestätigt werden. Da wir aber so viel Lebenszeit im Bett zubringen und die Milbenbelastung in Schlafzimmern am größten ist, ist diese Forschung vor allem für Menschen mit Atemwegserkrankungen wie Asthma und Sinusitis wichtig.

Wie werden Sie diese lästigen kleinen Biester, die Bettmilben, nun wieder los? Dazu geben die Experten einige Tipps: Vor allem ist es sehr wichtig, die Bevölkerungsdichte der »Milbenstädte« im Bett um mindestens 80-90 Prozent zu verringern. Der größte Feind der Hausstaubmilbe ist die Trockenheit. Bei lang anhaltender trockner Luft verdorrt die Hämolymphe, die ähnlich wie unser

Blut bei Wirbellosen im Körper zirkuliert. Daher muss zur Vertreibung der Milbe aus ihrem Paradies ein sehr trockenes Wohnklima her. Damit wird regelmäßiges Lüften im Schlafzimmer zur Pflicht. Fenster auf oder Fenster zu zum Schlafen lautet oft die Streitfrage. Um es kurz zu machen: Offen ist besser. Es ist wissenschaftlich erwiesen, dass wir in gut belüfteten Räumen, in denen die Luft zirkuliert, tief und ungestört schlafen – bei optimalen 16-18 Grad Celsius. Gleichzeitig verhindern Sie damit im Schlafzimmer auch die Schimmelbildung und die Ausbreitung von Keimen. Ab 60 Prozent relativer Luftfeuchtigkeit steigt die Wahrscheinlichkeit für eine Schimmelbildung, die Wände, Möbel und Matratzen befallen kann.

Milben leben nur einige Wochen – trotzdem ist es wichtig für Allergiker, die toten Tiere und ihre Ausscheidungen von den Atemwegen fernzuhalten. Am besten hilft in diesem Fall eine Bettsanierung mit einer neuen Matratze, neuer Bettdecke und Kopfkissen. Alles wird von Anfang an in milbendichte Überzüge gesteckt, sogenannte »Encasings«. Diese Textilüberzüge sind so dicht gewebt, dass es nicht mal eine Milbe bei größter Anstrengung schafft, bis in die Matratze vorzudringen. Andersherum verhindern die Encasings aber auch, dass die Spinnentiere wieder aus der Matratze »ausbüxen« und Allergiker mit ihren Allergenen in Berührung kommen. Der Stoff guter Encasing-Bezüge ist für Partikel ab 0,5 Mikrometer Durchmesser undurchlässig – so winzig kann ein Krümel Milbenkot sein. Dabei sollte der Stoff trotzdem eine gute Luft- und Wasserdurchlässigkeit aufweisen. Sonst schlafen Sie zwischen Matratzenüberzug und Bettdeckenhülle wie in einer Plastiktüte. Sind die Milben erst einmal weggesperrt, ist schon viel gewonnen. Einfach wegsaugen ist nämlich sehr schwierig. Kein Staubsauger bringt genügend Saugleistung auf, um diese winzig kleinen Tiere und ihre Partikel aus allen Schichten des Bettes wegzusaugen.

Im Übrigen schadet die Gesellschaft von Bakterien, Pilzen und anderen Kleinstlebewesen im Schlaf dem Menschen nicht. Im

Gegenteil: Das gut funktionierende »Ökosystem Bett« wird erst dann gestört, wenn Keime mutieren oder aus dem Gleichgewicht gebracht werden. Milben gehören einfach zu diesem Miniaturdschungel dazu. Werden die Hautschuppen nicht von Milben zersetzt, werden sie unter Umständen von krankheitserregenden Pilzen gefressen, die für manche Menschen noch gesundheitsgefährdender sind.

Auch antibakterielle Imprägnierungen bei Matratzen sind völlig unnötig – davor warnt das Bundesinstitut für Risikobewertung. Kritisch sehen die Forscher vor allem den Bakterienkiller Triclosan, der auch bei Matratzen und Bettwäsche verwendet wird. Die Chemikalie aus der Gruppe der Chlorphenole kann sich laut Öko-Test aus dem Stoff lösen und leicht über die Haut aufgenommen werden, damit etwa die Leberfunktion beeinträchtigen und Antibiotikaresistenzen bei Bakterien fördern.[143] Erfreulicherweise hat diese Schadstoffbelastung der Matratzen in den vergangenen Jahren mehr und mehr abgenommen. Im Öko-Test von Schaumstoffmatratzen im Jahre 2017 taucht Triclosan gar nicht mehr auf.[144]

Noch eine positive Nachricht zum Schluss, die alle unverbesserlichen »Spätaufsteher« und »Im-Stress-ins-Büro-Haster« sicher sehr gern hören: Wissenschaftlich bewiesen ist es sogar besser, sein Bett morgens nicht zu machen, so eine Studie der London Kingston University.[145] Da unser Bett nach dem Schlaf in der Regel noch etwas warm und feucht ist, ist es der ideale Ort für die Vermehrung der Milben. Schlagen Sie morgens also einfach erst mal Ihre Decke zurück, damit sie auslüften kann. Etwas Unordnung ist in diesem Fall viel gesünder!

Allerhand los im Kopfkissen!

In unseren kuscheligen Kissen, die wir uns abends gemütlich unterm Kopf zurechtrücken, steckt mehr Leben, als wir ahnen – und vielleicht auch wissen wollen. Hier lebt ein richtiger Mikrobenzoo, der uns an einen seeligen Schlaf eigentlich nicht denken lassen kann.

Rob Dunn, Mikrobiologe vom Projekt »Wild Life of our Homes« an der North Carolina State University bringt es auf den Punkt : »Wir verlieren täglich Haut und Haare – Tausende von Zellen pro Minute. Wenn du ein Drittel deines Lebens mit dem Kopf auf dem Kissen verbringst, landet dort eine ganze Menge Protein. Das kann niemand verhindern – macht aber das Kissen zu einem idealen Futterweideplatz für die Milben.«[146]

Unser Kopfkissen ist demnach schmutziger, als wir denken, und damit ein reich gedeckter Abendbrottisch für die kleinen Gäste. Bis zu einem Drittel seines Gewichts besteht Ihr Kissen nach zwei Jahren Nutzung aus Keimen, toter Haut, Hausstaubmilben und ihrem Kot. Dies bestätigten übereinstimmend Wissenschaftler in Studien des britischen Healthcare Providers Barts und des London NHS (National Health Service – des britischen Gesundheitssystems) laut *The Atlantic*.[147] Dabei sind auch hier gar nicht die Milben das Problem, sondern eher ihre Exkremente, die für manche Menschen ein Allergen sind und sie morgens mit verstopfter Nase, juckenden Augen oder niesend aufwachen lassen.

Durch seine vergleichende Forschung zeigte Rob Dunn einen überraschenden Fakt auf: Die Oberfläche unseres Kopfkissens hat einen engen Verwandten in unseren Heimen, und das ist – der Toilettensitz.[148] Beide weisen eine sehr hohe Konzentration von menschlicher DNA, toten Hautzellen und Kotspuren auf. Das klingt zwar etwas eklig, ist aber ganz normal. Denn Spuren von Fäkalien finden sich immer auf unserem ganzen Körper und unserer Kleidung. Auch Ihr Bett und Ihr Kissen bilden da keine

Ausnahme. Für eine kleine Studie von *Amerisleep* nahmen Freiwillige Wischproben ihrer Kissen über einen Zeitraum von vier Wochen.[149] Das Ergebnis: Die Kopfkissen enthielten 39 Mal mehr Bakterien als eine Futterschale für Haustiere, und schon nach einer Woche Nutzung lagen Kopfkissen 17,442 Mal über der Bakterienzahl eines durchschnittlichen Toilettensitzes. Nun müssen Sie Ihr Kopfkissen nicht gleich verbrennen. Der Wert seines Fäkalienmaterials ist eher gering – verglichen mit den einst so hohen Werten im Trinkwasser, die noch vor hundert Jahren zu Cholera führten. Daher ist dieses bisschen, das wir heutzutage davon zu spüren bekommen, zu vernachlässigen.

Spannend an den Studien von Dunn ist auch, dass er nur anhand einer Kopfkissenprobe feststellen kann, ob der Schläfer Halter eines Haustieres ist. Wenn Hunde und Katzen mit ins Bett dürfen, steigt automatisch das Infektionsrisiko an, da die Tiere auch ihre eigenen Keime ins »Bettmikrobiom« mitbringen. Mehr dazu im Kapitel »Hund und Katz«.

Hier noch ein Keim, den wir alle auf dem Kissen haben. Es handelt sich um das Bakterium *Streptococcus mutans,* welches in unserer Mundhöhle heimisch ist. Immer auf der Suche nach Zucker und Stärkeresten, die es verwerten kann, schwimmt es als Doppelkokke oder in kleinen Ketten in der Mundhöhle umher. Die Säuren, die es bildet, sind wiederum nicht gut für unseren Zahnschmelz – sie verursachen Karies. Auch wenn Sie Ihre Zähne noch so gründlich putzen – bringen Sie doch jedes Mal kleine Bakteriengemeinschaften mit ins Schlafzimmer, die samt Ihrer Spucke im Schlaf auf dem Kopfkissen landen. Unsere Kopfkissenbezüge sind voll von diesen Bakterien, und wir liegen mit dem Gesicht mittendrin. Die Wunschumgebung ist der trockene Kissenbezug für das Bakterium zwar nicht – aber in jeder Nacht kommt ein neuer Schwung fröhlicher Mitbewohner dazu. Schon allein aus diesem Grund ist ein wöchentlicher Wechsel der Bettwäsche sinnvoll. Zudem ist es auch keine gute Idee, mit nassen

Haaren schlafen zu gehen: Bakterien und Schimmelpilze brauchen gerade diese Feuchtigkeit, um zu überleben und zu gedeihen.

Apropos Pilze in Kopfkissen: Eine überaus wichtige Studie zu Schimmelpilzen in Kopfkissen führte der britische Wissenschaftler Ashley Woodcock mit seinem Team von der University of Manchester im Jahr 2005 durch.[150] Sie entdeckten ungeheure Mengen an winzigen Pilzen in den Betten, von denen einige Allergien oder ab und zu schwerere Infektionen auslösen könnten. Das Team untersuchte zehn Kissen aus Privathaushalten, die unterschiedlich lang benutzt wurden: das jüngste erst seit 18 Monaten und das älteste seit 20 Jahren. Woodcock hatte den Verdacht, dass Pilze in Kopfkissen optimale Wachstumsbedingungen vorfinden könnten – das Milieu ist gemütlich feucht und warm. Die Studie war ein Volltreffer. Die Forscher stießen in den untersuchten Kissen auf insgesamt 50 verschiedene Pilzarten und zählten bis zu 10500 Sporen je Gramm Federn. Ein durchschnittliches Kissen enthält also etwa über eine Million Pilzsporen beziehungsweise mehrere Millionen einzelner Pilzindividuen.

Selbst das mit 18 Monaten noch recht jungfräuliche Kopfkissen erwies sich schon als reich besiedelt. Darunter waren verschiedene *Penicillium*-Arten und Hefen, der gewöhnliche Kellerschimmel *Cladosporium*, Blätterpilze und sogar der Auslöser der sogenannten Rohfäule im Weinberg – *Botrytis cinerea.*

Besonders viele Pilze fanden die Forscher in Kissen mit synthetischer Füllung aus Hohlfedern: bis zu 16 verschiedene Pilzarten. In Federkissen waren es dagegen nur bis zu 12 Arten. Bisher galten die Synthetik-Kissen als allergikerfreundlicher als Federkissen – eine Annahme, die auf Basis dieser neuen Erkenntnisse revidiert werden musste. Seit 2005 herrscht Klarheit bei der Bewertung von Kissenfüllungen. Auch für Allergene von Hausstaubmilben ist aus älteren Studien bekannt, dass synthetische Kissenfüllungen rund zehnmal mehr Allergene von Hausstaubmilben enthalten als Federkissen.

Alarmiert waren die Wissenschaftler vom Auftreten der Pilzart *Aspergillus fumigatus*, der in Kissen mit synthetischen Füllungen ebenfalls an erster Stelle rangierte. Der Schimmelpilz, der wie ein winziger Spargel aussieht, ist 20 Mal kleiner als der Durchmesser eines Menschenhaares. Dem auch als »rauchgrauer Gießkannenschimmel« bekannten Pilz wird unter allen bekannten Pilzarten das größte Allergie auslösende Potenzial bescheinigt. Er kann darüber hinaus auch die Lunge befallen. Für Menschen mit einem geschwächten Immunsystem, wie Aids/HIV- oder Leukämiekranken, oder auch für Patienten nach einer Organtransplantation kann das lebensbedrohlich sein. Für gesunde Menschen ist dieser Schimmelpilz aber ungefährlich.

Unklar ist aber bisher noch, ob unser Haupt wirklich in einer Pilzwolke ruht und wie viel wir von den Sporen einatmen. Das müssen weitere Folgestudien von Medizinern klären, die die Keimkonzentrationen in der Zimmerluft messen.

Was raten die Forscher nun den verunsicherten Verbrauchern? Der Mikrobiologe Geoffrey Scott, Vorsitzender der Stiftung »Fungal Research Trust« und Finanzier der Studie, schlägt die vermutlich praktikabelste Lösung vor. Seiner Meinung nach sind Federbetten auch leicht zu reinigen. Vielleicht sollten wir das einfach mal öfter tun!

Mit oder ohne Pyjama? – Schlafen wie Marilyn

Was trägt Marilyn Monroe im Bett? Nichts, zitierte das *Life Magazine* am 7. August 1952 die blonde Hollywood-Schönheit – nichts außer Chanel N° 5. Der Mythos, dass die Schauspielerin ohne Kleidung, dafür aber mit einigen Tropfen des Parfüm-Klassikers ins Bett gehe, überdauerte nicht nur beharrlich jahrzehntelang, sondern befeuerte auch über Generationen die Männerfantasien. Die Aussage bewahrheitete sich, als das Modehaus Chanel

2013 bei der Durchsicht seiner Archive eine bislang unentdeckte Tonbandaufnahme eines Interviews fand, welches der Chefredakteur der Zeitschrift *Marie-Claire*, Georges Belmont, 1960 mit der Schauspielerin geführt hatte.

Nackt zu schlafen hat reichlich Vorteile: Es soll sehr gesund sein, für einen angenehmeren Schlaf und eine bessere Beziehung sorgen. Zwar gelangt etwas mehr Schweiß direkt ins Bettlaken – das dafür aber einfach häufiger gewechselt werden sollte. Nackt schlafende Menschen sind allerdings in allen Ländern deutlich in der Minderheit. Laut einer Vergleichsstudie der »National Sleep Foundation« in den USA schläft nur jeder dritte Erwachsene hüllenlos. Einziger Ausreißer ist Großbritannien – anscheinend das Land der Nacktschläfer. Wir Deutschen hingegen zeigen deutlich weniger Haut. Laut einer repräsentativen Umfrage der Zeitschrift *Textilwirtschaft* gehen bei uns nur 13 Prozent – also nur jeder achte Erwachsene – unbekleidet zu Bett. Gehören Sie zu den anderen 87 Prozent, die einen Pyjama oder ein Nachthemd tragen? Dann sollten Sie einiges beachten.

Für die Experten sind Pyjamas die größten Hygienefallen im Bett. Wer an mangelnde Sauberkeit im Bett denkt, hat natürlich immer als Erstes Bettdecken und Laken im Verdacht. Es ist aber nicht die Bettwäsche, in der sich die Bakterien ganz besonders ansammeln, sondern Ihre Schlafkleidung – Pyjamas, Long-Shirts, Boxershorts oder was immer Sie nachts gern tragen. Eine Studie der englischen Matratzenfirma »Ergoflex« veröffentlichte, wie selten Menschen ihre Nachtkleidung wechseln, und das Ergebnis ließ die Forscher wirklich staunen.[151]

Von 2500 befragten Personen zwischen 18 und 30 Jahren tragen Männer ihre Pyjamas im Durchschnitt 13 Nächte lang. Frauen wechseln ihre Nachthemden sogar erst nach 17 Nächten – also nach knapp drei Wochen. Besonders hygienisch ist das nicht – Sie tragen Ihre Bluse oder Ihr Oberhemd ja auch nicht über so eine lange Zeit.

Absonderlich sind oft die Gründe für den seltenen Wäschewechsel: 73 Prozent der männlichen Befragten gaben an, häufig das Waschen zu vergessen und dann auf denselben Pyjama angewiesen zu sein. Einige meinten auch, nicht für die Wäsche zuständig zu sein, und hätten das genommen, was gerade zur Hand war. Na toll! Die Frauen begründeten ihre Wechselfaulheit damit, dass sie durch ihre ständigen Outfitwechsel ganz den Überblick verlieren würden und nicht mehr wissen, wie lange sie Pyjamas überhaupt tragen. Ebenfalls interessant: 41 Prozent der Frauen und die Hälfte der Männer gaben an, auf einen neuen Pyjama zu verzichten, wenn der alte noch frisch rieche. Die Gesundheitsexperten waren jedoch über das Ergebnis der Befragung einigermaßen entsetzt und empfehlen einhellig, Nachtwäsche selbst bei günstigsten Bedingungen spätestens nach 4 Nächten in die Wäsche zu geben.

Professor Sally Bloomfield von der London School of Hygiene and Tropical Medicine, Vorsitzende des International Scientific Forum on Home Hygiene, empfahl im Interview mit der britischen Tageszeitung *The Guardian* (2017), den Schlafanzug alle zwei bis vier Tage zu wechseln. Wer besonders schwitze, sollte das sogar täglich tun. »Wir alle tragen bestimmte Mikroorganismen, die uns potenziell schaden können, wenn wir sie an den falschen Ort bringen, und auch für andere Menschen schädlich sein können, wenn sie auf sie übertragen werden«, erklärte Professor Bloomfield.[152] Warum würden wir sonst überhaupt waschen? Weil wir nicht wollen, dass andere Menschen diese Keime bekommen.

Zu den Krankheitserregern, die in Pyjamas zu finden sind, gehören unter anderem *Staphylococcus aureus*, eine häufige Ursache für Hautinfektionen, Fußpilz oder auch Fäkalbakterien wie *E. coli*, die gelegentlich Magenverstimmungen verursachen können. Auch Blasenentzündungen und schlimmstenfalls eine Darminfektion können so entstehen. Indem wir den Pyjama regelmäßig waschen, entfernen wir die Pathogene, bevor sie in Wunden und Schnitte gelangen und dort Infektionen verursachen. Die Kleidungsstücke sollten bei 60 Grad Celsius gewaschen werden. Natürlich bleibt Ihnen als Alternative immer noch die nackte Variante mit einem Hauch Chanel N° 5…

Tipps fürs Schlafzimmer

1. Waschen Sie die Bettwäsche alle zwei Wochen bei mindestens 60 Grad. Kissen und Decken mit Daunen- oder Federfüllung können Sie im Schongang bei 30 Grad waschen.
3. Machen Sie Ihr Bett nicht direkt nach dem Aufstehen, lüften Sie stattdessen Ihr Bettzeug.
4. Matratzen sollten Sie alle sieben Jahre erneuern.
5. Die abgezogene Matratze sollten Sie in regelmäßigen Abständen lüften (optimal alle vier Wochen) – am besten einige Stunden in direktem Sonnenlicht; UV-Licht hat desinfizierende Wirkung.
6. Matratzen sollten auch von unten belüftet sein – wenden Sie sie daher regelmäßig. Von Bettkästen ist abzuraten.
7. Kochfeste Matratzenschoner verwenden, die bei 90 Grad gewaschen werden können.
7. Kuscheltiere und -kissen in Betten reduzieren, um Milben fernzuhalten.
8. Pyjamas alle vier Tage wechseln und bei 60 Grad waschen.

7 MIKROBENZOO IM KINDERZIMMER

Wir alle wollen das Beste für unsere Kinder, und das bringt es mit sich, dass wir auf einmal ganz anders über Schmutz und Hygiene nachdenken, wenn wir Eltern werden. Völlig verständlich: Wenn das Baby auf die Welt kommt, soll kein böser Krankheitserreger in diese saubere Kinderwelt eindringen. Blitzblanke Fliesen, sterilisierte Babynahrung, selbst antibakterielle Reiniger im Kinderzimmer – viele Eltern wollen ihr Kind möglichst vor jedem Keim schützen. Wir haben Bedenken, sie auf dem Boden krabbeln, Sand in den Mund stecken oder mit Hunden und Katzen spielen zu lassen. Die Angst, Dreck wäre mit Infektionskrankheiten verbunden, ist tief verwurzelt. Heute bin ich in dieser Hinsicht etwas entspannter: Meine beiden gesunden Teenager haben auch keine Angst vor Keimen – weder zu Hause noch auf Reisen.

Verstehen Sie mich bitte nicht falsch: Wir haben in vielfacher Hinsicht von Hygienemaßnahmen profitiert – denken wir nur an die spektakulär zurückgegangene Rate der Kindersterblichkeit in

den letzten hundert Jahren, die von 150 Fällen pro 1000 Geburten heute auf 5 Fälle gesunken ist. Durch Sauberkeit und Hygiene hat sich in den letzten Jahrzehnten unsere Lebensweise wie die unserer Kinder dramatisch verändert. Wir wohnen und arbeiten heute anders als noch vor drei Generationen und gestalten dementsprechend auch unsere Freizeit.

Dabei gibt es auch Veränderungen, die nicht ganz so positiv sind. Kinder spielen heute immer noch gern – nur an ganz anderen Orten. Fragen Sie doch mal spaßeshalber im Verwandten- oder Freundeskreis nach Kindheitserinnerungen. Da wird von Kinderbanden in der Nachbarschaft, von Baumhäusern und Burgenwelten in Sandkästen geschwärmt. Drinnen blieb nur, wer krank war oder Hausarrest hatte. Ganz anders sieht das heute aus. Da dreht sich viel um Spielkonsolen, mit dem besten Freund zu chatten oder sich Filme auf »Netflix« anzuschauen. Moderne Kindheitserfahrungen spielen sich viel in geschlossenen Räumen ab. Leider sind Kinder heute nur noch halb so viel in der Natur wie vor 20 Jahren. Die Vorstellung von Freizeit und Unterhaltung hängt oft mit irgendeinem Bildschirm zusammen. Ein Kind zwischen acht und 18 Jahren verbringt heute durchschnittliche sieben Stunden und 38 Minuten vor einem Bildschirm. Mittlerweile geben Gesundheitsämter schon Mindestanforderungen für körperliche Bewegung bei Kindern heraus. Noch schlimmer: Aus Angst vor Dreck und Keimen halten viele Eltern ihre Kinder davon ab, hinauszugehen und sich schmutzig zu machen.

Die Mikroben, die unseren Körper besiedeln, sind das Ergebnis dessen, womit wir in Berührung kommen: mit der Luft, die wir atmen, mit der Nahrung, die wir essen, und mit Keimen aus der Umwelt. Wenn unsere Kinder nur noch mit Mikroben aus Innenräumen auf Fernbedienungen oder Computertastaturen in Berührung kommen, ist das sicherlich besorgniserregend. Vor Jahren wuchsen Kinder noch mit einer beträchtlichen Anzahl von Mikroorganismen aus der freien Natur auf. Diese Verbindung ist in den letzten Jahrzehnten gekappt worden – demgegenüber ist, wenig überraschend, ein sprunghaftes Ansteigen der Zivilisationskrankheiten in der westlichen Welt zu verzeichnen. Mittlerweile sind wir mit unseren Sauberkeitskonzepten wohl schon allzu gründlich. Keine Gesellschaft war jemals so sauber. Es gab niemals so viele verschiedene Seifen, Deodorants, antibakterielle Reiniger und Antikeim-Oberflächen wie heute. Doch unter Umständen schadet die überperfekte Sauberkeit dem Nachwuchs mehr, als sie ihm nützt.

Wie viel Hygiene ist wirklich gesund für Kinder? Schalten Sie den Fernseher ein, werden Sie überflutet von Werbung für antibakterielle Reiniger und Seifen. Ob Hausfrau, Putzfrau oder Reinigungsfirma – antibakterielle Reiniger scheinen ein Muss! Absolute Keimfreiheit ist angesagt, wohin wir auch in der bunten Werbewelt blicken. »Hygienisch rein« lautet das Motto der neuen Generation von »Clean-living Mommys«, auch »Sagrotan-Mütter« genannt. Das Kindeswohl scheint gefährdet, und aggressive Reiniger versprechen Rettung vor der mikroskopisch winzigen Gefahr. Dabei ist der Grad zwischen notwendiger und übertriebener Hygiene sehr schmal. Viele Kinderärzte und Gesundheitsämter geben zu bedenken, dass die Gefahr genau aus der entgegengesetzten Richtung kommt: Gerade der Putzwahn soll die Gesundheit der Kleinen gefährden. Wie viel Hygiene brauchen unsere Kinder also wirklich? Ein Kinderzimmer ist schließlich kein Operationssaal!

Und kein Mythos ist, dass Kinder, die früh mit Keimen in Kontakt kommen, weniger anfällig für Allergien sind – sie werden dadurch sozusagen abgehärtet. Wissenschaftler erklären diese »Hygiene-Hypothese« damit, dass das Immunsystem dieser Kinder schon früh trainiert wird, sich mit Bakterien, Pilzen und Viren auseinanderzusetzen, und Antikörper bildet.[153] Sind keine Keime vorhanden, verlieren diese Antikörper ihr ursprüngliches Ziel und richten sich gegen andere, eigentlich harmlose Stoffe.

Baby an Bord – Nestschutz und erste Infektionen

Die Angst vieler Eltern vor einer Ansteckung ist durchaus verständlich, da Säuglinge und Kleinkinder wirklich anfälliger als erwachsene Menschen für Infektionskrankheiten bakterieller und viraler Erreger sind. Für diese Anfälligkeit gibt es verschiedene Gründe: Das neugeborene Baby hat nach der Geburt zuerst noch einige Zeit einen gewissen »Nestschutz«, da während der Schwangerschaft einige Antikörper der Mutter über die Plazenta auf den Fötus übergehen. Dadurch haben die Babys einen passiven Immunschutz gegen verschiedene infektiöse Organismen, mit denen die Mutter im Laufe ihres Lebens Bekanntschaft gemacht hat. Wird das Baby gestillt, kommen noch weitere schützende Antikörper der Mutter dazu. Im Alter von drei Monaten allerdings verlassen diese Antikörper langsam die Blutbahn des Säuglings und hinterlassen sozusagen eine »Sicherheitslücke«. Die eigene Immunantwort der Säuglinge auf Keime ist in diesem Alter noch nicht völlig entwickelt. Das dauert etwa bis ins zweite Lebensjahr.

Dazu kommt noch ein weiterer Fakt, der die Empfindlichkeit der Kinder für Infektionen etwas hochsetzt. Sehr junge Kinder haben die Angewohnheit, alles, was sie greifen können, einer eingehenden »Materialprüfung mit dem Mund« zu unterziehen. Dieses Verhalten, welches ganz normal der Entwicklung der Kinder entspricht, ermöglicht es Keimen sehr einfach, in den Körper der Kinder zu gelangen und potenziell Infektionen zu verursachen, da die Kinder noch keinen eigenen Immunschutz ausgebildet haben. Aus diesem Grund beginnt die Immunisierung durch Impfungen genau in diesem Zeitraum um den zweiten Lebensmonat, damit so bald wie möglich die eigene Immunantwort der Kinder stimuliert wird. Die empfohlenen Standardimpfpläne für Kinder sind bei der Ständigen Impfkommission einsehbar, und natürlich informiert Sie auch Ihr Kinderarzt darüber. Die Impfungen sind bemerkenswert erfolgreich und haben die Welt komplett von Pocken und fast von Polio befreit. Paradoxerweise hat ihre Ausrottung dazu geführt, dass manche Leute jetzt glauben, dass Impfungen nicht mehr nötig sind. Sie könnten dies als persönliche Entscheidung abtun. Das Problem ist aber: Es könnte Ihr eigenes Kind treffen. Um eine Krankheit in einer Gesellschaft wirklich auszulöschen und den Infektionszyklus zu durchbrechen, muss die Mehrheit geimpft sein. Jedes Kind unter 12 Monaten, welches nicht geimpft ist, stellt somit ein Risiko dar. Dahinter stehen weitere Menschen, die vor der Krankheit nicht geschützt sind, weil sie chronisch krank oder organtransplantiert sind und selbst nicht geimpft werden können. Impfungen sind eine sehr wichtige Maßnahme, um Kinder gesund großzuziehen.

Wie viel Hygiene ist aber im Umfeld von Kindern wirklich nötig, und worauf müssen junge Eltern besonders achten? Gehen wir also ins Kinderzimmer und schauen uns an, wo sich besondere Keimherde befinden und was die aktuelle Forschung dazu empfiehlt.

Hausstaub unter der Lupe – von Krabbelrobotern und Babybetten

Wenn Babys zu krabbeln beginnen, sind ihre unterschiedlichsten Techniken zu bewundern. Da gibt es den »Po-Rutscher«, den »Roller« oder auch den »Robber«. Dabei wirbeln die Kleinen ganz schön viel Staub auf, wenn sie auf allen vieren mit großer Kraftanstrengung über den Teppich krabbeln. Fusseln, Keime, Milben, Blütenpollen: Egal, wie oft wir saugen – irgendetwas bleibt immer in den Teppichfasern hängen, fliegt bei jeder Bewegung in die Luft und wird von uns eingeatmet.

Wie gesund ist das eigentlich für kleine Kinder, die eine ganze Etage tiefer als wir unterwegs sind und damit viel näher an den Keimquellen? Zur Aufklärung dieser spannenden Frage haben

findige finnische Ingenieure und Wissenschaftler von der Purdue University einen speziellen Krabbelroboter entwickelt.[154] Genau wie ein echtes Baby bewegt sich dieser Automat im Experiment über Teppiche in typischen Haushalten in Helsinki. Mit Sensoren ausgerüstet, kann er gleichzeitig messen, welche Partikel aufgewirbelt wurden und ob sie wirklich von Kleinkindern eingeatmet werden könnten. Das Fazit der Studie: Ein Erwachsener wirbelt schon allein durch seine Größe und sein Gewicht mehr als ein Krabbelkind sogenannte »Aerosole« – eine Mischung aus Schwebeteilchen und Luft – vom Teppich auf. Rund um den Roboter war die Konzentration der verwirbelten Partikel bis zu 20 Mal größer als um einen Erwachsenen. Die Kinder erzeugen also eine mächtige Staubwolke, in der sie sich mit welcher Technik auch immer weiterbewegen. Letztendlich atmen Babys damit viermal so viele Partikel als wir Erwachsenen ein. In nur einer Minute inhaliert ein Krabbelkind bis zu 10000 Aerosole, wobei die Mehrzahl davon kleiner ist als sechs Mikrometer und sich in den unteren Atemwegen ablagert. Das klingt zuerst einmal dramatisch, aber große Sorgen müssen Sie sich als Eltern trotzdem nicht machen. Viele Studien haben gezeigt, dass es sogar späteren allergischen Erkrankungen vorbeugen kann, wenn Kinder früh in Kontakt mit Allergenen wie Tierhaaren, Mikroben oder Pollen kommen, weil es das Immunsystem trainiert.

Hausstaub ist ein »richtig guter Stoff«, vor allem für Stadtkinder. Die darin enthaltene Bakterienvielfalt schützt sie besser vor Asthma und Allergien. Das ist das Ergebnis einer Studie aus dem Jahre 2014, für die Wissenschaftler der University of Wisconsin über 500 Kinder aus amerikanischen Haushalten untersuchten, bei denen mindestens ein Elternteil an einer Allergie litt.[155] Bis zum dritten Lebensjahr maßen die Forscher jährlich den Immunglobulin-A-Antikörperspiegel der Kinder, der Hinweise auf Allergien gibt, und nahmen Hausstaubproben in den Wohnungen. Je artenreicher die Bakterienvielfalt in den Wohnungen war, desto seltener hatten die Kinder später unter Asthmaanfällen zu leiden. Eine bakterien- und allergenreiche Umgebung hat also durchaus positive Auswirkungen auf Stadtkinder.

Das gilt auch für Kinderbetten. Wer sein Kind gegen Heuschnupfen und Asthma wappnen will, muss das Kinderzimmer nicht gleich in einen Tierstall verwandeln, um genügend Allergene zu haben. Es reicht anscheinend schon, die Kinder nach der Geburt im Bettchen auf einem Tierfell schlafen lassen. Die Diskussion um Felle oder keine Felle in Babybetten ist schon uralt – auch ich erinnere mich daran, seit der Babyzeit meiner Kinder. Laut aktueller Expertenempfehlung schützen Felle Babys vor Allergien, weil sie die Kinder wahrscheinlich schon frühzeitig ganz natürlich desensibilisieren. Ständig mit Keimen konfrontiert, wird unser Immunsystem einfach toleranter. Es gewöhnt sich mit der Zeit an die harmlosen Bakterien aus der Umgebung und lernt dabei, z.B. auf Pollen oder Tierhaare nicht überzureagieren. Dies zeigt eine aktuelle Studie des Helmholtz-Zentrums München bei insgesamt 2441 deutschen Kleinkindern.[156] Etwa die Hälfte der Babys hatte gleich nach der Entbindung auf Tierfellen geschlafen, die anderen auf normalen Stofflaken. Über zehn Jahre protokollierte das Team um die Forscherin Christine Tischer den Gesundheitszustand der Kinder. Das frappierende Ergebnis: Kinder, die mit Fell in der Wiege geschlafen hatten, waren im Alter von sechs Jahren weniger gefährdet, an Asthma zu erkranken, als die »Stofflakenkinder«. Später ließ die Wirkung etwas nach – aber noch mit zehn Jahren war das Erkrankungsrisiko der »Fellbabys« um 40 Prozent geringer. Auch Heuschnupfen kam in dieser Gruppe viel seltener vor. Diese Ergebnisse erhärten auch den Verdacht, dass der Grundstein für Allergien und Asthma wahrscheinlich schon im frühen Säuglingsalter gelegt wird. Welcher spezielle Mikroben-Cocktail zu dieser Schutzwirkung führt, ist indes noch zu wenig erforscht.

Milben machen auch vor Kinderbetten nicht halt. Gerade Eltern, die selbst an Allergien leiden, wollen ihre Kinder frühzeitig gegen die Spinnentiere schützen. Es ist aber bei aller Fürsorge gar nicht nötig, das gesunde Neugeborene schon mit Matratzen-Encasings vor den Allergenen der Milben abzuschotten. In der Manchester Asthma-Studie, an der 1000 Kinder seit ihrer Geburt 1995 teilnahmen, zeigte sich, dass gerade die Probanden, die im ersten Jahr besonders wenig Kontakt zu Milbenallergenen hatten, später vermehrt sensibel darauf reagierten und eher eine Allergie entwickelten.[157] Die aktuelle Leitlinie zur Allergieprävention rät daher auch davon ab, sich als gesunder Mensch von Milben abzuschirmen.[158]

Wissenschaftlich gesehen ist es aber auch falsch, ins Gegenteil zu verfallen und nun das Kinderzimmer besonders verstauben zu lassen. Eine zu hohe Milbenkonzentration im ersten Jahr führt nämlich dazu, dass Kinder im Alter von sechs bis sieben Jahren sensibel auf Milben reagieren. Hier ist also eine gute Balance gefragt, wobei eine normale Haushaltshygiene aber völlig ausreicht. Mit viel mehr Keimen bekommen wir es dagegen am Wickeltisch zu tun.

Boxenstopp am Wickeltisch

Wenn Sie eine Windel öffnen, ist es fast wie bei einem Überraschungsei – nur mit etwas mehr »Dufterlebnis«. Die Farbpalette und unterschiedliche Konsistenz der Hinterlassenschaften in der Windel erzählen einiges über die Darmflora und die Gesundheit unserer Kinder – wir erleben sozusagen »Fifty Shades of Brown«.

Kaum sind Babys auf der Welt, erobern die unterschiedlichsten Bakterien ihren Darm. Dabei geht es höchst geordnet zu, und die einziehenden Keime halten sich an eine strikte Reihenfolge. Zuerst kommen die *Bacilli*. Dann folgen die *Gamma-Proteobakterien*, und erst zum Schluss nisten sich *Clostridien* ein. Die Ernährung oder gewisse Medikamente beeinflussen nur, wie schnell diese Bakterien den Darm besiedeln.[159]

Das Farbenspiel startet mit dem schwarz-grünlichen »Motoröl« der ersten Ausscheidung nach der Geburt – dem sogenannten Mekonium oder »Kindspech«. Abhängig davon, womit Sie Ihr Kind danach füttern – Muttermilch oder Flaschennahrung –, sind unterschiedlichste Farbschattierungen von Braun möglich. Diese zeigen nicht nur den Verdauungsprozess an, sondern sogar, welche Bakterien hier einen guten Job machen.

Gestillte Säuglinge haben wenige Tage nach der Geburt oft einen grünen Stuhl – als Ergebnis der Gallenflüssigkeit und als ein Zeichen, dass sie jetzt bereit sind, Nahrung zu verdauen. Innerhalb von wenigen Tagen verändert sich die Farbe zu Hellgelb – ein Farbton, den eine Vielzahl von Bakterien im Kot begründet. Kleine Klumpen entstehen bei der Milchfermentation, die wir von Sauermilch kennen. Wenn das Kind weiter wächst, wird Bilirubin gebildet, ein Abfallprodukt, welches entsteht, wenn rote Blutkörperchen natürlich absterben. Allmählich geht die Farbe von Hellgelb zu einem sanften Senfton über. Wird dann Babynahrung eingeführt, erinnert die Windelüberraschung farblich eher an Erdnussbutter, Guacamole oder Hummus, weil sie gleichzeitig Grün und Braun enthält. Dies zeigt an, dass sich die Darmbakterien mehr und mehr an die neue Nahrung adaptieren und sie auch verdauen. Der Geruch wird auch weniger süß, eher wie – na ja, »Kacke« eben. Dies ist auf die mikrobiellen Nebenprodukte zurückzuführen, die im menschlichen Stoffwechsel anfallen. Wenn die Kinder mit etwa sechs Monaten mehr feste Nahrung aufnehmen, wird der Stuhl des Babys auch »erwachsener«, braun und strenger im Geruch. Dann werden Sie mit Sicherheit weniger Zeit investieren wollen, um sich mit den Windelinhalten zu beschäftigen…

Wie Sie aus dieser Windel-Odyssee sehen, stellt es für das Baby kein gesundheitliches Problem dar, mit seinen »Häufchen« in Berührung zu kommen. Die Kinder sind mit diesen Keimen schon sehr gut vertraut, und das Immunsystem kann sie erfolgreich abwehren. Für die gesunde Hygiene am Wickeltisch sind in der Regel keine Desinfektionsmittel notwendig. Die heimischen Keime sind nicht gefährlich für das gesunde Baby. Die Windelauflage kann schonend mit einer Lösung aus zwei Tassen Essigessenz auf einen Liter Wasser gereinigt werden. Der schnell etwas unangenehm riechende Windeleimer sollte regelmäßig geleert und auch z.B. mit Essigwasser gereinigt werden. Dann bleibt Ihr Baby gesund und munter.

Etwas Vorsicht am Wickeltisch sollten aber schwangere Mütter walten lassen. Wie bitte? Was soll beim harmlosen Windelwechseln schon passieren?

Beim Wickeln dreht sich normalerweise alles um das Wohlergehen und die Gesundheit eines Babys. Nicht jedoch, wenn Sie selbst wieder schwanger sind und zum ersten Mal in Kontakt mit einem bestimmten Vertreter aus der Familie der Herpesviren treten – dem *Cytomegalie*-Virus. *Cytomega- Wie?*

Diese Viren sind leider noch sehr wenig erforscht. Die Infektion mit dem *Humanen Cytomegalie Virus* (HCMV), auch Humanes Herpesvirus 5 (HHV 5) genannt, ist weitverbreitet und für den gesunden Menschen in der Regel ungefährlich. Wenn sich aber Mütter während der Schwangerschaft zum ersten Mal mit diesem Virus infizieren, kann es für das ungeborene Baby im Mutterleib gefährlich werden – es kann über die Plazenta infiziert werden.

Zu diesem wichtigen Thema kam ich ins Gespräch mit Professorin Melanie Brinkmann am Helmholtz-Zentrum für Infektionsforschung in Braunschweig. Sie leitet dort die Arbeitsgruppe

»Virale Immunmodulation« und ist außerdem Professorin für »Genetik der Viren« an der Technischen Universität Braunschweig.

»Gerade beim Umgang mit Kleinkindern unter drei Jahren ist das Risiko einer Infektion relativ hoch. Die Kinder, die sich bei Spielgefährten in der Kita angesteckt haben – zum Beispiel über ein angelutschtes Spielzeug –, können hohe Virusmengen ausscheiden und so ihre Mutter oder andere Betreuer anstecken«, berichtet die Forscherin. »Wer sich mit HCMV infiziert, bemerkt in den meisten Fällen gar keine Krankheitssymptome. Die Wahrscheinlichkeit, dass eine Schwangere ihr Baby im Bauch ansteckt, liegt aber leider bei etwa dreißig Prozent«. Damit kommt es häufiger zu einer Ansteckung mit Cytomegalie-Viren während einer Schwangerschaft als z.B. mit dem Rubellavirus, dem Erreger der Röteln, oder Toxoplasmen. Die HCMV-Infektion ist damit die häufigste virale Infektion, die im Mutterleib erworben wird. Leider gibt es keinen wirksamen Impfstoff, der uns vor diesem Virus schützen könnte.[160]

Das *Cytomegalie-Virus* kann über viele verschiedene Körperflüssigkeiten wie Urin, Speichel oder Tränen übertragen werden und gelangt über die Schleimhäute in den Körper. Selbst über die Muttermilch kann die Mutter beim Stillen ihr Kind infizieren – dies ist aber in der Regel bei gesunden und reifen Babys ungefährlich. »Problematisch ist eher, dass die meisten Mütter von der Gefahr, die durch eine Infektion mit dem *Cytomegalie-Virus* ausgeht, nichts wissen«, betont Melanie Brinkmann. Sie selbst ist Mutter und lebte längere Zeit in den USA. Dort wissen weniger als zehn Prozent der dazu befragten Frauen, wie gefährlich eine HCMV-Infektion für ihr ungeborenes Kind sein kann (National CMV foundation; CDC).[161] »Auch ich musste meinen deutschen Frauenarzt direkt auf HCMV ansprechen«, erinnert sich Melanie Brinkmann. »Die Folgen dieser Infektion können für die Neugeborenen schwerwiegend sein. »Es kann schon im Mutterleib zu Wachstumsverzögerungen kommen. Einige Kinder werden mit einem kleinen Schädel geboren, ähnlich wie Babys, die mit dem Zika-Virus infiziert wurden. Die häufigsten Komplikationen sind jedoch verschiedene Stufen von Hörstörungen bis zur Taubheit und geistige und körperliche Entwicklungsstörungen.«

Die Wissenschaftlerin macht dazu eine einfache Beispielrechnung auf: »Es gibt circa 700000 Schwangerschaften im Jahr in Deutschland. Etwa die Hälfte der Frauen hat noch keine HCMV-Infektion durchgemacht. Geschätzt ein Prozent dieser Frauen stecken sich im Laufe der Schwangerschaft mit HCMV an – das sind etwa 3500 Frauen. Ungefähr ein Drittel davon steckt ihr ungeborenes Baby an (etwa 1100). Circa zehn Prozent dieser Kinder werden mit Symptomen geboren, also etwa 110 Kinder pro Jahr in Deutschland. Neunzig Prozent kommen ohne Symptome auf die Welt – können (müssen aber nicht) jedoch später Spätschäden und Entwicklungsverzögerungen zeigen.«.

Je früher sich eine Frau während der Schwangerschaft ansteckt, desto gefährlicher ist es dabei für das Ungeborene. In den ersten sechs Monaten ist die Gefahr am höchsten, dass das Kind mit dauerhaften Schäden leben muss.

Wenn Sie wissen wollen, ob Sie das Virus in sich tragen und bereits Antikörper dagegen haben, können Sie gleich in der Frühschwangerschaft einen Blutest auf HCMV durchführen lassen.

Wird eine akute MV-Infektion während der Schwangerschaft festgestellt, sind die derzeitigen Behandlungsoptionen sehr limitiert. Es gibt zwar Medikamente, die das Wachstum der Viren hemmen, sie können jedoch unerwünschte Nebeneffekte auf das Ungeborene haben. In Studien wird derzeit geprüft, ob Schwangere bei einer HCMV-Infektion von sogenannten Hyperimmunglobulinen, das sind hoch angereicherte Antikörper, profitieren. Diese Antikörper können das Risiko für eine Ansteckung des ungeborenen Kindes senken.[162] Eine teure und komplizierte Behandlung.

»Schwangeren bleibt – ganz pragmatisch gesprochen – eigentlich nur, sich selbst vor einer HCMV-Infektion zu schützen«, meint Melanie Brinkmann. In Deutschland dürfen seit 2007 nicht gegen HCMV immune Frauen in der vorschulischen Kinderbetreuung nur bei Kindern über drei Jahren beschäftigt werden (weil Kinder unter drei Jahren hochinfektiös sein können) und sollten zudem jeden Kontakt zu Körperflüssigkeiten wie Urin, Tränen und Speichel vermeiden.[163] »Solche Ratschläge sind für schwangere Mütter mit Kleinkindern zu Hause natürlich sehr schwierig zu befolgen«, betont Brinkmann. Die Forscherin empfiehlt: »Da das Virus von Kleinkindern vor allem über den Speichel, Tränen und Urin weitergegeben wird, schützen Sie sich am besten, indem Sie sich sehr gründlich die Hände mit Wasser und Seife nach dem Wickeln waschen.« Besonders wichtig wäre, so Brinkmann, die Kinder nicht direkt auf den Mund zu küssen, vor allem Tränen nicht wegzuküssen und nicht dasselbe Besteck und Trinktassen zu benutzen. »So schwierig es im Alltag auch sein wird, diese Maßnahmen sind das einzige Mittel, um das Risiko einer HCMV-Infektion während der Schwangerschaft zu minimieren. Es ist ja nur für sechs Monate und schützt das ungeborene Kind.«

Schnuller abkochen oder nicht?

Bei keinem Thema im Kinderzimmer scheiden sich die Geister so sehr wie bei der Reinigung von Babyflaschen, Sauger und Schnuller. Eine häufige Frage in den einschlägigen Internetforen lautet: »Bis wann muss ich Schnuller und Sauger sterilisieren?« Die übliche Antwort: »Bis das Kind krabbelt, dann steckt es sowieso alles in den Mund.«

Es ist sicherlich ein Schock für alle Sauberkeitsfanatiker unter Ihnen, aber die Experten raten aktuell übereinstimmend überhaupt nicht mehr zum Sterilisieren dieser Utensilien.[164] Es reicht vollkommen aus, sie mit Trinkwasser und Spülmittel zu reinigen – auch für sehr kleine Babys.[165] Wichtig ist aber, dass die Flaschen und Sauger schnell nach Gebrauch abgespült werden, damit die Mikroorganismen es sich nicht erst in Ecken mit festgesetzten Nahrungsresten gemütlich machen können. Eine Flaschenbürste leistet dabei gute Hilfe. Auskochen sollten Sie die Sauger nur vor dem allerersten Einsatz. Im Gegensatz zu Silikonsaugern bekommen die Modelle aus Latex schneller eine poröse Oberfläche – deshalb gelegentlich auskochen und grundsätzlich auch schneller austauschen.[166]

Eine Studie der Universität Göteborg mit über 1000 Kindern zu den Auswirkungen von unterschiedlichen Geschirrspülmethoden unterstreicht die Empfehlung der Experten. In den Haushalten wurde das Geschirr von Hand gespült – mit dem positiven Effekt, dass die Kinder bis ins Schulalter seltener Ekzeme entwickelten.[167] Eine etwas weniger effiziente Geschirrspülmethode ist in den ersten Lebensmonaten sogar gut. Die Kinder werden mit mehr Mikroben konfrontiert – was wiederum vor Asthma und Allergien schützt. Zwar raten die Göteborger Forscher nicht gleich dazu, den Geschirrspüler zu entsorgen. Doch es wäre gesundheitlich besser, wenn Sie Ihre Teller und Gläser bei Gelegenheit mal wieder per Hand waschen. Gleichzeitig ist das eine erstklassige Methode, damit Sie Ihre fleißige »Spül-Emma« wieder zu schätzen lernen.

An dieser Stelle können wir auch das »lebensbedrohliche Schreckensszenario« eines in den Dreck gefallenen Nuckels aufklären. Nein – Sie müssen einen Schnuller, der den Boden berührt hat, nicht gleich atomisieren und damit in seine Bestandteile zerlegen. Sie reinigen ihn unterwegs am besten, indem Sie ihn einfach ablutschen. Praktisch oder eklig? Einige von Ihnen mögen das nicht so lecker finden – aber es gibt auch für diese Aussage einen wissenschaftlichen Beweis. Schwedische Forscher haben dazu in 148 Familien mit sechs Monate alten Babys die Reinigungsgewohnheiten der Schnuller untersucht: Wird er sterilisiert, unter fließendem Wasser gespült oder einfach abgeleckt? Jene 65 Babys, deren Eltern den Nuckel einfach ablutschten zur Reinigung, hatten ein signifikant niedrigeres Risiko, im Alter von 18-39 Monaten eine Allergie, Asthma oder Ekzeme zu entwickeln.[168] Die kleine Studie bedarf sicher noch der Bestätigung durch weitere Untersuchungen. Doch offenbar stärken Eltern mit dieser Methode das kindliche Immunsystem, indem sie ihre Mikroben aus dem Mund weitergeben.

Zweifler könnten nun natürlich einwenden: Und was ist mit den bösen Kariesbakterien? Wenn Sie selbst eine sehr gute Zahnhygiene und keine Krankheiten im Mund oder Hals haben, besteht gar kein Problem. Sie übertragen höchstens ein paar freundliche Mikroben auf Ihr Kind. Auch die beiden Mikrobiologen Jack Gilbert und Rob Knight empfehlen Eltern in ihrem Buch *Dirt Is Good* ebenfalls, den Nuckel einfach abzulecken.[169] Es gebe keinen glaubwürdigen wissenschaftlichen Beweis, dass Sie Ihr Kind einer Gefahr aussetzen – eher im Gegenteil!

Spielzeug als Shuttle für Keime & Co.

Puppen, Autos, Bausteine – in vielen Kinderzimmern ist der Teppichboden nicht mehr zu sehen, wenn Kinder gemeinsam spielen und mit viel Fantasie ganze Städte bauen. An sich ganz harmlose Spielzeuge bringen aber auch ein gewisses Infektionsrisiko mit in unseren Alltag, weil sie unter den Spielkameraden samt Keimen ausgetauscht werden, wie Studien zeigen. Die Lieblingsspielzeuge der Kinder sammeln dabei besonders viele Mitbewohner auf, weil sie wirklich »überall« mit hingenommen werden. Allen voran die Kuscheltiere, wie Teddybären.

Das sympathische Plüschgesicht des guten alten Teddybären wird immer noch geliebt – wie vor 100 Jahren. Heiß begehrt von Mädchen und Jungen gleichermaßen, müssen die Bären jedenfalls abends mit ins Bett, dürfen auf Reisen nicht fehlen und sogar als

Helfer und Tröster zum Arzt mitkommen. Wehe, wenn der Liebling irgendwo vergessen wurde, im Kindergarten oder nach der Übernachtung bei der Oma. Dann nehmen Eltern gern freiwillig weite Fahrten in Kauf – schließlich rettet das oft den Familienfrieden. Auch Großsucheinsätze auf Facebook & Co. sind nicht selten. Ganz clevere Eltern halten deshalb heimlich Ersatzexemplare bereit. »Wauzi«, das erste Kuscheltier meiner jetzt volljährigen Tochter, schläft übrigens noch heute bei ihr im Bett – mittlerweile etwas platt und »abgeliebt«. Alte Freunde werden eben nicht weggeschickt. Wahrscheinlich haben sogar einige unter Ihnen den Begleiter aus Kindertagen noch zu Hause sitzen.

Manche Kuscheltiere erwecken bei genauerer Betrachtung den Wunsch nach Wasser und Waschmittel. So ganz genau darüber nachdenken, was im Bärenplüsch lebt, wollen Sie wahrscheinlich sowieso nicht. Aber die Wissenschaft hat das interessiert und einen amerikanischen Hersteller von antibakteriellen Waschmitteln ganz besonders. Die Auftragsstudie trug den passenden Namen »Care for your Bear« und warb publikumswirksam mit Teddybär-Comics.[170] Nichtsdestotrotz gab es spannende Ergebnisse: Die Wissenschaftler fanden heraus, dass 80 Prozent der in der Studie untersuchten Teddybären von Bakterien bewohnt waren, die potenziell ein Gesundheitsrisiko darstellen. Durchschnittlich auf einem von vier Bären wurden außerdem Spuren von Fäkalien gefunden, da der Plüschliebling die Kinder auch auf die Toilette begleitet. Jedes fünfte Kuscheltier wurde noch niemals gewaschen. Sogar wenn ein Kind erkrankt, ist es wohl relativ unüblich, die flauschigen Spielgefährten zu waschen. Fünfundsiebzig Prozent der Bären blieben nach einer Krankheit ungereinigt.

Ganz akribisch untersuchten die Mikrobiologen das Fell der Teddybären im Labor und nahmen Wischproben. Auf 80 Prozent der Bären fanden sich *Staphylococcus*-Bakterien. Diese Krankheitserreger können Lebensmittelvergiftungen hervorrufen. Auf etwa einem Viertel der Kuscheltiere tummelten sich sogenannte coliforme Bakterien. Trotz des ähnlichen Namens sind diese Bakterien und der bekannte Darmkeim *E. coli* nicht genau das Gleiche. *Salmonellen*, *Klebsiellen* und *Enterobakterien* – all das sind coliforme Bakterien. Sie sehen unter dem Mikroskop wie kleine rötliche Kommas aus. Per se schädlich sind diese Erreger für Erwachsene und Kinder nicht. Sie gehören sogar zur ganz normalen Grundausstattung unseres Darms und verrichten hier wertvolle Arbeit. Aber ihre Menge entscheidet darüber, wie groß die Gefahr ist. Salopp gesagt: Ein einzelnes Bakterium löst keine Krankheit aus. Erst wenn der Körper mit vielen Keimen konfrontiert wird, kommt sein Immunsystem in Bedrängnis. Dann reagiert unser Körper mit Durchfall und wird die Plage wieder los. Schwieriger wird es, wenn Fäkalkeime in andere Körperregionen gelangen, wie etwa die Blutbahn oder Teile der Lunge. Dann drohen Harnwegsinfekte und Lungenentzündungen als typische Folgen einer Infektion mit coliformen Keimen, die mit Antibiotika behandelt werden.

Eine dritte Gruppe von Besiedlern fühlt sich ebenfalls im molligen Plüsch der Kuscheltiere wohl. Sie vermuten richtig – es sind Milben. Diese können Sie aber sehr gut durch einen Kühltruhen-Besuch des in eine Plastiktüte eingepackten Teddybären ausmerzen. Eine sehr gute Alternative sind daher waschbare Spielzeuge.

Lieblingsspielzeuge von Kindern zu waschen – da kommen Sie richtig in die Zwickmühle. Meist ist der Waschgang der Wunsch der Eltern und wird vom kleinen Besitzer nur mit großen Vorbehalten toleriert. Die »Kuschels« haben nämlich einen wichtigen Eigenduft, der sich nur über eine gewisse Gebrauchszeit entwickeln kann und den die Kinder besonders schätzen und als heimelig empfinden. Auch wenn Sie zähneknirschend auf eine zu häufige Wäsche verzichten – irgendwann ist es nötig, sonst herrscht »Stinkealarm«. Nicht selten können Sie dann Ihren Nachwuchs besorgt vor der Waschmaschine sitzen sehen, wie er den

Leidensweg seines Lieblings verfolgt. Riesigen Protest gibt es auch, wenn Sie den Teddybären hinterher womöglich pragmatisch an den Ohren an der Leine aufhängen wollen. Am besten sprechen Sie die Waschpläne vorher vorsichtig an, und wer weiß – vielleicht fährt so mancher Plüschkollege sogar ganz gern eine Runde »Wasserkarussell«.

Dazu stecken Sie den Teddy in einen Waschbeutel und waschen ihn bei 60 Grad im Schonwaschgang mit normalem Waschmittel. Ein antibakterielles Waschmittel ist nicht nötig. Um Kreuzkontaminationen zu vermeiden, sollten Teddys & Co. separat und nicht mit schmutzigen Küchentüchern oder Unterwäsche »eine Runde drehen«. Nach zwei Tagen natürlichem Trocknen auf der Leine sind sie wieder wie neu und einsatzbereit.

Kuscheltiere sind aber nicht die einzigen Überträger von Krankheitserregern im Kinderzimmer. Unterschätzt wird häufig auch Spielzeug aus Plastik.

Ihr Kind hustet schon wieder oder wird krank? Die Ursache könnte sich auch im Kinderzimmer verstecken. Die meisten Menschen unterschätzen das Potenzial unserer Alltagsgegenstände bei der Übertragung von Krankheiten und besonders das von Spielzeugen. Plastikautos, Bauklötze oder Puppen können beispielsweise Viren übertragen, wenn sie gemeinsam von Kindern »bespielt« werden. Wissenschaftler der Georgia University haben herausgefunden, dass manche Viren auf den Gummmi- oder Plastikoberflächen bis zu 24 Stunden überleben können.[171] Ganz schön hartnäckig!

Die Rede ist hier von sogenannten »umhüllten« Viren. Diese Viren tragen sozusagen ein Mäntelchen, dank dessen schützender Außenschicht sie nicht unbedingt auf einen Wirt angewiesen sind. Zu diesen besonders raffinierten Erregern gehören Grippeviren oder auch spezielle Coronaviren, über die wir manchmal in der Zeitung lesen und die Krankheiten wie *SARS* (*Severe acute respiratory syndrome*) und *MERS* (*Middle east respiratory syndrome*) verursachen können. Im Gegensatz zu diesen »Mantelviren« sterben nackte Viren wie HIV (Humanes Immundefizienz-Virus) schon nach kurzer Zeit an der Luft ab.

Besonders Kinder sind anfälliger für Infektionskrankheiten, weil sie alles anfassen und in den Mund stecken und ihr Immunsystem noch nicht voll entwickelt ist. Damit ist das gemeinsame Spielzeug ein wichtiger Faktor, wenn sich Viruserkrankungen verbreiten. In vielen früheren Studien wurden diese Übertragungswege bei Spielzeug aufgezeigt, welches in Kindereinrichtungen oder Wohnungen von vielen Kindern gemeinsam genutzt wird. Insbesondere in Wartezimmern von Krankenhäusern oder anderen medizinischen Einrichtungen kann Plastikspielzeug ein Vehikel für den einen oder anderen unerwünschten Virus sein. Bisher war den Forschern nur noch nicht klar, wie lange die Viren auf den Gegenständen leben. Die umhüllten Viren lieben es etwas feuchter: Nach 24 Stunden in 60-prozentiger Feuchtigkeit bleibt immer noch 1 Prozent der ursprünglichen Virenbelastung auf dem Spielzeug infektiös. Bei 40-prozentiger Luftfeuchtigkeit, wie sie in unseren Innenräumen üblich ist, sind die Viren weniger stabil. Schon in den ersten beiden Stunden ging die Anzahl der infektiösen Viren um 99,9 Prozent zurück. Aber – so geben die Wissenschaftler zu bedenken – auch wenn nur wenige Viren zurückbleiben, können sich Kinder noch anstecken. Die Gesundheitsexperten empfehlen daher, Plastikspielzeug von kürzlich erkrankten Kindern einmal am Tag abzuwaschen. Hatte das Kind Besuch vom kranken Spielgefährten, kann das Spielzeug sogar zusätzlich desinfiziert werden. Die Wissenschaftler der Georgia University raten Eltern und allen Einrichtungen, in denen Kinder sich Spielzeug teilen, zu einer regelmäßigen Reinigungsroutine.[172]

Wissenswert ist in diesem Zusammenhang auch, dass Plastikspielzeug allgemein als keimbelasteter gilt als Holzspielzeug. Obwohl Holz schwerer abzuwaschen ist, enthält es viele antibakterielle Substanzen, die es insgesamt hygienischer machen. Vor allem gehören dazu die Holzsorten Kiefer, Lärche, Eiche und Pappel. Die antibakterielle Wirkung entsteht vermutlich durch die poröse Struktur. Die Feuchtigkeit, die die Bakterien brauchen, um zu leben und sich zu vermehren, wird ihnen so entzogen, und sie sterben ab.

Vom Plastikspielzeug ist es nur ein kleiner Schritt zu den Gummi-Enten, die Kinder gern mit in die Wanne nehmen. Die knallgelben Quietsche-Entchen haben ein dunkles Innenleben.

Sie sind meist gelb, schwimmen in der Badewanne herum und gehören nicht nur für kleine Kinder zum Badevergnügen dazu. Eine aktuelle Studie aus dem Jahre 2018 zeigte nun, dass der Badespaß nicht ganz ungetrübt ist.[173] Es gibt nämlich ungeladene Gäste in der Badewanne: In vier von fünf Badetieren fanden sich potenziell krankheitserregende Bakterien, wie Wissenschaftler des Wasserforschungsinstituts Eawag in Dübendorf bei Zürich nachwiesen. Dazu kommen auch noch diverse Pilze, wie die Autoren der Studie in *npj Biofilms and Microbiomes* schreiben.

Die Mikrobiologin Lisa Neu, Hauptautorin der Studie, testete 19 Gummitiere elf Wochen lang im Wannenbad unter unterschiedlichen wissenschaftlichen Bedingungen: in sauberem Trinkwasser und in benutztem Badewasser mit üblichen Seifenresten. Danach ging Lisa Neu den Gummivögeln mit einem Skalpell zu Leibe und halbierte sie liebevoll. Das Ergebnis war wenig appetitlich: Die Innenflächen der Spieltiere waren mit einem schwarzen Schleim bedeckt, einem sogenannten Biofilm aus Bakterien und Pilzen. Warme und feuchte Badezimmer bieten natürlich optimale Bedingungen, damit sich Mikroorganismen prächtig vermehren. Im Innern der Badeenten finden die Keime ein besonderes Versteck und bilden dort einen üppigen Rasen. Zwischen fünf und 75 Millionen Zellen pro Quadratzentimeter tummeln sich auf den von den Studienautoren ausgewerteten Plastikflächen. In 80 Prozent aller untersuchten Plastiktiere fanden die Forscher auch potenziell krank machende Bakterien, darunter auch *Legionellen* oder die als hartnäckige Krankenhauskeime bekannten Stäbchenbakterien *Pseudomonas aeruginosa*. Besonders hoch war die Keimbelastung bei den Entchen, die unter realistischen Bedingungen badeten, also in Wasser mit Schmutz, Hautschuppen und Seifenresten.

Wie gefährlich ist es nun aber wirklich, wenn die Badeente braunes Wasser spuckt? »Es gibt ein gewisses Risiko, wenn man sich das Wasser aus dem Entchen direkt ins Gesicht spritzt, wie Kinder das gerne mal machen. Dann kann es bei empfindlichen Kindern zu einer Augeninfektion oder im schlimmsten Fall zu Durchfall kommen«, berichtete die Eawag-Wissenschaftlerin Lisa Neu im Interview mit dem Deutschlandfunk.[174]

Dürfen wir nun nur noch »gummivogelfrei« baden? Die Studie rät jedenfalls nicht dazu, die Gummispielzeuge wegzuwerfen – es gibt Tricks und Kniffe, die auch die Forscher empfehlen. Sie könnten zwar gleich nach dem Kauf der Spielzeuge das Loch am Boden zukleben – dazu raten die Forscher aber nicht. Das hätte auch einen großen Nachteil: Ohne Spritzen und Quietschen ist das Badevergnügen auch nur noch halb so schön. Besser ist es, die Badetiere regelmäßig heiß auszukochen, was natürlich die Langlebigkeit etwas reduziert. Dazu ein praktischer Tipp der Forscher: Halten Sie die Entchen ab und zu gegen helles Licht oder gegen ein Fenster. Scheint ein brauner Schimmer durch, ist Auskochen angebracht. Die Badetiere nach dem Baden nur auf der Heizung zu trocknen reiche nach Angaben der Forscher jedenfalls nicht aus, um Bakterien und Pilze am Wachsen zu hindern. Gute Nachrichten gibt es aber auch: Nicht alle Keime aus den Badetieren schaden Kindern wirklich. Sie können laut Frederik Hammes, Eawag-Forscher und Mitautor der Studie, auch die Immunabwehr stärken.

Langfristig wünschen sich die Wissenschaftler jedoch ein Umdenken in der Industrie. Das ganze Problem könnte schon im Ansatz gelöst werden: durch strengere Vorschriften für Polymere, die Hauptkomponenten für die Herstellung der Kunststoffe für

Badetiere. Das weiche Plastikmaterial wird oftmals aus qualitativ minderwertigen Polymeren hergestellt, welches die Mikroben liebend gern verfuttern. Üppig angereichert mit Hautbakterien, Körperflüssigkeiten und Shampoo-Resten im Badewasser, ist der Tisch reich gedeckt, und das Bakterienwachstum wird kräftig angekurbelt. Bis die Industrie endlich so weit ist, müssen Sie einfach mehrere Badetiere kaufen und regelmäßig auskochen für ein risikoloses Badevergnügen – auch für die Großen!

Tipps fürs Kinderzimmer

1. Normale Haushaltshygiene reicht auch im Kinderzimmer aus. Saugen und Wischen Sie regelmäßig. Desinfektionsmittel sind nicht nötig – ein Kinderzimmer ist kein OP-Saal.
2. Für Schwangere ist das Risiko einer Erstinfektion mit *Cytomegalie-Viren* beim Umgang mit Kleinkindern unter drei Jahren relativ hoch. Gründliches Händewaschen mit Wasser und Seife nach dem Wickeln ist wichtig. Nicht auf den Mund oder auf Tränen küssen.
3. Sauger und Trinkflaschen nach Gebrauch mit Trinkwasser, Spülmittel und Flaschenbürste reinigen. Sterilisieren ist unnötig!
4. Schnuller normal mit Trinkwasser reinigen. Unterwegs ist Ablecken als Alternative in Ordnung.
5. Kuscheltiere regelmäßig waschen im Waschbeutel bei 60 Grad im Schonwaschgang mit normalem Waschmittel; antibakterielles Waschmittel ist nicht nötig.
6. Plastikspielzeuge können Viren zwischen Spielkameraden übertragen, deshalb regelmäßig abwaschen – besonders wenn Kinder erkrankt waren.

7. Badespielzeug ab und zu auskochen, wenn sich innen schwarze Biofilme bilden.
8. Keiner ist zu klein zum Händewaschen! Schon frühzeitig mit der regelmäßigen Händewaschroutine beginnen – Erwachsene sollten dabei Vorbilder sein. Altersgerechte Bücher nutzen.[175]

8 HUND UND KATZ – ZU HAUSE MIT STUBENTIGER & CO.

Leben in Ihrem Zuhause Tiere? In den deutschen Haushalten leben schätzungsweise rund 30 Millionen Haustiere. Jeder zweite Deutsche wohnt also in einem Haushalt mit mindestens einem Haustier. Dabei führen Katzen und Hunde die Statistik der beliebtesten tierischen Mitbewohner an, wie Umfragen des Allensbach-Instituts von 2015 zeigen.

Unsere Haustiere sind meist vollwertige Familienmitglieder. Wir kuscheln mit ihnen, manchmal sitzt der Hund auf dem Sofa, oder die Katze schläft sogar mit im Bett. Grundsätzlich ist ein Tier im Haus nach Meinung der Experten auch kein Gesundheitsrisiko – eher im Gegenteil. Wer mehrmals täglich mit dem Vierbeiner an der frischen Luft spazieren geht, hält sein Herz-Kreislauf-System in Schwung, senkt den Blutdruck sowie

den Cholesterinspiegel und sorgt gleichzeitig für Stressabbau. Streicheln, Knuddeln und Küssen – für viele Tierliebhaber gehört das auch dazu. Dabei sollten wir uns aber immer im Klaren sein, dass Hunde und Katzen auch eine breite Palette an mikrobiellem Leben in unser Haus tragen.

Könnten uns die Vierbeiner damit krank machen? Meistens nicht, meinen Experten wie der Tierarzt Hendrik Wilking vom Robert-Koch-Institut in Berlin.[176] Hunde und Katzen sind allerdings unterschiedlich »sauber« und bringen eine jeweils andere Mikroben-Mischung aus guten Keimen und Krankheitserregern mit in unsere Häuser. Am besten wissenschaftlich untersucht ist bisher das Zusammenleben von Menschen und ihren Hunden. Sie treten sogar auf mikrobieller Ebene in einen sehr engen Austausch.

Bello als natürlicher Mikroben-Lieferdienst

Wer die Vielfalt der winzigen Mikroorganismen in seinem Zuhause schlagartig erhöhen möchte, der sollte sich unbedingt einen Hund anschaffen. Im Fell des Vierbeiners hausen zum Teil ganz andere Bakterien- und Pilzspezies als auf der menschlichen Haut und verteilen sich im ganzen Haus. Seit Kurzem ist bekannt, dass besonders Hunde die Gesundheit ihrer Halter fördern, indem sie die Natur zurück ins Haus holen. Die schmutzigen Pfotenabdrücke und feuchten Sabberflecken auf Böden, Teppichen oder Möbeln, die Sie vielleicht ärgern, oder die unangenehmen Gerüche, die Sie nicht mehr so leicht loswerden – all dies ist letztendlich gesund und nützlich. Genau in diesem Dreck hausen Millionen von Mikroben, die das hygienisch reine Leben in unseren Wohnungen wieder etwas mehr dem Leben draußen annähern und sogar Einfluss auf unser Mikrobiom nehmen.

Die innige Partnerschaft von Menschen und Hunden besteht schon seit Urzeiten. Die Vierbeiner sind die erste von uns domestizierte Art. Lange bevor die Menschen sesshaft wurden und Felder bestellten, streiften schon wilde Hunde mit Gruppen von Jägern umher – immer in der Hoffnung, ein paar Reste des Jagderfolgs zu erwischen. Fossile Überreste von Hunden lassen sich auf etwa 16000 Jahre datieren. Sie stammen also noch aus der Zeit, als unsere Vorfahren mit Säbelzahntigern durch Eis und Schnee um die Wette jagten. Anfangs kamen zahmere Wölfe nur zum Menschen, um Futter zu ergattern. Später wurden sie in den Tausenden Jahren des Zusammenlebens zu zuverlässigen Bewachern, Jägern und Hirten. Sie kommen uns sogar so nah, dass sie unser Mikrobiom mitgestalten, wie zwei interessante Studien zeigen.

Hunde haben einen charakteristischen Einfluss darauf, welche Bakterien sich im Hausstaub ansiedeln. Sie verändern damit sogar unser Raumklima und die Mikrobiologie im Haus.[177] Dabei handelt es sich um harmlose, nicht krankheitserregende Bakterien, die beim Menschen mit einem normalen Immunsystem keine Infektionen verursachen. Nachweislich gibt es sogar im Staub von Hundehaushalten weniger einfache Pilze (Fungi) als in hundefreien Haushalten, die lange dafür bekannt sind, allergische Erkrankungen zu fördern.[178] Viele der gefundenen Mikrobenarten stammen aus dem Erdboden und siedeln sich zugleich auch im Darm des Hundes an. Hunde fungieren damit sozusagen als ganz natürliche »Mikrobenlieferanten« und verbinden uns so direkt mit der Natur draußen.

Und auch wir haben etwas von dieser Dosis Hund: Das Hautmikrobiom der Hundebesitzer beherbergt ebendiese ganz bestimmten Bakterienarten, die sich auch in der Erde und im Maul ihrer Vierbeiner befinden.[179] Die Übereinstimmung war sogar so verblüffend, dass die Forscher wie Detektive schon allein auf der Basis der Mikrobiomdaten in der Lage waren, die Hunde ihren Herrchen und Frauchen zuzuordnen.

Einen Hund zu haben bringt Sie als Paar sogar noch enger zusammen, als wenn Sie nur ein Kind gemeinsam haben – zumindest mikrobiologisch gesehen. Überraschenderweise stimmte das

Mikrobiom von Familienmitgliedern mit Hund stärker überein als bei Familien ohne Hund. Indem die Fellnasen alles und jedes zuerst einmal abschlecken, sind sie sozusagen ein richtiger »Mikroben-Kanal«, der damit das Mikrobiom der Familien formt.[180] Bei Katzen konnten derartige mikrobielle Geschenke bislang nicht nachgewiesen werden. Aber wer weiß, was die Forscher in den nächsten Jahren noch entdecken?

In einigen Ländern Mittel- und Südamerikas gibt es den weitverbreiteten Glauben, kleine Chihuahuas würden Asthma heilen. Nein, das ist kein Witz! In den Vereinigten Staaten kaufen sich viele Familien mit asthmakranken Kindern deshalb sogar diese kleinen Hunde. Dass diese Theorie leider überhaupt nicht wissenschaftlich belegbar ist, sollte Liebhaber der Rasse natürlich nicht vom Kauf abhalten.

Trotzdem beobachten Ärzte schon länger, dass Menschen, die in Haushalten mit Hunden leben, seltener an Allergien leiden. Mit einem Haustier haben wir etwa 250 Mal mehr Allergene im Haus als ohne Haustier. Die mikrobiellen Mitbringsel der Hunde von draußen, wie Bakterien, Hausstaubmilben, Schimmelpilze oder tierische Rückstände, könnten eine Erklärung für dieses Gesundheitsplus sein. Die Vierbeiner sind eine reiche Quelle für diese Stoffe und können uns damit sogar zu einer besseren mikrobiellen Darmflora verhelfen, die für unsere Immunabwehr wichtig ist.[181] Sind wir diesen Allergenen über eine relativ lange Zeit ausgesetzt, werden die Familienmitglieder desensibilisiert. Wie bei einer Impfung gegen eine Allergie wird unser Körper immer wieder geringen Mengen der oft harmlosen Stoffe, welche die Allergie hervorrufen, ausgesetzt. Irgendwann hat das Immunsystem einfach die »Nase voll« und lernt, sich mit dem Allergieauslöser abzufinden. Dies stimmt gut mit der »Hygiene–Hypothese« überein, die besagt, dass wir eine gewisse Menge an Schmutz und Dreck sowie den Kontakt zu verschiedenen Bakteriengruppen brauchen, damit sich unsere Immunabwehr optimal entwickeln kann.[182]

Die Experten sind sich darüber einig: Je früher Sie einen Hund halten, desto besser ist dies sogar für Babys und Kleinkinder! Gewiss bringt das fellige Familienmitglied jedes Mal, wenn es ins Haus kommt, eine Ladung Dreck und Bakterien von der Straße oder aus dem Wald mit. Natürlich schnüffeln und schlecken die Fellnasen auch alles an. Damit steigt auch die Anzahl der Mikroorganismen, denen Kinder ausgesetzt sind.[183] Das ist aber weniger alarmierend, als Sie denken, und letztendlich eine sehr gesunde Angelegenheit. Kinder profitieren sehr davon, wenn ein Hund im Haushalt lebt, der viel draußen spielt. Epidemiologische Studien haben gezeigt, dass Kinder, die schon früh in ihrem Leben mit einem Hund in Berührung kommen, ein niedrigeres Risiko für Asthma und Allergien haben. Der Kontakt der Mutter mit Hunden während der Schwangerschaft beziehungsweise des Kleinkinds im Alter von unter 12 Monaten senkt das Risiko für die Bildung von Asthma und Ekzemen um rund 30 Prozent. Studien stellten einen Zusammenhang zwischen der Haltung eines Hundes und einer 20-prozentigen Verringerung des Asthmarisikos fest.[184] Diese Erkenntnisse haben Allergologen rund um den Globus sehr überrascht, schließlich hatten sie seit Jahren empfohlen, keine Haustiere zu halten, um Allergien zu vermeiden.

Was ist denn nun so außergewöhnlich an Hunden? Bringen sie vielleicht einen besonders günstigen Mikroben-Mix ins Haus? Sind es überhaupt Mikroben, die an ihnen haften, oder doch vielleicht andere Substanzen, die von Hunden produziert werden?

Für die »Dreckmikroben« spricht eine Studie von Dr. Susan Lynch von der University of California in San Francisco. Staubproben aus Häusern mit Hunden oder ohne Hunde wurden Mäusen verabreicht. Es zeigte sich, dass die Mäuse, die mit dem Staub aus Hundehaushalten in Kontakt kamen, seltener an Asthma erkrankten. Im Staub konnten die Forscher eine ganz bestimmte förderliche Bakterienart identifizieren: *Lactobacillus johnsonii*.[185] Selbst wenn diese Milchsäurebakterien im Labor gezüchtet und

Mäusen »ohne Staubverpackung« gegeben wurde, verringerten sie das Asthma-Risiko immer noch.

Das sind aber nicht die einzigen günstigen Bakterien, die Hunde ins Haus bringen. Finnische Forscher wiesen bei Kindern mit Haustierkontakt eine deutlich höhere Anzahl von *Bifidobakterien* nach. Dabei waren einige interessante Exemplare dieser Milchsäurebakterien dabei, die sich nur aus dem Darm von Hunden und Katzen isolieren lassen und wohl durch den Körperkontakt übertragen werden.[186]

Studien haben im Zusammenhang mit *Bifidobakterien* einen gewissen Schutzeffekt vor Allergien nachgewiesen. Ein solcher Mechanismus könnte erklären, warum diese Kinder auch in epidemiologischen Studien seltener Allergien entwickeln. Ganz besonders wenn sich das »Haustier-Bakterium« *Bifidobakterium thermophilus* im Kinderdarm wohnlich eingerichtet hatte, traten Neurodermitis, Nahrungsmittelallergie, allergisches Asthma und Heuschnupfen seltener auf. Das Fazit der finnischen Forscher lautete daher, dass Tierkontakte in der frühen Kindheit einen Einfluss auf die menschliche Darmflora haben und damit zu einem stabileren Immunsystem beitragen.

Auch die »Detroit Childhood Allergy Study«, die 2011 von Forschern des Henry Ford Hospitals veröffentlicht wurde, empfiehlt, Kindern schon im ersten Lebensjahr den Kontakt zu Haustieren zu ermöglichen.[187] Gerade das erste Lebensjahr ist besonders wichtig für das sich entwickelnde Immunsystem.

Familien mit Kleinkindern oder auch schwangere Frauen sollten also keine Angst vor Tierkontakten haben, diese sind eher förderlich. Wie sich unterschiedliche Tierrassen auf die menschliche Darmflora im Einzelnen auswirken, muss die zukünftige Forschung noch zeigen. Solche Studien sind von maßgeblicher Bedeutung, damit wir verstehen, welche probiotischen Spezies Haustiere in unsere Häuser tragen, die vorteilhaft für uns Menschen sein können.

Hunde sorgen damit für etwas gesunden Dreck in unserem zu hygienischen Leben – Kinder profitieren schon von klein auf davon. Das bricht mit einem alten Dogma, das traditionell den Kontakt von Menschen zu Haustieren mit einer Tierhaarallergie in Verbindung gebracht hat, ja es wurde sogar lange davon abgeraten, dass Kinder unter einem Jahr täglich Kontakt zu Tieren haben. Die aktuelle Forschung hat nun aber gezeigt, dass diese Auffassungen veraltet und wahrscheinlich auch noch falsch ist. Der Kontakt zu behaarten Haustieren und besonders zu Hunden in den ersten Lebensjahren kann die Entstehung von allergischen Reaktionen und allergischer Erkrankungen wie Asthma, Neurodermitis usw. reduzieren.[188] Interessant ist auch, dass sich der antiallergene Effekt auch noch später bei Erwachsenen bemerkbar macht. Sogar Heuschnupfen können Hunde bei Erwachsen reduzieren, wenn diese später einen Hund bekommen.[189]

Ganz nebenbei können wir an dieser Stelle auch noch mit der Mär von den nicht allergenen oder »allergie-sicheren« Hunderassen aufräumen. Denn selbst ein nackter Hund würde immer noch Hautschuppen und Allergene abgeben. Dies bestätigte eine Untersuchung von verschiedenen Hunderassen wie Labrador Retriever, Cockerspaniel, Schäferhund, Griffon, Yorkshire Terrier, Pudel und anderer Spanielarten.[190] Der am wenigsten Allergien auslösende Hund war der Labrador Retriever. Die weitverbreitete Annahme, Hunderassen mit gelocktem Haar wie der Pudel oder der Wasserspaniel seien generell antiallergisch, hat dagegen keinerlei wissenschaftliche Grundlage.

Auch wenn uns Hunde mit mehr Dreck und Mikroben in Kontakt bringen und dadurch unser Risiko für Allergien senken, heißt das nicht, dass Sie das Reinigen oder eine vernünftige Hygienepraxis vernachlässigen können. Dazu gehört auch das Händewaschen nach dem Spielen mit Hunden oder wenn Sie die Ausrüstung angefasst haben. Für gesunde Menschen spielen die Keime des Hundes kaum eine entscheidende Rolle. Anders sieht das aber mit kranken oder geschwächten Personen, älteren Menschen oder kleinen Kindern aus, hier bedarf es einer zusätzlichen Reinigung.

Trotzdem gibt es auch einige Erreger, die vom Hund auf den Menschen übertragen werden könnten, nämlich durch sogenannte zoonotische Infektionen (altgriechisch *zōon* »Tier« und *nósos* = »Krankheit«). Dazu gehören vor allem *Salmonellen* und *Camopylobacter*-Bakterien sowie eine bunte Gesellschaft mit wohlklingenden Namen wie *Giardia-*, *Lamblia-* und *Cryptosporidium*. Hunde bringen auch so unangenehmen Gesellen wie *Streptokokken*, *Staphylokokken*, *Clostridien* oder *Brucellen* und *Leptospiren* mit – von Wurmparasiten ganz zu schweigen. Dazu kommen noch Viren wie das *Rabies-Virus*, welches die Tollwut auslöst und auch auf den Menschen übertragen werden kann, wenn sie von einem tollwütigen Tier gebissen werden.

Vielleicht werden Sie nun überlegen, ob Sie wirklich so eine »Keimschleuder« zu Hause haben möchten. Die Forschung zeigt aber auch, dass generell die Gesundheitsvorteile überwiegen und das Risiko einer Infektion übersteigen. Selbst bei immunschwachen Menschen ist das Ansteckungsrisiko generell sehr gering, wenn Sie mit gesundem Menschenverstand einige einfache Spielregeln beachten.

Entscheidend ist vor allem, dass der Hund prinzipiell gesund ist, dass die vom Tierarzt empfohlenen Impfschemata eingehalten werden und dass das Tier regelmäßig entwurmt wird. Auch eine Kur gegen unerwünschte Mitbewohner im Hundefell wie Flöhe oder Zecken gehört alle vier Wochen dazu. Bei allen Auffälligkeiten wie Durchfall, Fieber und Schmerzen sollte auch ein Hund zum Tierarzt gebracht werden.

Trotz aller positiven Effekte der tierischen Freunde sollten Sie sich einen Hund allerdings nicht nur anschaffen, um das Asthmarisiko Ihres Kindes zu verringern. Haustiere sind Lebewesen, für die wir die Verantwortung tragen und die wir nicht als »Gesundheitspille auf vier Beinen« ansehen sollten. Hunde, Katzen & Co.

brauchen viel Zuwendung, Pflege und Förderung. Es ist ein Geben und Nehmen, aber unterm Strich bekommt der Mensch dabei mehr heraus. Nicht ohne Grund sind Hunde mit knapp sieben Millionen die zweitbeliebtesten Haustiere in Deutschland. Platz eins aber nehmen Katzen ein.

Wohngemeinschaft mit Stubentiger

Die Deutschen sind Katzenliebhaber. Über 13 Millionen Hauskatzen leben heute in deutschen Haushalten, und ihre Zahl nimmt rapide zu – vielleicht auch, weil wir sie für einige ihrer Eigenschaften bewundern. Die Stubentiger sind wahre Freigeister mit eigenem Kopf. Ziemlich katzentypisch haben sie sich sogar selbst domestiziert. Während Hunde vom Menschen gezähmt und zu bestimmten Zwecken domestiziert wurden, schlossen sich Katzen uns Menschen aus eigenen Stücken an. Als unsere Vorfahren sich vom Jagen und Sammeln auf Ackerbau und Viehzucht umstellten, wurden für die Katzen Kornkammern und die Mäuse darin interessant. Sie hielten die Nagetiere aus den Kammern fern und wurden im Gegenzug mit Futter und Unterschlupf versorgt. Verglichen mit den Hunden, spalteten Hauskatzen sich sehr viel später von den Wildkatzen ab. Sie sind also nur »semidomestiziert«, obwohl sie schon seit mindestens 900 Jahren mit uns Menschen leben. So ist es eine Beziehung auf Augenhöhe und eine Win-win-Situation. Aus Katzensicht dürfen wir sie als Haustier halten, sie streicheln und ihnen die Katzenfutterdosen öffnen. Ich bin selbst nebenberufliche Dosenöffnerin für unseren drolligen Kater »Kasper«, der seinem Namen alle Ehre macht.

Wir Katzenliebhaber teilen eine Menge mit den »Westentaschentigern«: unser Heim, unser Essen und manche sogar ihr Bett. Katzen bringen viele Vorteile mit sich. Allein schon ihre Anwesenheit wirkt sich positiv auf unsere Gesundheit aus. Nichts entspannt so sehr wie eine schnurrende und vibrierende Samtpfote auf dem Schoß.

Nach einer aktuellen Studie des Asthma in Childhood Research Center (COPSAC) in Kopenhagen können Katzen indes noch viel mehr als nur Mäuse fangen und die Seele streicheln. Sie bringen eine Vielzahl von Bakterien, Pilzen und Allergenen von draußen mit in unser Heim – aber nicht zu unserem Nachteil. Die dänischen Forscher attestierten den Vierbeinern im Jahr 2017 sogar eine schützende Wirkung vor Asthma. Dafür untersuchten sie insgesamt 377 Kinder, deren Mütter bereits vorbelastet waren. Katzen neutralisieren den Effekt eines Gens, das, wenn es aktiviert wird, die Wahrscheinlichkeit für eine Asthmaerkrankung von Kindern verdoppelt. Kurz gesagt: Lebt ein Stubentiger mit im Haushalt des Kindes, wird das Gen niemals aktiviert.

Das Team um Prof. Hans Bisgaard, Kinderarzt und Leiter des Instituts, war selbst überrascht über dieses Ergebnis. Es könnte zukünftig nicht nur neue Therapien ermöglichen, sondern zeigt auch, dass krankheitsauslösende Gene durch unsere Lebensumgebungen aktiviert oder eben ausgeschaltet werden können, und zwar schon sehr früh im Leben. Eine winzig kleine genetische Veränderung *17q21*, die auf dem langen Ast des 17. Chromosoms liegt, reicht aus, dass Kinder kein Asthma entwickeln.[191] Die Auswertung der Daten zeigte auch, dass Katzen auch noch Lungenentzündungen und Bronchitis vorbeugen. Künftig müssen die Forscher noch genauer klären, was genau am Leben mit Katzen diesen Schutz verursacht. Es ist auch noch unklar, warum die Effekte nur für Katzen gelten und nicht auch für Hunde. Die Autoren vermuten, dass es mit den speziellen Bakterien, Pilzsporen und Viren zu tun hat, die Katzen mit sich herumtragen und nach Hause bringen. Wie der Mechanismus aber genau funktioniert, muss noch untersucht werden. Fakt ist, dass auch andere Studien den Samtpfoten diesen Schutz vor Allergien und Atemwegsinfektionen für Kinder bescheinigten, die im ersten Jahr Kontakt mit Katzen hatten.

Für jedes Kinderzimmer eine Katze anzuschaffen ist sicher nicht die Lösung – auch wenn das Ihre Kinder begeistern würde. Wer aber immer wie verrückt die Haare seiner Katze wegsaugt, kann sich nun bequem zurücklehnen.

So gesund Katzen einerseits für uns und unser Mikrobiom sind, sollten wir andererseits einige wichtige Hygienemaßnahmen nicht außer Acht lassen, wenn wir mit ihnen kuscheln. Auch Katzen können potenzielle Krankheitserreger mit ins Haus bringen, die bei solchen Zuneigungsbekundungen unter bestimmten Umständen zu einer echten Gefahr werden.

Wissen Sie, was sich alles im Speichel Ihres Lieblings befindet? Wissenschaftler beginnen jetzt erst damit, all die Bakterien zu beschreiben, die in den Mäulern von Katzen und Hunden wohnen. Einer der Wegbereiter für die Erforschung des oralen Mikrobioms ist Floyd Dewhirst, ein Bakteriengenetiker des Forsyth Instituts und Professor für Oralmedizin an der Harvard Universität. Bis zu 400 Bakterien bei Hunden und 200 bei Katzen hat sein Forscherteam schon in der »Maulflora« identifiziert – darunter auch eine Reihe potenzieller Krankheitserreger, die bei jedem schlabbrigen Küsschen und kratzigen Abschlecken übertragen werden. Im Normalfall stehen unsere Haut und unser Immunsystem zwischen uns und den Keimen unserer Haustiere, aber diese Barrieren können auch durchbrochen werden. Laut Dewhirst können wir durch Haustiere Infektionen vor allem deshalb bekommen, weil unsere bakteriellen Ökosysteme so verschieden sind. Eine große Rolle spielt dabei die unterschiedliche Ernährung. Da Katzen und Hunde für gewöhnlich keine Donuts fressen, gibt es bei ihnen fast keine *Streptokokken*.

Etwa zehn bis 15 Prozent aller Hundebisse entzünden sich, bei Katzenbissen sogar jeder zweite. Das Tückische an Katzenbissen: Der Keimcocktail in der Mundflora einer Katze ist einer der aggressivsten im Tierreich – die Palette reicht von *Staphylokokken* bis zu *Meningokokken*. Zu den gefährlichsten Vertretern gehört *Capnocytophaga canimorsus,* ein spindelförmiges Bakterium, welches im Speichel von vielen Katzen und einem Viertel der Hunde vorkommt. Völlig unschädlich für das Tier, kann es aber zu schweren Infektionen beim Menschen führen, sobald es in den Blutkreislauf gelangt. Das Fatale an dem 1976 entdeckten und bisher wenig erforschten Krankheitserreger: Unser Immunsystem erkennt ihn nicht – er bleibt sozusagen »unter dem Radar«. Damit kommt es auch zu keiner Entzündungsreaktion, welche für eine Immunabwehr nötig wäre. Sind Knochen, Sehnen oder Gelenkkapseln betroffen, können die Erreger sogar bis ins Knochenmark gelangen und eine lebensbedrohliche Blutvergiftung auslösen.[192] 2014 wurde sogar ein Todesfall nach einem Haustierbiss und Infektion mit *Capnocytophaga* beschrieben. Schon 2007 berichtete das Magazin *National Geographic* über den Fall von Julie McKenna, die in ein Krankenhaus im australischen Mildura eingeliefert wurde. Sie konnte kaum sprechen. Ihre Arme und Beine waren kalt und fleckig, ihr Gesicht war violett verfärbt – sie hatte einen septischen Schock erlitten. Die *Capnocytophaga*-Bakterien, die die Ärzte in ihrem Blut feststellten, griffen sie von innen heraus an. Selbst nach Antibiotikagabe breitete sich die violette Verfärbung weiter aus, und ihre Organe begannen zu versagen. Glücklicherweise konnte Julie McKenna gerettet werden. Die Ärzte mussten allerdings ihr linkes Bein über dem Knie amputieren, sowie Teile ihres rechten Fußes. Später erinnerte sich Julie daran, dass sie sich einige Wochen vor der Erkrankung die Oberseite ihres rechten Fußes mit heißem Wasser verbrannt hatte. Ihr Foxterrier-Welpe hatte die Wunde abgeleckt und dabei die Bakterien übertragen.

Sicher sollten Sie nun beim Umgang mit Ihrer Katze nicht gleich in Panik verfallen. Wenn die Tiere Ihnen die Hände abgeschleckt haben, sollten Sie sie gründlich waschen. Offene Wunden von Haustieren ablecken zu lassen ist nach heutigem Kenntnisstand keine gute Idee, auch wenn die Geschichte voll ist von unbestätigten Überlieferungen. Angeblich setzten Caesars Armeen Hunde ein, um die Wunden verletzter Soldaten abzulecken. Auch Katzen- oder Hundebisse sollten Sie deshalb immer sofort ärztlich versorgen lassen und nicht bis zum nächsten Morgen warten, bis sich schon eine dicke Schwellung gebildet hat. In der Arztpraxis wird die Wunde geöffnet und ausgewaschen. Mit einem Antibiotikum ist dann in ein bis zwei Wochen alles überstanden.

Einen weiteren Erreger müssen wir hier im Zusammenhang mit Katzen unbedingt erwähnen: *Toxoplasma gondii* – ein Einzeller, der mit einem schon fast gespenstischen Verhalten für seine eigene Verbreitung sorgt. Jeder dritte Mensch ist heute mit ihm infiziert. In Deutschland ist der Erreger im Zusammenhang mit Haustieren am gefährlichsten, nach Aussage des Tierarztes Henry Wilking vom RKI im Interview mit dpa (2018).[193] Menschen stecken sich am häufigsten mit dem Erreger an, wenn sie zu kurz gekochtes, mit dem Erreger kontaminiertes Fleisch (Rohwurst, Hackepeter) essen. Hier können Gewebszysten, die Dauerformen des Parasiten, überleben. Seltener, aber auch möglich ist eine direkte Infektion durch eine Katze.

Unsere Katze ist der Endwirt des Parasiten, doch Mäuse und Ratten als typisches Katzenfutter werden von ihm gern als Zwischenwirte genutzt. Es ist schon perfide und geradezu filmreif, wie *T. gondii* sicherstellt, dass die Nagetiere auch wirklich von Katzen gefressen werden. Naturgemäß haben Mäuse Angst vor Katzen. Mit einem Trick des Einzellers lässt sich diese Angst aber umgehen. Einmal im Mauskörper angelangt, verschanzt sich *Toxoplasma* in Leber und Gehirn, um von dort seinen Feldzug zu starten. Die so infizierten Nagetiere werden risikofreudiger und plötzlich magisch von Katzenurin angezogen. Sie reagieren mit kamikazeartigen Entscheidungen, suchen die Nähe ihres Fressfeindes und laufen der Katze sozusagen direkt in die Pfoten. Dieses paradoxe Verhalten konnte die Parasitologin Joanne Webster in einer Studie nachweisen: *T. gondii* »programmiert« die Maus auf Selbstmord ganz im Sinne des Parasiten, der letztendlich die Katze braucht, um sich fortzupflanzen.[194] Nur im Darmepithel von Katzen und anderen *Felidae* kann die geschlechtliche Vermehrung der Parasiten stattfinden. Dabei entstehen die Oozysten, die mit dem Katzenkot ausgeschieden werden. Bei der Reinigung eines Katzenklos ist manchmal eine Ansteckung von Menschen möglich. Die meisten Frauen erfahren zum ersten Mal in der Schwangerschaft durch den Toxoplasmose-Test von diesem Erreger. Schwangere, die noch keine Antikörper gegen *T. gondii* gebildet haben, und ungeborene Kinder sind besonders gefährdet. Der Parasit wird über die Plazenta auf den Fötus übertragen, und dies kann zu Fehl- und Totgeburten oder zu schweren Behinderungen bei den Babys führen. In Deutschland wurden im Jahr 2018 zehn bis 20 Fälle gemeldet, in denen Neugeborene aufgrund einer Toxoplasmose beeinträchtigt waren. Das Robert-Koch-Institut geht jedoch von einer erheblichen Dunkelziffer aus. Die Symptome einer Infektion mit *T. gondii* sind oft recht unspezifisch: Kopfschmerzen, Fieber und Muskelschmerzen. Es sind aber auch Milz- und Leberbeschwerden sowie Herzmuskelerkrankungen möglich. Bei gesunden Menschen mit einem voll funktionstüchtigen Immunsystem verläuft die Infektion meist sogar ohne Symptome.

Bei einer regelmäßigen Reinigung der Katzentoilette ist eine Ansteckung mit Toxoplasmose aber sehr unwahrscheinlich, da die mit dem Kot ausgeschiedenen Oozysten erst in vier bis fünf Tagen infektiös werden. Wer also täglich routinemäßig das Katzenklo erneuert, wird sich kaum infizieren. Und Hauskatzen, die keine Mäuse jagen, sind praktisch nie infiziert. Ein guter Tipp für Schwangere, die ihren felligen Vierbeiner für die nächsten zehn Monate nicht verbannen wollen, ist es, die Katzentoilette von jemand anderem reinigen zu lassen oder einfach Einmalhandschuhe zu tragen.

An dieser Stelle könnte ich Ihnen noch zahlreiche weitere Krankheiten aufzählen, die Katzen übertragen könnten: angefangen von

Würmern und Flöhen über *Burkholderia*-Bakterien, ein paar multiresistente Erreger, bis zum Keim *Campylobacter*, der uns Magengrummen beschert. Katzen erhöhen laut einer Studie des RKI noch mehr als Hunde das Risiko einer *Borrelien*-Infektion.

Aber auch wenn sich dieses ganze Arsenal an Infektionserregern gefährlich anhört – generell halten Experten Katzen für wenig gefährlich. Beherzigen Sie einfache Prophylaxemaßnahmen wie Händewaschen vor dem Essen, reinigen Sie täglich die Katzentoilette, und sorgen Sie dafür, dass die Mieze routinemäßig entwurmt und geimpft wird, dann ist das Übertragungsrisiko sehr gering. Stellt sich abschließend noch die Frage, ob Sie Ihren Liebling – Katze oder Hund – bedenkenlos mit ins Bett nehmen dürfen. Nicht selten ist das in vielen Familien Stoff für Diskussionen.

Mit Hund und Katz ins Bett?

Wenn es nach Hunden oder Katzen ginge, dann wären sie natürlich gern 24 Stunden an Ihrer Seite. Privatsphäre auf der Toilette oder im Bett – warum? Laut einer TNS Infratest Studie erlaubt jeder dritte Deutsche seinem Hund, bei ihm im Bett zu übernachten. Bei Katzen sind die Deutschen noch weniger streng: Fast zwei Drittel der Katzen übernachten bei Herrchen und Frauchen. Prinzipiell erhöhen Haustiere im Bett die Zahl der Keime im Nachtlager und das potenzielle Risiko, sie zu übertragen. Aber Haustiere fördern auch den guten Schlaf, wie amerikanische Forscher der Mayo-Schlafklinik in Arizona in einer Studie von 2015 mit 150 Probanden berichten.[195] Die meisten Menschen schlafen besser, wenn ihr felliger Freund neben ihnen die Nacht im Bett verbringt. Immerhin 40 Prozent der Teilnehmer gaben an, dass ihr Vierbeiner ihnen das Einschlafen erleichtere und ihnen dabei helfe, sich zu entspannen.

Aber ist es auch gesund, die Tiere im Bett schlafen zu lassen? Wenn keine allergischen oder asthmatischen Krankheiten bestehen, können Haustiere durchaus förderlich für die Gesundheit sein. Durch ihre beruhigende Wirkung wird Stress reduziert – ein positiver Effekt für die Herzgesundheit. Auch die Abwehrkräfte werden durch den ständigen Kontakt mit Hund oder Katze gestärkt – vorausgesetzt, die Tiere sind frei von Zecken und Flöhen und bekommen regelmäßig ihre Impfungen sowie eine Entwurmungskur. Zudem müssen Sie noch stärker auf die Hygiene im Schlafzimmer achten, wenn Sie mit Vierbeinern nächtigen. Die Tiere verteilen recht viele Haare im Bett und bringen auch eine Ladung Dreck von draußen mit herein. Die Bettwäsche muss deshalb öfter gewechselt werden. Im Bett von sehr kleinen Kindern haben Haustiere aber nichts zu suchen – die Verletzungsgefahr ist viel zu hoch.

Tipps für den Umgang mit Haustieren

1. Regelmäßiger Check der Haustiere beim Tierarzt (Impfen, Parasiten).
2. Hände beim Kontakt mit Tieren regelmäßig und gründlich reinigen.
3. Nicht im Gesicht ablecken lassen, Wunden vor Kontakt mit Tieren schützen.
4. Beim täglichen Reinigen von Katzenklos oder Tierkäfigen Handschuhe tragen und keinen Staub einatmen.
5. Biss- und Kratzwunden, die von Haustieren stammen und anschwellen oder sich entzünden, sollte ein Arzt untersuchen.
6. In Betten von Kleinkindern sollten keine Haustiere unbeaufsichtigt übernachten.

Dritter Teil

SCHÖNER WOHNEN MIT MIKROBEN

1 MIT »GUTEN« KEIMEN LEBEN

Wenn Architekten Häuser konzipieren, kreisen ihre Gedanken häufig um Fragen der Energieeffizienz oder der Ästhetik. Aber dies könnte sich künftig ändern. Dazu gibt es schon erste Gedankenexperimente: In einem Artikel aus dem Jahr 2016 in der Fachzeitschrift *Trends in Microbiology* sprechen sich US-Wissenschaftler dafür aus, Häuser so zu bauen, dass sich gute Bakterien darin wohlfühlen.[196] Jordan Peccia, einer der Autoren dieser Studie und Professor für Chemie- und Umwelttechnik an der Yale University in New Haven, meint, es sei ein weitverbreiteter Irrglaube, dass alle Mikroben, die in einer Wohnung anzutreffen sind, der Gesundheit schaden würden. Viele der mikroskopisch kleinen Untermieter sind als harmlose Tischgenossen vielmehr einfach neutral oder können sogar für unsere Gesundheit gut sein. Die sogenannten »Bauernhofstudien« würden belegen, dass Kinder, die auf dem Land aufwachsen, mit vielen nützlichen Bakterien in Kontakt kommen und weniger häufig an Asthma erkranken.[197] Die große Frage sei nun aber, so Peccia, wie sich Architektur und Design auf die im Gebäude lebende Bakterien-Wohngemeinschaft und diese wiederum auf

das menschliche Mikrobiom auswirken würden. Wir leben in unseren Häusern zusammen mit einem Universum kleiner unsichtbarer Mitbewohner, die mit unserem Körper und unserem Mikrobiom interagieren.

Welche Mikrobenarten sich bei uns wohlfühlen, wird von den speziellen Bedingungen in unserem Heim beeinflusst.[198] Bakterien, Viren und Pilze schweben mit der Außenluft in die Zimmer oder werden direkt von uns oder unseren Haustieren hereingetragen. Im besten Fall finden die winzigen mikrobiellen Mieter auf Wohnungssuche eine passende ökologische Nische, in der sie sich fleißig entwickeln und vermehren können. Ein Wasserschaden ist daher nur für uns ein großes Drama – für bestimmte Bakterien und Pilze dagegen eine richtige Poolparty. Es kommt eben immer auf die Perspektive an …

Wie unsere Häuser unsere Mikrobiome formen

Die Mikrobiom-Forschung ist ein spannendes Feld und entwickelt sich rasant. Auch Architekten sehen sich nun zum Umdenken gezwungen. Entwarfen sie bisher Gebäude vor allem nach besonderen Ansprüchen an Form, Funktion und Organisation, müssen sie sich künftig eine neue Frage stellen: Wie wirken sich all diese Konzepte auf unsere Gesundheit aus? Manche Häuser können uns krank machen – durch ausgedünstete Giftstoffe, Schimmelpilze oder das schon erwähnte »Sick Building Syndrom«. Sollten unsere Häuser also in Zukunft keimfrei gemacht werden?

In der Architektur gibt es heute zahlreiche Ansätze, um die winzigen mikrobiellen Nachbarn wirksam zu bekämpfen – beispielsweise mit keimfreien Oberflächen, die sogar gesetzlich vorgeschrieben sind. Architekturbüros statten neue Häuser mit modernen Belüftungssystemen sowie mit Keimfiltern, antibakteriellen Wandfarben oder Tapeten, Türklinken und Lichtschaltern aus.

Modernste Nanotechnologie macht es möglich, dass Materialien Silber-Ionen oder das Antibakterizid Triclosan freisetzen, um den Bakterien das Anklammern zu erschweren oder sie sogar gleich zu töten. Selbst im Haushalt nutzen viele Menschen ohne schlechtes Gewissen oft routinemäßig Desinfektionsmittel für ein blitzblank geputztes Heim. Unsere typische Wunschvorstellung, alles sterilisieren zu müssen, schadet uns jedoch anscheinend. Viele Studien zeigen nämlich, dass dieses Verhalten resistente Bakterienstämme erzeugt, die dann schwer zu heilende Krankheiten verursachen.

Wie uns unsere Heime gesünder machen könnten

Wissenschaftler studieren heute detailliert die Mikroben, die unsere Heime, Büros und Arbeitsplätze bevölkern, um die dabei gewonnenen Erkenntnisse für innovative »mikrobenfreundliche« Wohnkonzepte zu nutzen. Die Architektur könnte also künftig eine Schlüsselrolle dabei spielen, uns in neuen Häusern verstärkt guten Bakterien auszusetzen und schlechte Keime von uns fernzuhalten. Biologen und Designer arbeiten mittlerweile auf einem neuen Feld zusammen, welches sich auf die Mikrobiologie von Gebäuden fokussiert. Dieses interdisziplinäre Denken vereinigt ganz unterschiedliche Perspektiven: Ökologie, Evolution, Architektur, Maschinenbau und Gebäudewissenschaften.

Drei wichtige Fakten gelten bisher als sicher: Gebäude sind erstens sehr komplexe Ökosysteme, die sich aus vielen unterschiedlichen Lebensräumen zusammensetzen, in denen sich bestimmte Mikroorganismen ansiedeln, die miteinander und mit ihrer Umgebung interagieren. Zweitens haben Häuser genau wie Menschen oder Tiere auch ihr ganz eigenes Mikrobiom – sozusagen ein »Hausbiom«.[199] Häuser sind das primäre Habitat von Menschen, die darin einen Großteil ihres Lebens verbringen. Hier leben aber auch die »Hausmikroben« mit den Menschen sozusagen Haut an

Haut und entwickeln sich mit ihnen weiter. Und das führt zum dritten wichtigen Punkt: In den letzten Jahren konnten viele Studien erhärten, dass die Mikroben auf und im Menschen sowie in seiner Umgebung eine wichtige Rolle für Gesundheit und Wohlbefinden spielen.

Die Forscher halten es daher für realistisch, dass sich künftig Veränderungen im »Hausbiom« durch Architektur oder Design positiv auf die menschliche Gesundheit auswirken können.[200] Allerdings beginnen wir gerade erst zu verstehen, wie die Architektur und die Mikrobiologie unserer Häuser miteinander verbunden sind. Peccia forderte daher in seiner Studie: »Da mehr und mehr nützliche Bakterien identifiziert werden, müssen wir – Architekten, Ingenieure und die allgemeine Öffentlichkeit – darüber nachdenken, wie wir uns ihnen besser aussetzen können.«[201]

Bisher haben sich die Wissenschaftler besonders darauf konzentriert, die Einflussmöglichkeiten auf die Verteilung der Mikroben in Gebäuden zu verstehen. Dabei sind natürliche Faktoren wie Feuchtigkeit oder Temperatur ausschlaggebend dafür, wie sich die mikrobielle Wohngemeinschaft zusammensetzt und entwickelt. Dass die Architektur sehr wohl einen Einfluss auf die Zusammensetzung von Bakteriengemeinschaften in Innenräumen hat, zeigte eine Studie von Forschern des »Biology and Built Environment Center« der University of Oregon.[202] Sie untersuchten und verglichen 155 Räume in Multifunktionsbereichen und Bürogebäuden und sammelten dazu mikrobiologische und architektonische Daten, um einen Fußabdruck der mikrobiologischen Artenvielfalt dieser Räume zu bekommen. Die Studie konnte klar belegen, dass Räume, die sich in Architektur und Design unterscheiden, auch unterschiedliche bakterielle Wohngemeinschaften haben. Das heißt im Klartext: Offensichtlich weisen beispielsweise Badezimmer ganz andere Bakterien auf als der Rest des Gebäudes. Und das sind vor allem Bakterien, die mit dem menschlichen Darm und unserem Hautmikrobiom assoziiert sind.

In anderen Räumen zeigte sich wiederum, dass die Bakterien im Hausstaub ganz entscheidend mit der Art der Ventilation zusammenhängen.[203] Orte mit natürlicher Belüftung enthalten eher Bakterien, die aus dem Erdboden oder von Blättern stammen, wie z.B. *Methylobacterium*. Die Stäbchenbakterien können das von Pflanzen abgegebene Methan als alleinige Kohlenstoffquelle verwerten. Künstlich belüftete Büros weisen dagegen eine ganz andere Mikrobenwelt auf – geprägt durch menschliche Keime und viel weniger »Outdoor-Mikroben«. Sie atmen also immer wieder eine Menge der eigenen Keime ein. Das ist nicht so schlimm, wie es sich anhört – aber die Wissenschaft weiß auch noch nicht, wie sich dieses Keimrecycling auf unsere Gesundheit auswirkt.

Die geringe Luftfeuchtigkeit in künstlich belüfteten Büros und das UV-Licht der Lampen laden auch ganz besondere Gäste ein, wie das besonders stressresistente Bakterium *Deinococcus radiodurans.* Dieses Bakterium mag es gern extrem und wird auch »Conan das Bakterium« genannt, weil jeder Mensch auf der Stelle tot umfallen würde, wenn er auch nur einem Bruchteil der Strahlungsdosis ausgesetzt wäre, bei der dieses Bakterium noch prächtig wächst und gedeiht.

Auch die Baustoffe, mit denen wir unsere Häuser bauen, könnten einen Einfluss darauf haben, wie sich gute Mikroben in unseren Häusern verhalten. Der Umweltmikrobiologe Jack Gilbert von der University of Chicago hat dazu verschiedene Materialien untersucht. Er sprühte Bakterien auf Stahl, Wolle, Kupfer und beobachtete, wie die Mikroorganismen darauf wuchsen und sich vermehrten.[204] Dann veränderte er die verschiedenen Parameter, um zu verstehen, wie sich Umwelteinflüsse auf die mikrobiellen Bewohner auswirkten. Auf solchen Studien könnte die Architektur künftiger Bürohäuser, Hotels, Krankenhäuser oder auch Wohnhäuser basieren.

In einer Science-Fiction-Vision sind unsere Wohnhäuser nicht nur konkret umgesetzte Architektenideen, sondern idealerweise lebende und atmende Ökosysteme, die konstant mit guten Bakterien aufgefüllt werden, um unser menschliches Immunsystem zu unterstützen und schlechte Bakterien fernzuhalten. Der britische Politiker Winston Churchill, der den Begriff Mikrobiom noch nicht kannte, hatte schon 1944 in seiner populären Rede im House of Commons gesagt: »We shape our homes and then our homes shape us.« Zuerst sind Gebäude nur Reißbrettideen von Architekten – dann aber prägen sie uns und unser Leben. Anstatt unsere Wohnungen so steril wie möglich zu machen, sollten wir unsere Heime eher zielgenau für uns und unsere Mikroben gestalten. Im Moment allerdings befindet sich die Forschung zu nützlichen Mikroben in unseren Häusern noch ganz am Anfang. Die Wissenschaftler gewinnen zwar mehr und mehr einen Überblick darüber, wer mit uns in unserem Zuhause lebt. Aber sie wissen noch nicht, welche Einflüsse diese mikrobiellen Mitbewohner auf unsere Gesundheit haben. Klar ist, dass die Artenvielfalt der Winzlinge unser Wohlbefinden beeinflusst – ob dieser Einfluss aber positiv, negativ oder einfach neutral ist, ist wissenschaftlich noch nicht gut genug untersucht. Neue DNA-Sequenziermethoden stellen zwar statistische Zusammenhänge zwischen der An- oder Abwesenheit bestimmter Mikroben und Krankheitssymptomen bei Menschen fest.[205] Welche Mechanismen dabei eine Rolle spielen, liegt jedoch noch weitgehend im Dunkeln.

Fest steht immerhin, dass das »Hausbiom« eine wichtige Quelle der Mikroben ist, die unseren Körper besiedeln und unser menschliches Mikrobiom bilden. Da wir auch über die Kommensalen – unsere harmlosen und neutralen Tischgenossen – immer mehr Erkenntnisse gewinnen, ist es vorstellbar, dass wir irgendwann in der Lage sein werden, ganz gezielt nützliche Mikroorganismen in unsere Häuser einzuladen. Bis dahin ist es wichtig, die Ökologie in unseren Häusern besser zu verstehen und zu überlegen, wie wir aus ihr Nutzen ziehen können.

Die Welt von morgen ist mikrobiell

Für die meisten Menschen gehören Bakterien, Pilze und Algen nicht unbedingt zur Vorstellung von einem gemütlichen Zuhause. Sie sind somit eher darauf erpicht, diesen Organismen den Garaus zu machen, und viele nutzen harte Desinfektionsmittel auch im Haushalt. Einer Studie des Marktforschungsunternehmens Nielsen zufolge ist der Umsatz von Handdesinfektionsprodukten in Deutschland zuletzt deutlich gestiegen: Betrug der Umsatz mit diesen Produkten von Mitte 2014 bis Mitte 2015 noch 18,2 Millionen Euro, waren es bis Mitte 2017 schon 31,2 Millionen Euro. Das entspricht einem Plus von 71,2 Prozent. Dabei sind gute Haushaltshygiene und herkömmliche Reinigungsmittel für den privaten Haushalt vollkommen ausreichend. Immerhin ist ein leichter Gegentrend zu beobachten: Dank der Mikrobiomforschung verstehen wir immer besser, in welchem wichtigen Abhängigkeitsverhältnis Mensch und Mikrobe zueinander stehen – eine neue Perspektive auf unsere winzigen Lebensgefährten.

Auch Architekten und Kreative reagieren mit einem »bioinspirierten Design« auf diesen biotechnologischen Trend. Aus den viel bejagten und bekriegten Feinden werden auf einmal nützliche und produktive Helfer. Nachhaltiges und ökologisch verträgliches Bauen lautet die Devise – ohne dabei jedoch auf Komfort verzichten zu müssen. Gepaart ist dies mit dem Wunsch, in den Städten wieder mehr Natur in den Wohnraum zu lassen und sich selbst als Teil des ökologischen Kreislaufs zu begreifen. Diese Sehnsucht des Menschen nach der Natur nannte der Psychotherapeut und Philosoph Erich Fromm 1973 »Biophilie« – die Liebe zur Natur, zum Lebendigen.[206]

So entstehen so futuristische Projekte wie die des DIY-Künstlers und Erfinders Phil Ross, der Pilze und ihre besonderen Strukturen für Skulpturen oder nachwachsende Möbel einsetzt.[207] Ursprünglich beschäftigte Ross sich als Küchenchef mit Speisepilzen, bis er später Reishi-Heilpilze (*Ganoderma lucidum*) kultivierte. Sie lassen sich als besonders formbares lebendiges Material gestalten, da sie im Gegensatz zu Beton schon nach kurzer Zeit aushärten. In seinem Projekt »Mycotecture« verwendet Ross Pilzstrukturen als nachhaltige und ökologische Baumaterialien, und irgendwann will er sogar ein ganzes Gebäude aus Pilzmaterial züchten.

Die Designerin Suzanne Lee startete 2004 ihr akademisches Projekt »Biocouture«, bei dem sie Leder von Mikroben herstellen lässt – ein umweltverträglicher Stoff, der im Glas heranwächst.[208] Die Idee ist einfach, aber genial: mikrobiotisches Leder aus einer Kombucha-Kultur zu züchten. Das Getränk Kombucha entsteht bei einem Fermentationsprozess von Tee, Zucker und einer symbiotischen Kolonie von Bakterien und Hefen, auch »SCOBY« genannt. Suzanne Lee hat ihre Idee erfolgreich umgesetzt: Im Juni 2016 wurde ihr Unternehmen mit 40 Millionen Dollar gefördert. Damit werden erstmals Herstellung und Vermarktung von Bio-Leder ermöglicht. Vielleicht ist es künftig ein Material für Innenräume?

Auch Konzerne wie Philips Design setzen auf den Neoökologie-Trend, weil ein neues Kundenbewusstsein sie veranlasst, in die Entwicklung neuer Lösungen zu investieren. Mit dem »Microbial Home« stellte Philips auf der Dutch Design Week 2011 ein mikrobiologisches Wohnkonzept für ein geschlossenes Ökosystem vor, das so wenig wie möglich Abfall produziert.[209] Jeder Output, jedes Produkt wird an anderer Stelle wieder gebraucht. So wird mit Biogas gekocht, das von Bakterien aus Küchenabfällen gewonnen wird. Diese Bakterienkulturen sorgen überdies für die Beleuchtung des nachhaltigen Hauses. Auch in den organischen Filtern für Wasserbecken und Toiletten sind Bakterien fleißig am Werk. Gleichzeitig bauen in der Küche Pilzkulturen mit ihren Enzymen Kunststoffverpackungen ab, und dann werden auf den Zersetzungsprodukten essbare Pilze gezüchtet. Eine fantastische Wohn-Vision, die hoffentlich zumindest in Teilen bald Realität wird.

Nachdem der wissenschaftliche Beweis erbracht wurde, dass der Sterilisierungshype in unseren Heimen für Menschen schädlich ist, suchen Forscher nun nach Alternativen, um die mikrobiellen Welten zu integrieren, statt auszuradieren. In sogenannte »bioaktive« Oberflächen mit permeablen Nanostrukturen könnten Bakterien sehr gut eingelagert werden, meint der Mikrobiologe Jack Gilbert.[210] Diese in Gebäude, Wände, Möbel oder Teppiche eingebauten Materialien geben dann als lebende Außenhüllen kontinuierlich nützliche Bakterien an die Umwelt ab. Im Labortest an Mäusen und Ratten erprobt, reduzieren diese bioaktiven Oberflächen schon die Wahrscheinlichkeit von allergischen Reaktionen und Asthmaattacken. Überdies müssten Gebäude nicht von Grund auf neu gebaut werden, sondern könnten einfach mit lebenden Oberflächen renoviert oder saniert werden.

Bisher noch eine Zukunftsvision sei es, so Gilbert, gute Bakterien durch Klimaanlagen als unsichtbare Tröpfchen oder Sporen zum Einatmen in Räumen versprühen zu lassen. Auch hier haben Laborstudien schon gezeigt, dass einige nützliche Bakteriengattungen wie *Blautia*, *Coprococcus* und *Roseburia* die Wahrscheinlichkeit von Lebensmittelallergien bei Mäusen zu senken vermögen, wenn sie der Umgebung zugesetzt werden. Ganz unproblematisch ist diese Idee natürlich nicht: Wenn Bakterien versprüht werden und zu wachsen beginnen, dann ist es ebenso vorstellbar, dass die Keime unter bestimmten Bedingungen einen Krankheitsausbruch verursachen könnten. Es geht aber vorerst auch viel einfacher, meint Gilbert: Kaufen Sie mehr Zimmerpflanzen, und sorgen Sie mit mehr mikrobieller Artenvielfalt für ein gesundes »Haus-Biom«!

Kreative Ideen gibt es also genug. Bis wir aber derart große Eingriffe in das Mikrobiom unserer Häuser erleben werden, wird noch viel Zeit vergehen. Bisher wissen die Forscher einfach noch viel zu wenig darüber, wie sie die positiven Effekte der winzigen Lebensformen steuern könnten. Daher fehlt es bisher noch an vernünftigen Vorschlägen oder Richtlinien für ein gesundes

Wohnungsdesign. Dafür benötigen die Forscher noch viel mehr Daten und vor allem Fallstudien. Der Mikrobiologe Jack Gilbert meinte jedenfalls, dass uns diese Forschung in gewisser Weise auch dazu bringen werde, in Harmonie mit der Umwelt zu leben – und das ist besser, als uns von ihr zu isolieren.[211]

Herzlich willkommen, ihr Keime!

Eines wird immer klarer: Nicht alles, was wir mit radikaler Hygiene von uns fernhalten, ist wirklich schädlich. Wir sollten nützliche Keime eher in unseren Räumen behalten, ja, sie sogar regelrecht kultivieren. Mehr Mut zu etwas gesundem Dreck! Das erfordert natürlich ein Umdenken in puncto Reinlichkeit und Hygiene, aber es könnte sich für unsere Gesundheit lohnen.

Wir verbringen etwa 90 Prozent unserer Zeit in Innenräumen. Viele Mikroben, die unseren Darm besiedeln, gelangen über die Nahrung und auch über die Atemluft dorthin. Die Forschung muss noch viele Mechanismen klären, bevor sie wirkungsvoll die gesundheitlichen Wirkungen unserer Häuser beeinflussen kann. Wir müssen aber nicht so lange warten, bis wir diese Forschungsergebnisse irgendwann erfahren. Mit unserem gesunden Menschenverstand können wir schon jetzt die wahllose Ausrottung von Mikroben verhindern.

Öffnen Sie also Ihre Türen und Fenster weit für die mikrobiellen Nützlinge! Und behalten Sie trotzdem die krank machenden Mikroben im Auge, die uns Probleme bereiten können. Diesen selbstverständlichen Umgang mit Keimen in unserer Umgebung müssen wir erst wieder erlernen, nachdem wir mit Desinfektionsmitteln und Antibiotika mächtige Waffen eingesetzt haben.

Was können Sie nun tun gegen ein »Immer weniger« an mikrobieller Artenvielfalt im Lebensraum Heim, das letztendlich auch unsere Abwehrkräfte schwächt? Obwohl Forscher dazu noch ungern Ratschläge geben, verdichten sich doch einige Erkenntnisse. Wichtig ist es, die Artenvielfalt in Ihrem Zuhause zu erhöhen – das heißt die Anzahl der unterschiedlichen Mikrobenspezies. Dies sorgt für ein gesundes Gleichgewicht und eine hohe Stabilität in der Zusammensetzung unserer mikrobiellen Untermieter, die uns letztendlich gesund erhält.

So bekommen Sie mehr gute Mikroben ins Haus

1. Lüften Sie häufig mit frischer Luft von außen.
2. Halten Sie die Oberflächen und Bodenbeläge sauber.
3. Stellen Sie Zimmerpflanzen in Ihre Räume, die mehr gute Mikroben in Ihre Räume bringen.
4. Essen Sie abwechslungsreich und viel Gemüse, das Sie auch fermentieren können als Quelle guter probiotischer Bakterien.
5. Vermeiden Sie Desinfektionsmittel und antibakterielle Seifen im Haushalt. Drei Standardreiniger sind völlig ausreichend für ein sauberes Haus:
   - Neutralreiniger für Fußböden und Fenster
   - Zitronensäure oder Essig zum Beseitigen von Kalk und andere Ablagerungen
   - Scheuermilch für hartnäckige oder verkrustete Verschmutzungen.
6. Halten Sie sich einen Hund oder eine Katze! Haustiere sind eine Quelle guter Mikroben.

EIN PAAR LETZTE WORTE ...

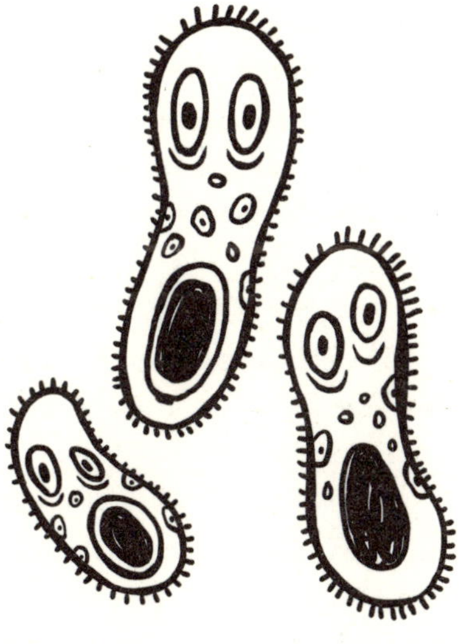

WERDEN SIE MIKROBENLIEBHABER!

Nun, wie sieht es aus: Sind Ihnen Mikroben nach der Lektüre dieses Buches etwas sympathischer geworden? Haben Sie ein paar Ideen mitgenommen, wie Sie als »Mikroben-Gärtner« oder »Mikroben-Gärtnerin« Ihre winzigen nützlichen Mitbewohner noch besser hegen und pflegen und sich vor den wenigen »schwarzen Schafen« besser schützen können?

Gerade wenn Sie Kinder, Enkel oder Patenkinder haben, sollten Sie auch immer daran denken, dass sie den vernünftigen Umgang mit Mikroorganismen erst lernen müssen. Dies ist wichtig, um sich selbst gesund zu erhalten und diesen unsichtbaren Mikrokosmos der Natur zu schützen. Die übertriebene Angst vor Keimen als Krankheitserregern hat nun schon zwei, drei Generationen überdauert, und wir haben täglich die Chance, uns von ihr zu befreien. Die meisten Menschen sind bisher noch nicht bereit, Mikroorganismen als wichtigen Teil des Ökosystems zu akzeptieren und zu respektieren. Das hat signifikante Konsequenzen für unsere Gesundheit. Unsere Umwelt ist belastet durch unnötige Zusätze von zu vielen Antibiotika in Medizin und Tierhaltung. Wir schießen mit Kanonen auf Spatzen und merzen damit rasenmäherartig viele Arten aus, obwohl wir nur einige Bösewichter ausschalten wollen. Wir schaffen ungesunde Umgebungen in unserem direkten Lebensumfeld. Das reicht von Gebäuden mit nicht zu öffnenden Fenstern bis zu unnötigen Reinigungsmitteln und Alltagsgegenständen mit antibakteriellen Zusätzen.

Wenn wir auf die blicken, die für unsere Zukunft verantwortlich sein werden, ist es sehr wichtig, dass wir »mikrobenliebende«

Kinder und Jugendliche aufwachsen lassen. Sie müssen verstehen, dass die Mehrheit der Mikroorganismen, die unsichtbar auf der Erde leben, nützlich und sogar essenziell für uns und unser Leben sind.

»Mikrobenliebhaber« zu erziehen ist nicht so schwer, wie es vielleicht klingt. Bakterien, Pilze & Co. bringen viel mehr Vor- als Nachteile mit. In den ersten Lebensjahren eines Kindes werden Sie natürlich besonders auf Hygiene achten, um Krankheitserreger zu vermeiden. Zu jeder Lektion, wie eine ansteckende Krankheit zu vermeiden ist, können Sie aber immer auch gleich eine weitere Lektion über die Vorteile der Mikroben vermitteln. So können Sie selbst eine ausgewogene Perspektive an die nächste Generation weitergeben. Wenn Sie sich Ihrer Verantwortung und Ihrer wichtigen Rolle dabei bewusst werden und richtig handeln, können Sie bei den Kindern eine mikrobenliebende Mentalität entwickeln. Und hoffentlich erforscht diese nächste Generation den so faszinierenden Mikrokosmos weiter und findet genau die Lösungen, über die wir heute noch grübeln.

Mikrobiologische Grüße

Susanne Thiele

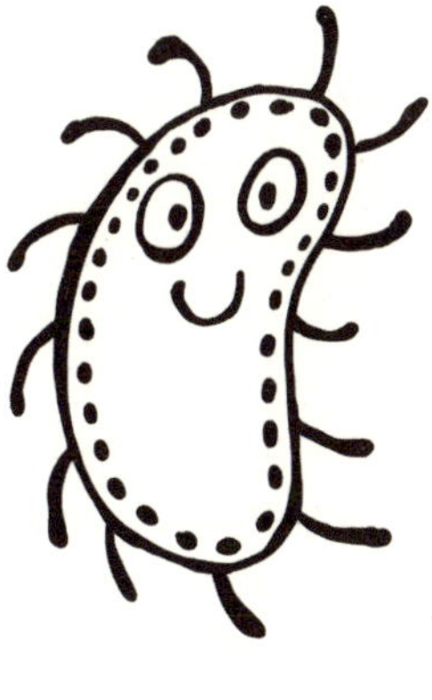

DANK

An dieser Stelle möchte ich – neben den Mikroben für ihre Existenz – auch einigen Menschen danken, die mich bei diesem Projekt besonders unterstützt haben.

Ein Buch ist immer das Produkt mehrerer Köpfe. Allen voran meine wunderbare Agentin Maria Koettnitz von der Autoren- & Verlagsagentur Olechnowitz Berlin, die mir jederzeit mit kompetentem Rat seit der ersten Buchidee zur Seite stand. Ein aufrichtiges Dankeschön gilt dem Heyne-Verlagsteam und besonders Ellen Venzmer, meiner klugen Sachbuchlektorin, für die Chance, dieses »mikrobische« Buch zu realisieren, und die sehr gute Betreuung. Meinem »redaktionellen Kammerjäger« und Lektor Michael Schmidt danke ich herzlich für die »Schleifarbeiten« an allen Ecken und Kanten des Manuskripts. Die frechen Illustrationen im Buch stammen von Isabel Klett. Ein Dankeschön dafür und den inspirierenden Ideen-Ping-Pong.

Für eifriges Manuskriptlesen und einen kreativen Gedankenaustausch danke ich besonders Steffen und Heike vom Braunschweiger Autoren-Stammtisch, meiner Freundin Silke und – mit dem pragmatisch-kritischen Hausfrauenblick – meiner Mutti.

Mein größter Dank aber gilt meinem Mann Stefan und meinen Kindern Johanna und Lukas, die mir viel Zeit und Raum gaben, um mich in den Mikrobenzirkus zu vertiefen und das Buch zu schreiben – und für ihre sehr ehrlichen Kommentare.

Und nicht zuletzt geht mein Dank an Sie, liebe Leser und Leserinnen, dafür, dass Sie das Buch gekauft und hoffentlich viel Spaß und einige Aha-Erlebnisse beim Schmökern haben.

LITERATUR

Motti

1 Zitat von Winston Churchill aus seiner populären Rede im House of Commons (1944).
2 Charles Gerba, (»Dr. Germ«) Mikrobiologe und Professor an der University of Arizona, zitiert aus einem Interview im *The Sydney Morning Herald* (2012).

ERSTER TEIL: UNSICHTBARE WELTEN

Ein Planet der Mikroben

3 Idan Ben-Barak: *Small Wonders – How Microbes Rule Our World.* Scribe Publications Pty Ltd. 2008.
4 Ebda., S. 5.
5 W.B. Whitman et al.: Prokaryotes: Proceedings of the National Academy of Sciences 95 (1998): 6578-6583 und M. L. et. al.: Microbial diversity in the deep sea and the underexplored rare biosphere. Proceedings of the National Academy of Sciences 103 (2006): 1345-13139.
6 DeDuve: *Die Zelle.* Spektrum Akademischer Verlag 1993.
7 Martin J. Blaser: *Missing Microbes.* Henry Holt and Company,New York, 2014.
8 Quin u.a.: »A human gut microbial gene catalogue established by metagenomic sequencing« in: *Nature* 464, 2010, S. 59-65.

Gute Mikroben, böse Mikroben

9 B. Ehgartner: *Die Hygienefalle – Schluss mit dem Krieg gegen Viren und Bakterien.* Ennsthaler Verlag. Steyr 2015.
10 J.W. Grüntzig, H. Mehlhorn: *Robert Koch – Seuchenjäger und Nobelpreisträger.* Spektrum Akademischer Verlag, Heidelberg 2010,

und Paul De Kruif: *Mikrobenjäger.* Ullstein Verlag GmbH. Berlin 1985.

11 Georg Silló-Seidl: *Die Wahrheit über Semmelweis.* Verlag Semmelweis-Institut 1984.

12 B. Finley, M.-C. Arrieta: *Let them eat dirt,* Windmill Books, London 2016, S. 15.

13 B. Finley, M.-C. Arrieta, a.a.O., S.19.

14 M.G. Dominguez-Bello u.a.: *The microbiome of uncontacted Amerindians*, Science Advances 2015.

15 Ebda.

16 Martin J. Blaser: *Missing Microbes.* Henry Holt and Company, New York 2014.

17 Cox, L.M. und M.J. Blaser: »Antibiotics in early life and obesity«, in: *Nature Reviews Endocrinology* 11, Nr.3, 2014, S. 182-190, und L. Trasande u.a.: »Infant antibiotic exposures and early-life body mass«, in: *International Journal of Obesity*, 37(1), 2013, S. 16-23.

18 Online-Broschüre: *Antibiotikaverordnungen bei Kindern.* Bertelsmann-Stiftung, 2012.

19 Blaser (15).

20 Yuan, C., u.a.: »Association between cesarean birth and risk of obesity in offspring in childhood, adolescence, and early adulthood«, in: *JAMA Pediatr.* 11,170, 2016.

21 David Strachnan: »Hay fever, hygiene and household size«, in: *BMJ* 299, 1989, S.1259f.

22 »Bauernhofstudien«:
E. von Mutius: »Allergies, infections and the hygiene hypothesis – the epidemiological evidence«, in: *Immunology*, 212, 6, 2007, S. 433-39.
Ders. u.a.: »Prevalence of asthma and atopy in two areas of West and East Germany«, in: *Am J Repair Crit Care. Med*, 149, 1994, S.358-364.
Ders. u.a.: »Increasing prevalence of hayfever and atopy among children in Leipzig«, in: *Lancet*, 351, 1998, S.862-866.

23 von Mutius, »Allergies«, a.a.O.

24 Melanie L. Conrad u.a.: »Maternal TLR signalling is required for prenatal asthma protection by the nonpathogenic microbe Acinetobacter lwoffii F78.«, in: *JEM*, 2009.
Y-K. Lee, S.K. Mazmanian: »Has the microbiota played a critical role in the evolution of the adaptive immun system?«, in: *Science*, 330, 2010, S. 1768-1773.

25 T. Olszak u.a.: »Microbial exposure during early life has persistent effects on natural killer T cell function«, in: *Science*, 336, 6080, 2012, S. 489-493.

26 G.P. Donaldson u.a.: »Gut microbiota utilize immunoglobulin A for mucosal colonization«, in: *Science*, 360, 6390, 2018, S. 795-800.
27 Blaser, *Missing Microbes* (8) und Donaldson: »Gut microbiota« (18).

Letzte Wildnis in unseren Häusern

28 »Die lieben Mitbewohner: Insekten, Mikroben und Pilze«, in: *Badische Zeitung*, 2.5.2015.
29 L.J. Martin u.a.: »Evolution of the indoor biome. Trends in Ecology and Evolution«, in: *Review* V.30, 4, 2015, S. 223-232.
30 R.R. Dunn, Noah Fierer: Projekt »Wild Life of our Homes«. Enthält umfangreiche Literatur unter http://robdunnlab.com/projects/wild-life-of-our-homes/
31 Ebda.
32 »Jedes Haus ist voller Kleinstlebewesen«, in: Süddeutsche.de, 7.4.2015.
33 Dunn,Fierer (3) sowie R.R. Dunn, N. Fierer u.a.: »Home life: Factors structuring the bacterial diversity found within and between homes«, in: *PLOS ONE*, V.8,5, 2013.
34 A. Barberán, R.R. Dunn u.a.: »The ecology of microscopic life in household dust, in: *Proceedings B* der Britischen Royal Society, 2015.
35 J.F. Meadow: »Humans differ in their personal microbial cloud«, in: *PeerJ* 3, e1258, 2015.
36 Ebda.
37 Barberán u.a. (33).
38 Lax u.a.: »Longitudinal analysis of microbial interaction between humans and the indoor environment«, in: *Science*, Vol. 345, 6200, 2014, S. 1048-1052.
39 Jack Gilbert u.a.: »Home Microbiom Study«: http://homemicrobiome.com/
40 The International Human Microbiome Consortium: http://www.human-microbiome.org/
Wang u.a.: »A human gut microbial gene catalogue established by metagenomic sequencing«, in: *Nature*, V.464, 2010 (Genkatalog der Darmflora).
»Structure, function and diversity of the healthy human microbiome«, in: *Nature*, V.486, 2012, S. 207–214 (umziehende Bakterienflora).
41 N. Fierer u.a.: »Forensic identification using skin bacterial communities«, in: *PNAS*, 107 (14), 2010, S. 6477-6481.
42 Meadow (34).
43 Fierer u.a. (40).

44 J.F. Meadow u.a.: »Mobile phones carry the personal microbiome of their owners«, in: *PeerJ*, 2014.
45 J.D. Neufeld u.a.: »The skin microbiome of cohabiting couples«, in: *mSystems*, V.2.4, 2017.

ZWEITER TEIL: UNSER HEIMISCHER MIKROBENZOO

Unser Tor zur Welt – Haustür und Flur

46 N. Kulick u.a.: »Disease on the door handle. Campus infection prevention«, Poster, 2016.
47 S. Fakhoury und T. Nawas: »Contamination of the internal handles/knobs of public«, in: *International Journal of Current Microbiology and Applied Sciences*, 2018.
48 Bundeszentrale für gesundheitliche Aufklärung: Infektionsschutz durch Händewaschen, https://www.infektionsschutz.de/haendewaschen/
49 S. Bloomfield u.a.: »The effectiveness of hand hygiene procedures in reducing the risks of infections in home and community settings including handwashing and alcohol-based hand sanitizers«, in: *American Journal of Infection Control*, V.35,1, 2007, S. 27–64.
50 Hände nur mit Seife waschen. Test Uni Regensburg, 2010. https://www.mittelbayerische.de/bayern-nachrichten/uni-regensburg-haende-nur-mit-seife-waschen-21705-art599147.html
51 World Health Organization (WHO): »Clean care is safer care«. http://www.who.int/gpsc/en
RKI: Epidemiologisches Bulletin vom 30. 4. 2012 http://www.rki.de/DE/Content/Infekt/EpidBull/Archiv/2012/Ausgaben/17_12.pdf?__blob=publicationFile
52 Sophie Leiss: *Knigge für heute. Sichere Umgangsformen und korrektes Benehmen*, Eins zum anderen Verlag GmbH, 2014.
53 C. Gerba (Schuh-Studie) https://www.ciriscience.org/a_96-Study-Reveals-High-Bacteria-Levels-on-Footwear#
54 K.W Garey u.a.: »Investigation of potentially pathogenic Clostridium difficile contamination in household environs«, in: *Anaerobe*, 27, 2014, S.31-33.
55 D. Schoder u.a.: »Urban Prevalence of Listeria spp. and Listeria monocytogenes in public lavatories and on shoe soles of facility patrons in the European capital city Vienna«, in: *Zoonoses and Public Health*, 2014.
56 K. Findley u.a.: »Topographic diversity of fungal and bacterial communities in human skin«, in: *Nature* V. 498, 2013, S. 367–370.

57 Bart C.G. Knols: »On human odour, malaria mosquitoes, and limburger cheese«, in: *The Lancet*, 1996.
58 Keith T. Holland: »Protease from Micrococcus sedentarius for degrading protein of human callus or corn tissue«, in: *Scholl PLC*, 1993.
59 Handtaschen–Studie »Initial Washroom Hygiene«, 2012. https://www.initial.co.uk/washroom-news/2012/handbag-hygiene.html
60 David L. Williams, C. Gerba u.a.: »Assessment of the potential for cross-contamination of food products by reusable shopping bags«, in: Food Protection Trends, V. 31, 8, 2011, S. 508–513.
61 Umfrage »Initial Washroom Hygiene«, in: *Daily Mail*, 2015 http://www.dailymail.co.uk/health/article-2971931/Do-wash-hands-going-loo-62-men-40-women-admit-don-t-bother.html
62 J.M. Maritz: »Filthy luce: A metagenomic pilot study of microbes found on circulating currency in New York City«, in: PLoS 1, 12(4), 2017.
63 F. Vriesekoop u.a.: »Dirty Money: An investigation into the hygiene status of some of the world's currencies as obtained from food outlets«, in: Foodborne Pathogens and Disease, V.7, Nr.12, 2010.

Die Küche – von Schwämmen und Schneidbrettern

64 M. G. Dominguez-Bello u.a.: »Walls talk: Microbial biogeography of homes spanning urbanization«, in: *Science Advances*, Vol. 2, 2, 2016.
65 N. Fierer u.a.: »Diversity, distribution and sources of bacteria in residential kitchens«, *Environmental Microbiology*, 15, 2013, S. 588-596.
66 TÜV Süd: »Keime in der Küche«, http://www.tuev-sued.de/uploads/images/1181544024646373570954/Keimfalle%20Kueche.pdf
67 Statistik Bakterien in Schwämmen und Spülbürsten, siehe CDC@Statistika, 2014.
68 M. Egert u.a.: »Microbiome analysis and confocal microscopy of used kitchen sponges reveal massive colonization by Acinetobacter, Moraxella and Chryseobacterium species«, in: *Scientific Reports*, V. 7, 2017, S. 5791.
69 Interview mit M. Egert, in: *Welt*, 25.7.2017.
70 Rosner B.: »Campylobacter-Enteritis – Risikofaktoren und Infektionsquellen in Deutschland«, in: *Epid Bull* 2017, 44, S. 501-509; DOI 10.17886/EpiBull-2017-060.
71 »Don't wash your chicken«-Kampagne der Drexel University: http://drexel.edu/dontwashyourchicken/

72 R.G. Sinclair und C. Gerba: »Microbial contamination in kitchens and bathrooms of rural Cambodian village households«, in: Lett Appl Microbiol, 52(2), 2011, S. 144-149.
Artikel in Zeitschrift *Vital*, Quelle dpa, Juli 2004.

73 M. Zamfir u.a.: »Purification and characterization of a bacteriocin produced by Lactobacillus acidophilus IBB 801«, in: *J Appl Microbiol*, 87(6), 1999, S. 923-931.
I.Y. Hamdan, E.M. Mikolajcik u.a.: »Acidolin: an antibiotic produced by Lactobacillus acidophilus«, in: *J Antibiot* (Tokio), 27(8), 1974, S. 631-636.

74 J. Zwielehner, A.G. Haslberger u.a.: »DGGE and real-time PCR analysis of lactic acid bacteria in bacterial communities of the phyllosphere of lettuce«, in: *Molecular Nutrition & Food Research* 52(5), 2008, S. 614-623.

75 P. Freestone u.a.: »Salad leaf juices enhance Salmonella growth, fresh produce colonisation and virulence«, in: *Appl. Environ. Microbiol.*, 2016.

76 P. Rådström u.a.: »Bacterial community analysis of drinking water biofilms in Southern Sweden«, in: *Microbes and Environments,* V. 30.1, 2015, S. 99-107.

77 M. Porcar u.a.: »The coffee-machine bacteriome: biodiversity and colonisation of the wasted coffee tray leach«, in: Scientific Reports 5, 2015.

78 Ebda.

79 K. Klus u.a.: »Schimmelpilzbelastungen bei der Abfallsammlung. Eine stichprobenhafte Bestandsaufnahme und Rückblick, in: *Gefahrstoffe – Reinhaltung der Luft,* 74, Nr.11/12, 2014.

Wohnzimmer – Von Teppichvölkern und TV-Mikroben

80 »Household items with more bacteria than a toilet seat«, in: *Medical Daily*, 8.9.2013 (Sofa-Studie von Unicef/Unilever).

81 Global Hygiene Council http://www.hygienecouncil.org/

82 Interview mit M. Egert von der Hochschule Furtwangen in: *Focus*, 26.1.2015.

83 B. Winther u.a.: »Environmental contamination with rhinovirus and transfer to fingers of healthy individuals by daily life activity«, in: *J Med Virol.* 79(10), 2007, S. 1606-1610.

84 American Society for Microbiology: »Remote controls are one of the most contaminated objects in hotel rooms«, in: *ScienceDaily*, 2012.

85 P.M. Tierno: *The Secret Life of Germs: Observation and Lessons from a Microbe Hunter,* ATRIABOOKS, New York 2004.

86 R. Miranda and D.D. Schaffner: »Longer contact times increase cross-contamination of enterobacter aerogenes from surfaces to food«, in: *Appl. Environ. Microbiol.*, 2016.
87 I.W. Haysom und K. Sharp K.: »The survival and recovery of bacteria in vacuum cleaner dust«, in: *J R Soc Promot Health*, 123(1), 2003, S. 39-45.
88 G. Berg u.a.: »The plant is crucial: specific composition and function of the phyllosphere microbiome of indoor ornamentals«, in: FEMS microbiology ecology, 92(173), 2016, S. 1-12.
89 A. Mahnert, C. Moissl-Eichinger und G. Berg: »Microbiome interplay: plants alter microbial abundance and diversity within the built environment«, in: *Front. Microbiol.*, 2015.

Homeoffice – fleißige Mikrogesellen auf Computer und Handy

90 C. Gerba: *Germs Working Overtime – Especially at Women's Desks*, University of Arizona 2007 (Chlorox-Studie).
91 Ebda. sowie K.A. Reynolds u.a.: »Occurrence of bacteria and biochemical markers on public surfaces«, in: *International Journal of Environmental Health*, Vol. 15, 3, 2005.
C. Gerba u.a.: »Bacterial contamination of computer touch screens«, in: *American Journal of Infection control*, Vol. 44, 3, 2016, S. 358–360.
92 K.M. Hewitt, C. Gerba u.a.: »Office space bacterial abundance and diversity in three metropolitan areas«, in: *PLOS ONE*, 2012.
93 K.A. Reynolds u.a.: »Occurrence of bacteria and biochemical markers on public surfaces«, in: *International Journal of Environmental Health*, Vol. 15, 3, 2005.
C.P. Gerba u.a.: »Bacterial contamination of computer touch screens«, in: *American Journal of Infection Control*, Vol. 44, 3, 2016, S. 358–360.
94 K.A. Reynolds u.a (92).
95 N. Fierer u.a.: »The influence of sex, handedness, and washing on the diversity of hand surface bacteria«, in: PNAS 105, Nr.46, 2008, S. 17994-17999.
N. Fierer u.a.: »Forensic identification using skin bacterial communities«, in: *PNAS*, 107, 14, 2010, S. 6477-6481.
96 »Mobile Touches: A Study on Humans and their Tech«, Umfrage des US-Marktforschungsinstituts dscout, 2016. https://blog.dscout.com/mobile-touches
97 J.F. Meadow, A.E. Altrichter, J.L. Green: »Mobile phones carry the personal microbiome of their owners«, in: *PeerJ*, 2, 2014.

98 S. Park: Umfrage der University of Surrey, 2015 https://www.surrey.ac.uk/features/how-dirty-your-smartphone

99 Deloitte Global Mobile Consumer Survey (2016).

100 Umfrage von OmniQuest im Auftrag des Verbraucherportals handytarife.de, Mai 2015. Siehe www.handytarife.de

101 Studie der London School of Hygiene & Tropical Medicine, 2011 https://www.lshtm.ac.uk/newsevents/news/2011/mobilephones.html

102 K.A. Reynolds u.a. (92).

103 C. Ustun und M. Cihangiroglu: »Health care workers' mobile phones: a potential cause of microbial cross-contamination between hospitals and community«, in: *J Occup Environ Hyg*, 9, 2012, S. 538-542.

F. Ulger u.a.: »Are we aware how contaminated our mobile phones with nosocomial pathogens?«, in: Ann Clin Microbiol Antimicrob, 8, 2009, S. 7.

104 M. Egert u.a.: »Bacteria on smartphone touchscreens in a German university setting and evaluation of two popular cleaning methods using commercially available cleaning products«, in: *Folia Microbiol* (Prag) 60, 2015, S. 159-164.

105 Interview mit Jan Ohme, Hochschule Niederrhein, in: *Westdeutsche Zeitung*, 10.4. 2017.

106 M. Egert u.a. (103).

107 Interview mit C. Gerba, in: *The Sydney Morning Herold*, 20.4.2012.

Expedition im Badezimmer

108 P.D. Mitchell: »Human parasites in the Roman World: health consequences of conquering an empire«, in: Parasitololgy, V. 144, 1,2017, S. 48-58.

109 G.E. Flores u.a.: »Microbial biogeography of public restroom surfaces«, in: *PLoS ONE* 6(11), 2011, e28132.

110 Interview, in: *Frankfurter Allgemeine Zeitung*, 27.5.2015.

111 C.P. Gerba u.a.: »Microbiological hazards of household toilets: droplet production and the fate of residual organisms«, in: *Appl Microbiol.* 30(2), 1975, S. 229–237.

112 D. Johnson u.a.: »Aerosol generation by modern flush toilets«, in: *Aerosol Science and Technology*, V.47, 2013.

D.L Johnson u.a.: »Lifting the lid on toilet plume aerosol: a literature review with suggestions for future research«, in: *American Journal of Infection Control*, 41,3, 2013, S. 254-258.

113 »Dirty hands poison thousands«, *BBC News*, 11. 6. 2001.
114 N. R. Pace u.a.: »Opportunistic pathogens enriched in showerhead biofilms«, in: PNAS, 106, 38, 2009, S. 16393-16399.
115 M. A. de Groote: »Infections due to rapidly growing mycobacteria«, in: *Clin Infect Dis. Jun 15*, 42, 12, 2006, S. 1756-1763.
116 D.W. Fraser u.a.: »Legionnaires' disease: description of an epidemic of pneumonia«, in: *The New England Journal of Medicine*, 297 (22), 1977, S. 1189–1197.
117 R. Lesnik u.a.: »Legionella species diversity and dynamics from surface reservoir to tap water: from cold adaptation to thermophily«, in: *The ISME Journal*, 10, Nr. 5, 2015, S. 1064–1080.
118 Legionärskrankheit im Jahre 2011, in: *Epidemiologisches Bulletin* 50/2012 rki.de, 17. 12. 2012 (Bekanntmachung der Neufassung der Trinkwasserverordnung vom 10. 3. 2016. BGBl. I S. 459).
119 P.M. Tierno: *The Secret Life of Germes: Observation and Lessons from a Microbe Hunter*, ATRIABOOKS, New York 2004.
120 S.T. Kelley u.a.: »Molecular analysis of shower curtain biofilm microbes«, in: *Applied and Environmental Microbiology*, 70, 2004, S. 4187–4192.
121 E. J. Anaissie u.a.: »Pathogenic Aspergillus species recovered from a hospital water system: a 3-year prospective study«, in: Clin Infect Dis., V.34, 2001, S. 780-789.
122 A. Khanna u.a.: »Serratia Marcescens – a rare opportunistic nosocomial pathogen and measures to limit its spread in hospitalized patients«, in: J Clin Diagn Res., 7(2), 2013, S. 243–246.
123 C.B. Giacomel u.a.: »Investigation on the use of expired make⊠up and microbiological contamination of mascaras«, in: *International Journal of Cosmetic Science*, 2013.
124 J.J. Kabara und M.B. Brady: »Contamination of bar soaps under ›in-use‹ condition«, in: *J Environ. Pathol. Toxicol. Oncol.*, 5 (4-5), 1984, S. 1-14.
125 Ebda.
126 A. K. Syed u.a.: »Triclosan promotes Staphylococcus aureus nasal colonization«, in: *Mbio*, Vol. 5,2, 2014.
127 S.A. Kim u.a.: »Bactericidal effects of triclosan in soap both in vitro and in vivo«, in: *Journal of Antimicrobial Chemotherapy*, Vol. 70, 12, 2015, S. 3345–3352.
128 J. Verran und A.A. Leahy-Gilmartin: »Investigations into the microbial contamination of toothbrushes«, in: *Microbios*, 85(345), 1996, S. 231-238.

129 American Dental Association: *Toothbrush Care: Cleaning, Storing and Replacement*, 2011.
130 Gerba u.a.(110)
131 »Alte Kosmetik ist ein guter Nährboden für Keime«, Interview in Welt.de, 16.2.2010.

Im Schlafzimmer – wer schläft denn da mit mir?

132 J.E.M.H. van Bronswijk: »Huis, Bed en Beestjes [House, Bed and Bugs]«, in: Nederlands Tijdschrift voor Geneeskunde, Vol. 116, Nr. 20, 1972, S. 825-831.
B. van de Lustgraaf, J.H.H.M. Klerkx, J.E.M.H. van Bronswijk: »Autotrophic organisms in mattress dust in the Netherlands«, in: *Acta Botanica Neerlandica*, Vol. 27, Nr. 2, 1978, S. 125-128.
J.E.M.H. van Bronswijk: »A bed ecosystem«, in: Lecture Abstracts des First Benelux Congress of Zoology, Leuven, 4.–5. 11. 1994, S. 36.
133 Artikel von Julia Calderone in: *Business Insider.de* (Tech Insider), 11.1.2016.
134 Artikel von Erin Brodwin in: *Business Insider.de*, 15.5.2018.
135 B.E. Boor u.a.: »Human exposure to indoor air pollutants in sleep microenvironments: A literature review«, in: *Building and Environment*, 125, 2017, S. 528-555.
136 M. S. Thoemmes u.a.: »Ecology of sleeping: the microbial and arthropod associates of chimpanzee beds«, in: *Royal Society Open Science*, 2018.
137 R.R. Dunn u.a.: »Home life: Factors structuring the bacterial diversity found within and between homes«, in: *PLOS One*, 2013.
138 B.E. Boor u.a.: »Characterizing particle resuspension from mattresses: chamber study«, in: *Indoor Air*, 25 (4), 2015.
139 M.J. Ege u.a.: »Environmental bacteria and childhood asthma«, in: *Allergy*, 67, 2012, S. 1565-1571.
D. Hospodsky u.a.: »Human occupancy as a source of indoor airborne bacteria«, in: *PLOS one*, 7, 2012.
140 W.B. Cooke, M.J. Foter: »Fungi in used bedding materials«, in: *Appl. Microbiol.*, 1958.
141 S. Jovanovic u.a.: »Indoor fungi levels in homes of children with and without allergy history«, in: *Int. J. Hyg. Environ. Health*, 207, 2004, S. 369-378.F.-A. Pitten u.a.: »Filamentous fungi and yeasts on mattresses covered with different encasing«, in: *Eur. J. Dermatol.*, 11, 2001, S. 534-537.

142 H.S.M. Kort u.a.: »Mould-devouring mites differ in guanine excretion from dust-eating Acari, a possible error source in mites allergen exposure studies«, in: *Clin. Exp. Allergy*, 27, 1997, S.921-925.
143 *ÖKO-TEST*, April 2013.
144 »Test Schaumstoffmatratzen«, in: Öko-Test, 2017.
145 D. Crowther u.a.: »A simple model for predicting the effect of hygrothermal conditions on populations of house dust mite Dermatophagoides pteronyssinus (Acari: Pyroglyphidae)«, in: *Experimental & Applied Acarology*, Vol. 39, 2, 2006, S. 127–148.
146 *Men's Health*, 2014.
147 *The Atlantic*, 2011.
148 R.R. Dunn u.a. (136)
149 Amerisleep-Studie 2016, siehe: https://www.amerisleep.com/blog/bacteria-in-your-bed/
150 A.A. Woodcock et al: »Fungal contamination of bedding«, in: *Allergy*, 61 (1), 2006, S. 140-142.
151 Ergoflex Survey 2015: »Should you wash your pyjamas every day?« https://www.ergoflex.co.uk/blog/category/sleep-research/unwashed-pjs-bedtimes-hidden-hygiene-horror
152 *The Guardian*, 2017.

Mikrobenzoo im Kinderzimmer

153 David Strachnan: »Hay fever, hygiene and household size«, in: *BMJ*, 299, 1989, S.1259-1260.
154 T. Wu u.a.: »Infant and adult inhalation exposure to resuspended biological particulate matter«, in: *Environ. Sci. Technol.*, 52 (1), 2018, S. 237–247.
155 S. V. Lynch u.a.: »Effects of early-life exposure to allergens and bacteria on recurrent wheeze and atopy in urban children«, in: Journal of Allergy and Clinical Immunology, Vol.134,3, 2014, S. 593-601.
156 C. Tischer u.a.: »Sleeping on animal fur is related to asthma outcomes in later childhoodes«, in: *European Respiratory Journal*, 46, 2015, S. 107-114.
157 Manchester Asthma–Studie: http://www.maas.org.uk/Home.htm
158 Aktuelle Leitlinie zur Allergie-Prävention Update 2009: http://dgaki.de/wp-content/uploads/2010/05/Leitlinie_Allergieprävention2009.pdf
159 P.S. La Rosa u.a.: »Patterned progression of bacterial populations in the premature infant gut«, in: *PNAS*, 2014.

160 A. Kenneson und M.J. Cannon: »Review and meta-analysis of the epidemiology of congenital cytomegalovirus (CMV) infection«,in: *Rev Med Virol.*, 17 (4), 2007, S. 253-276.
G.H. Taylor: »Cytomegalievirus«, in: *American Family Physician*, 67 (3), 2003, S. 519-524.
161 National CMV Foundation (https://www.nationalcmv.org/)
Centers for Disease Control and Prevention (https://www.cdc.gov/)
162 G. Nigro u.a.: »Passive immunization during pregnancy for congenital cytomegalovirus infection. 2005«, in: *The New England Journal of Medicine*, Vol. 353, 2005, S. 1350.
163 Biostoffverordnung vom 12. Februar 2007.
164 American Academy of Pediatrics, DGE, FKE und DKGJ.
165 C. Bührer et al.: »Ernährung gesunder Säuglinge. Empfehlungen der Ernährungskommission der Deutschen Gesellschaft für Kinder- und Jugendmedizin«, in: *Monatszeitschrift Kinderheilkunde*, 6/2014.
166 L.C. da Silveira u.a.: »Biofilm formation by Candida species on silicone surfaces and latex pacifier nipples: an in vitro study«, in: *J Clin Pediatr Dent. Spring*, 33(3), 2009, S. 235-240.
167 Hesselmar u.a.: »Allergy in children in hand versus machine dishwashing«, in: *Pediatrics*, 135, Nr.3, 2015.
Hesselmar u.a.: »Pacifier cleaning practices and risk of allergy development«, in: *Pediatrics*, 131, Nr.6, 2013.
168 B. Morass u.a.: »The impact of early lifestyle factors on wheezing and asthma in Austrian preschool children«, in: *Acta Pediatr.*, 97, 2008, S. 337-431.
169 J. Gilbert, R. Knight, S. Blakeslee: *Dirt is good,* St. Martin's Press, New York 2017.
170 »Care for your Bear« (2015), siehe: https://www.youtube.com/watch?v=6pBteaGfpnY
171 L.R. Bearden und L.M. Casanova: »Survival of an enveloped virus on toys«, in: *The Pediatric Infectious Disease Journal*, Vol. 35, 8, 2016, S. 923–924.
172 Ebda.
173 L. Neu u.a.: »Ugly ducklings – the dark side of plastic materials in contact with potable water«, in: *npj Biofilms and Microbiomes*, Vol. 4, 7, 2018.
174 Interview zu »Keimschleuder Quietscheente« von Karl Dietrich Mäurer, Deutschlandfunk 28.3.2018.
175 J. Gebel und C. Ilschner: *Die Bakterienrutsche.* Altersgerecht illustriertes Buch vom Institut für Hygiene und öffentliche Gesundheit am Universitätsklinikum Bonn. mhp Verlag GmbH.

Hund und Katz – zu Hause mit Stubentiger & Co.

176 »Machen Haustiere krank?«, in: *Stuttgarter Zeitung* (dpa/Markus Brauer), 1.2.2018.

177 R.R. Dunn, N. Fierer u.a.: »Home life: factors structuring the bacterial diversity found within and between homes«, in: *PLOS ONE*, Vol. 8,5, 2013.

178 K. Fujimura u.a.: »Man's best friend? The effect of pet ownership on house dust microbial communities«, in: *JACI Dust Asthma*, 2010.

179 R.R. Dunn u.a. (176)

180 S.J. Song u.a.: »Cohabiting family members share microbiota with one another and with their dogs«, in: *eLife*, e00458, 2013.
J.E. Gernet u.a.: »Effects of dog ownership and genotype on immune development and atopy in infancy«, in: *J Allergy Clin Immunol*, 3(2), 2014, S. 307-314.

181 K. Fujimura u.a. (177)

182 David Strachnan: »Hay fever, hygiene and household size«, in: *BMJ*, 299, 1989, S.1259-1260.

183 T. Fall u.a.: »Early exposure to dogs and farm animals and the risk of childhood asthma«, in: *JAMA Pediatr.*, 169. E153219, 2015.

184 Ebda. und A.W. Burks u.a.: »Update on allergy immunotherapy«, in: *Journal of Allergy and Clinical Immunology*, Vol.131,5, 2013, S. 1288-1296.

185 S.V. Lynch, K.E. Fujimura u.a.: »House dust exposure mediates gut microbiome lactobacillus enrichment and airway immune defense against allergens and virus infection«, in: *Proc. Natl. Acad. Sci.*, 111, 2014, S. 805-810.

186 M. Nermes u.a.: »Perinatal pet exposure, faecal microbiota, and wheezy bronchitis: Is there a connection?«, in: *ISRN Allergy*, Vol. 2013, 2012.

187 G. Wegienka u.a.: »Lifetime dog and cat exposure and dog⊠ and cat⊠specific sensitization at age 18 years«, in: *Clinical & Experimental Allergy*, 2011.

188 C. Almquist u.a.: »Direct and indirect exposure to pets – risk of sensitization and asthma at 4 years in a birth cohort«, in: *Clinical & Experimental Allergy*, 2003.

189 J. Serpell: »Evidence for an association between pet behaviour and owner attachment levels«, in: *Applied Animal Behaviour Science*, 47, 1996, S. 49-60.

190 M. Ramadour u.a.: »Dog factor differences in Can f 1 allergen production«, in: *Allergy*, 60, 2005, S. 1060–1064.

191 J. Stokholm u.a.: »Cat exposure in early life decreases asthma risk from the 17q21 high-risk variant«, in: *Journal of Allergy and Clinical Immunology*, 25 (10), 2017.
192 V. Chiappa u.a.: »Case records of the Massachusetts General Hospital. Case 10-2014. A 45-year-old man with a rash«, in: *New England Journal of Medicine*, 27, 370(13), 2014, S. 1238-1248.
193 »Machen Haustiere krank?« (175)
194 J.P. Webster: »The effect of Toxoplasma gondii on animal behavior: playing cat and mouse«, in: *Schizophr. Bull.*, 33(3), 2007, S. 752-756.
M. Berdoy u.a.: »Fatal attraction in rats infected with Toxoplasma gondii«, in: *Proc. Biol. Sci.*, 267(1452), 2000, S. 1591–1594.
195 L.E. Krahn u.a.: »Are pets in the bedroom a problem?«, in: *Mayo Clinic Proc.*, 90(12), 2015, S. 1663-1665.

Dritter Teil: Schöner Wohnen mit Mikroben

196 J. Peccia und S. E. Kwan: »Buildings, beneficial microbes, and health«, in: *Trends in Microbiology*, 597, 2016.
197 David Strachnan: »Hay fever, hygiene and household size«, in: *BMJ*, 299, 1989, S.1259-1260.
D. Heederik D. E. von Mutius: »Does diversity of environmental microbial exposure matter for the occurrence of allergy and asthma?«, in: *J. Allergy Clin. Immunol.*, 130, 2012, S. 44-50.
198 Hoisington u.a.: »The microbiome oft he built environment and mental health«, in: *Microbiome*, 3,60, 2015.
R.R. Dunn, N. Fierer u.a.: »Home life: Factors structuring the bacterial diversity found within and between homes«, in: *PLOS ONE*, Vol.8,5, 2013.
199 Hoisington (197).
R.R. Dunn, N. Fierer u.a.: »Home life: Factors structuring the bacterial diversity found within and between homes«, in: *PLOS ONE*, Vol.8,5, 2013.
S. Lax u.a.: »Longitudinal analysis of microbial interaction between humans and the indoor environment«, in: Science, 345, 2014, S. 1048-1052.
200 J. Peccia und S. E. Kwan (195).
201 Ebda.
202 J. L. Green u.a.: »Architectural design drives the biogeography of indoor bacterial communities«, in: *PLOS ONE*, Vol. 1,9, 2004.
203 J. Sundell u.a.: »Ventilation rates and health: multidisciplinary review of the scientific literature«, in: *Indoor Air.*, 21, 2011, S. 191-204.

204 Ausgewählte Publikationen des Jack Gilbert Lab, siehe http://www.igsb.org/labs/jack-gilbert
205 K.C. Dannemiller u.a.: »Next-generation DNA sequencing reveals that low fungal diversity in house dust is associated with childhood asthma development«, in: *Indoor Air.*, 24, 2014, S. 236-247.
206 E. Fromm: *Anatomie der menschlichen Destruktivität,* Rowohlt-Verlag, Hamburg, [25]2015, S. 411 ff.
207 *Mycotecture* (Phil Ross): https://www.moma.org/interactives/exhibitions/2013/designandviolence/mycotecture-phil-ross/
208 Madhumita Venkataramanan: »Biocouture from the lab to the high street«, in: *Wired*.co.uk. Lee, 43, 2.1.2014.
209 *Microbial Home* von Philips (2011) https://www.dezeen.com/2011/10/29/microbial-home-by-philips-design/
210 S.T. Kelley und J.A. Gilbert: »Studying the microbiology of the indoor environment«, in: *Genome Biol.*, 14, 202, 2013.
E. Young: *I Contain Multitudes: The Microbes Within us and a Grander View of Life,* Ecco, New York 2016.
211 E. Young: I Contain Multitudes: The Microbes within us and a Grander View of Life, Ecco, New York 2016.

Tipps zum Weiterlesen

Alanna Collen: *Die stille Macht der Mikroben*, Riemann Verlag, München 2015.
Bernhard Kegel: *Die Herrscher der Welt*, Dumont Buchverlag, Köln 2015.
Ed Young: *Winzige Gefährten*, Verlag Antje Kunstmann, München 2018.
Martin J. Blaser: *Antibiotika Overkill*, Verlag Herder, Freiburg i.Br. 2017.
Hanno Charisius, Richard Friebe: *Bund fürs Leben,* Carl Hanser Verlag, München 2014.
Rob DeSalle, Susan Perkins: *Welcome to the Microbiome*. Yale University Press, New Haven und London 2015.
»Mikrobenzirkus« Keine Angst vor Bazille, Virus & Co. Blog von Susanne Thiele unter www.mikrobenzirkus.com